经典译丛·信号完整性工程师必读

高速系统设计
——抖动、噪声与信号完整性

Jitter, Noise, and Signal Integrity at High-Speed

[美] 李鹏(Mike Peng Li) 著

李玉山 潘 健 初秀琴 等译

電子工業出版社
Publishing House of Electronics Industry
北京·BEIJING

内 容 简 介

本书着重介绍了最新的抖动、噪声及误码(JNB)和信号完整性(SI)问题的解决方案，内容涉及理论、分析、方法和应用。本书讨论了链路部件和整个系统中的JNB及信号完整性难题；论述了与JNB及信号完整性有关的术语、定义、基本概念和产生根源；给出了最新的理论、分析、方法和实际对象，引导读者从最基本的数学、统计学、电路与系统模型出发直到最终应用。本书的重点在于研究时钟及串行数据通信中的应用问题，涵盖JNB及信号完整性的仿真、建模、诊断、调试及一致性测试等。此中译本特意请译者加入了一些点评，希望对于读者的学习和提高起到积极引导作用。

本书可以作为电子通信类学科的博士生、硕士生的选修课程教材，也可以作为通信电路与系统设计工程师自学抖动、噪声及其信号完整性问题的研究必读和参考手册。

版权贸易合同登记号 图字：01-2008-1961

图书在版编目(CIP)数据

高速系统设计：抖动、噪声与信号完整性/(美)李鹏著；李玉山等译.
北京：电子工业出版社，2016.3
(经典译丛·信号完整性工程师必读)
书名原文：Jitter, Noise and Signal Integrity at High-Speed

ISBN 978-7-121-25188-7

I. 高… II. ①李… ②李… III. ①数据通信-通信系统-系统设计 IV. ①TN919

中国版本图书馆 CIP 数据核字(2014)第297912号

策划编辑：马　岚
责任编辑：马　岚
印　　刷：三河市鑫金马印装有限公司
装　　订：三河市鑫金马印装有限公司
出版发行：电子工业出版社
北京市海淀区万寿路173信箱　邮编　100036
开　　本：787×1092　1/16　印张：15.75　字数：403千字
版　　次：2016年3月第1版
印　　次：2022年12月第2次印刷
定　　价：79.00元

凡所购买电子工业出版社图书有缺损问题，请向购买书店调换。若书店售缺，请与本社发行部联系，联系及邮购电话：(010)88254888。
质量投诉请发邮件至 zlts@phei.com.cn，盗版侵权举报请发邮件至 dbqq@phei.com.cn。
服务热线：(010)88258888。

译 者 序

李鹏博士是世界领先芯片公司 Intel 的 Fellow 及 IEEE Fellow，在国际通信学术前沿领域是一位杰出的披荆斩棘、破浪前行者。这本有关抖动、噪声及信号完整性的专著被翻译成自己的母语，应该是值得自豪和有成就感的事件。

近些年，铜信道的速率已做到 10 ~ 25 Gbps，光纤信道的多数速率则为 10 ~ 40 Gbps。目前，铜互连也正在冲击 56 Gbps。在这种高速传输下的链路抖动，必须做到亚皮秒以下才能获得满意的误码率。而噪声更是无处不在，低信噪比一直是误码的主要根源。说到底，抖动与噪声干扰是信号(数据)完整性研究中最基础的对象。当前，从芯片、印制板再到大系统，高密度电/光互连的信号完整性问题正以主角的身份，俨然对高速电路与系统设计指标提出严峻的挑战。

本书所针对的，就是抖动、噪声这两种影响通信系统数据(信号)完整性乃至误码率的“顽症”。作者在研究中创立了尾部拟合抖动分离算法;提出确定性抖动、随机抖动、总抖动等框架体系;率先用随机信号及线性理论去分析高速链路系统等。

本书从时域、频域、统计域角度全方位地对发送器、接收器、信道、均衡、时钟恢复子系统的抖动、噪声、误码率及其信号完整性机理、建模与测试等问题进行了深入浅出的分析与讨论，堪称一部凝聚作者汗水结晶的开拓式专著。

目前，国际上鲜有从高速链路底层着力探讨抖动/噪声的专业论著。希望本书能吸引国内通信业、电子行业的同行关注具有可靠性属性的抖动、噪声一类的信号完整性问题。藉此推动国内在高速领域的研究与国际完全接轨并尽快付诸工程应用。书中对抖动的精辟阐述更有独到之处，值得精读!

本书由西安电子科技大学从事信号完整性研究的教师和部分博士生、硕士生共同翻译并由李玉山审定。参与审校和翻译的人员有：潘健、初秀琴、路建民、刘洋、李先锐、董巧玲等。另外，王君、尚玉玲、杨菊、朱剑、白凤莲等也参加了部分相关工作。诚然，技术性专著的翻译加工主要是正确理解加准确陈述的过程，其中的各个环节，一定存在诸多不妥之处，切盼得到同行和读者的不吝赐教。

作者李鹏博士百忙中重审了新的中文稿。本书出版得到了国家自然科学基金(No. 60871072、No. 61301067、No 61501345)、教育部超高速电路设计与 EMC 重点实验室、华为技术有限公司和西电研究生院的鼎力相助。译者在此一并谨致真挚的谢忱。

本书可以作为电子通信类学科博士生、硕士生的选修课程教材，也可以作为电子电路与系统设计工程师自学抖动、噪声及其信号完整性问题的研究必读和参考手册。

李玉山

于西安电子科技大学电路 CAD 研究所

2016 年 1 月

前　言

摩尔定律依然指引着世界半导体产业的技术路线图。目前，集成电路(IC)的特征尺寸已经降到65 nm，近期还将进一步做到45 nm、32 nm、22 nm 以至于14 nm 和10 nm 等。它将使得集成电路系统具有更多的功能及更强的数据处理能力。显然，一个高效的复杂多功能系统需要快速的输入输出(I/O)能力。所以，当先进的集成电路系统中晶体管数目不断增加时，I/O 的速度也在不断地升高。

尽管特征尺寸的降低及 I/O 速度的升高赋予系统更好的功能和性能，它们同时也带来了技术上的挑战。I/O 速度的升高使得链路总的可用最大抖动预算——单位间隔(Unit Interval, UI)必将相应地减小。为了确保整个链路系统能有较好的误码率(BER)，此时最严峻的挑战就是要降低抖动。特征尺寸减小带来另一个非常严峻的挑战是功率密度和功率损耗必须小于某一约束的限度，或者说要采用低功耗设计。这时，必须降低噪声以便在低功耗/低电压信号时能保持一个合理的信号噪声比(SNR)，从而噪声指标又变成了一个很关键的因素。当信道材料不变时，在同样有损信道条件下随着数据速率的升高，高频分量将迅速增加，这时的数据信号衰减和退化将加剧。信号的衰减和退化造成的信号完整性(SI)问题主要表现为确定性抖动及噪声。出于成本效益的考量，一般采用常规信道材料及多种高速 I/O 标准的技术途径去提高 I/O 链路的数据速率，这时对抖动、噪声及信号完整性的挑战将会更加严峻。

今天，面向计算机的应用主要以铜线作为信道，其高速 I/O 速率标准大都设计为 10 ~ 25 Gbps，其中包括 PCI Express Ⅲ/Ⅳ(8/16 Gbps)，Serial ATA Ⅲ/Ⅳ(6/12 Gbps)以及 HMC Ⅲ(15 ~ 30 Gbps)等。这些标准的下一代数据速率可能会提高到 20 ~ 60 Gbps。另一方面，面向网络的一些应用主要以光纤作为信道，大多数速率都设计为 10 ~ 40 Gbps，例如 Fibre Channel 16/32X(16/32 Gbps)，Gigabit Ethernet(GBE)10X/25X(10/25 Gbps)以及 Sonet OC-192/OC-768(10/40 Gbps)等。这些网络 I/O 链路的下一代数据速率可能会加倍或翻两番到 25 ~ 60 Gbps。在 10 Gbps 时，单位间隔为 100 ps；而 40 Gbps 时，单位间隔仅为 25 ps。为了维持一个好的 BER(例如 10^{-12})，这类数据率下 I/O 链路中的随机抖动必须在亚皮秒(ps)甚至更低，这是一项十分严峻又具挑战性的任务。可以想象，将来随着数据率进一步的提高，抖动、噪声和信号完整性带来的挑战将会变得更加严重。

30 多年来，出版了许多信号完整性的书籍。但是书中涉及抖动、噪声和 BER 的部分都相当简短。只有两本书比较详细地论述过抖动，但由于它们已经过去了 15 ~ 17 年，与现在关于抖动、噪声及信号完整性的知识及认知水平相比，那些内容也显得过时了。

过去 15 年中的巨大进展已经为抖动、噪声和信号完整性建立了新的理论和算法。关于抖动的定理及分析，抖动分量中的确定性抖动(DJ)、随机抖动(RJ)以及相关数学模型正在成为对抖动加以量化的更好度量。关于抖动跟踪，抖动传递函数已被广泛应用于定量求解抖动、噪声及信令的输出和冗余度分析。基于概率密度函数(PDF)、累积分布函数(CDF)以及相应卷积运算的统计信号分析方法正逐渐取代常规落后的、简单又不准确的峰-峰值和 RMS

等度量。正规地采用线性时不变(LTI)定理，加上统计信令及电路定理，可以求解链路系统及其子系统中的抖动、噪声和信令性能等。

与此同时，在高速网络和计算机 I/O 链路的体系结构和数据传输速度方面也取得了巨大的进展。总的来说，这些标准提出的体系结构都是以数吉比特每秒的速率串行传输，在接收器采用时钟恢复电路(CRC)提取时钟时序。CRC 可以跟踪并降低接收器输入端的低频抖动以维持接收器及整个系统良好的 BER 性能。已经开发出许多时钟及数据恢复算法与电路，其中有些是基于锁相环(PLL)、相位内插(PI)及过采样(OS)的。每一种时钟恢复都给出了不同的抖动传递函数、跟踪能力及其特色。为了减轻或者补偿有损信道造成的信号退化影响，已经研究出多种先进的均衡技术及电路，包括线性均衡(LE)、判决反馈均衡(DFE)等。为了应对在新的数倍吉比特每秒的高速 I/O 链路中出现的新体系结构、数据速率、时钟恢复及均衡等问题带来的挑战，已经研究出一些新的定理、算法、设计及测试技术。

过去 10 年，在对抖动、噪声及信号完整性的理解、建模和分析方面，建立了全新的理论、算法和方法学。同时也研究出了用于减缓抖动、噪声及信号完整性的链路结构、理论、算法和电路。然而，还没有一本系统论述并集中介绍抖动、噪声及信号完整性最新进展的书籍。本书就是为了填补这方面的空白而撰写的。

本书试图以全面系统、深入易懂的方式对涉及时钟和 I/O 链路信令中抖动、噪声以及信号完整性的基本原理、最新理论算法、建模、测试、分析方法加以评价和论述。本书涵盖的重点专题有：抖动和噪声的分离理论和算法；用于分析输出及冗余度的抖动传递函数；时钟及锁相环抖动；对链路系统及其子系统(包括发送器、接收器、信道、参考时钟、锁相环)抖动、噪声及信号完整性等的建模、分析与测试技术。

在第 1 章中，首先概述在通信链路系统中有关抖动、噪声及信号完整性的基础知识。接着，讨论各种抖动、噪声及信号完整性的内在机理；介绍抖动和噪声的统计处理技术。然后，进一步讨论抖动和噪声分量的概念、定义及其必要性和重要性。最后，把对抖动、噪声及信号完整性的讨论纳入通信系统的框架中。

有了第 1 章关于抖动、噪声、信号完整性和链路通信系统的宏观描述，第 2 章深入地介绍必要的相关数学知识。这一章讨论了与抖动、噪声及信号完整性相关的统计学和随机处理理论，线性系统和信令的线性时不变(LTI)理论以及将统计学与 LTI 相结合的理论等。

在第 3 章和第 4 章中，根据第 2 章中引入的统计学和随机理论，采用合适的 PDF，CDF 以及功率谱密度(PSD)，给出抖动、噪声、信号完整性以及误码率的量化指标。第 3 章，我们用 PDF 和功率谱密度、分量 PDF 与整体 PDF 的关系，以及分量 PSD 与整体 PSD 的关系来定量表征每个抖动和噪声分量。第 4 章，在一个二维的框架内联合讨论抖动和噪声。给出抖动和噪声联合的 PDF(如眼图轮廓)，以及抖动和噪声联合的 CDF(如误码率轮廓)数学表征。

在第 5 章和第 6 章中，研究将抖动和噪声分解为各个层次的分量。第 5 章采用普遍认同的尾部拟合法，基于抖动的 PDF 或 CDF 函数，将抖动分解成确定性抖动(DJ)和随机抖动(RJ)分量。第 6 章介绍基于抖动实时函数或自相关函数的分离技术，将其分离成第一层和第二层抖动分量，包括数据相关性抖动(DDJ)、占空失真(DCD)、符号间干扰(ISI)、周期性抖动(PJ)、有界非相关抖动(BUJ)以及随机抖动等。介绍采用傅里叶变换的抖动谱或者功率谱密度估计。这一章同时介绍了时域和频域的分离技术。

前面已经准备了足够的基础知识，包括统计抖动、噪声和信号完整性；从分量的抖动或噪声 PDF 及功率谱密度构建整体的 PDF 及功率谱密度；从抖动或噪声整体的 PDF 及功率谱密度分离出分量的 PDF 及 PSD 的理论和算法；下面就着手解决实际问题。高频时的时钟和锁相环抖动是改善性能的主要障碍，我们将重点探讨时钟和锁相环应用中的抖动问题。第 7 章专门研究时钟抖动。从时钟抖动的定义出发，揭示它对于同步和异步系统的影响。然后介绍 3 种不同的抖动类型：相位抖动、周期抖动和周期间抖动，以及其物理含义、模型和在时域和频域中的相互关系。最后，讨论了相位抖动与相位噪声的关系和映射数学模型，给出了一个微波/射频领域广泛使用的时钟和锁相环性能的频域测度。第 8 章重点讨论锁相环中的抖动和噪声。首先，介绍时域和频域用于锁相环的 LTI 模型以及定性和定量分析方法。其次，介绍采用时域互相关函数和频域 PSD 的一般抖动/噪声分析及建模技术。再次，给出二阶、三阶 PLL 中抖动、噪声和传递函数全面深入的建模分析方法。

第 9 章至第 11 章专门研究高速链路中的抖动、噪声及信号完整性，包括 3 个重要的方面：物理机理；建模与仿真技术；测试与验证技术。为了真正理解抖动、噪声及信号完整性，第 9 章专门研究其物理机理。第 9 章给出子系统，包括发送器、接收器、信道和参考时钟的体系结构，以及内部的抖动、噪声和信号完整性物理机理。第 10 章研究高速链路系统及子系统的定量建模与分析。已经研究出根据 LTI 定理对子系统建模的方法，再用 LTI 的级联对整个系统建模。该章给出了子系统，包括发送器、接收器和信道等子系统的抖动、噪声和信令模型。均衡化和时钟恢复中的重要元素也体现在建模中，这里的均衡包括线性和 DFE 两种类型。第 11 章研究高速链路系统及子系统的测试与分析技术。该章给出链路子系统，包括发送器、接收器、信道、参考时钟和 PLL 的测试需求及方法。参考接收器由参考时钟恢复及均衡器组成，对该接收器抖动、噪声、信令输出的最新测试方法，以及用于测试该接收器冗余度的最坏情况抖动、噪声、信令产生方法也一并给出。在该章末尾，介绍了链路系统层次的测试方法，如环回(loopback)法等。此外，对片上自建内测试(BIST)与片外测试如何折中选择也进行了讨论。

第 12 章是全书的总结，探讨了抖动、噪声及信号完整性的研究发展趋势、前景展望和面临的新挑战。

本书的主要读者对象是工业界高速电路、器件和系统领域的工程师和管理人员。不同方面的工程师，包括设计工程师、测试工程师、应用工程师和系统工程师，无论是已经涉足还是将要涉足抖动、噪声、信号完整性和高速链路这一领域，都可以从阅读本书中受益。本书的另一类读者对象是在本领域或将要进入本领域的研究人员、教授和学生。本书的宗旨是帮助读者对抖动、噪声、信号完整性和高速链路信令及性能获得全面的理解。

致　　谢

我要感谢许多不同的人在不同的时间、用不同的方式、直接或间接地给我以鼓励与支持，帮助我完成这本书的写作和出版。

这里，需要特别感谢我作为研究生、研究员、科学家、工程师、技术负责人、技术执行官的过程中提携并帮助我成长的指导导师、团队同事及业内的同行朋友。他们是：王水教授（中国科技大学）、James Horwitz 教授（得克萨斯大学阿灵顿分校）、Gordon Emslie 教授（俄克拉何马州立大学斯蒂尔沃特分校）、Kevin Hurley 博士（加州大学伯克利分校）、Robert Lin 教授（加州大学伯克利分校）、Burnie West 博士［Credence（已退休），Milpitas，CA］、Dennis Petrich 先生（Wavecrest，Eden Prairie，MN）、John Hamre 先生（Wavecrest，Eden Prairie，MN）、Tim Cheng 教授（加州大学圣巴巴拉分校）、Gordon Roberts 教授（加拿大 MicGill 大学）、Mani Soma 教授（西雅图华盛顿大学）、David Keezer 教授（亚特兰大佐治亚理工学院）、Wenliang Chen 博士（TI，Richardson，TX）、Masashi Shimanouchi 先生（Credence，Milpitas，CA）、Takahiro Yamaguchi 博士（日本 Advantest 公司）、Yi Cai 博士（LSI，Allentown，PA）、Mark Marlett 先生（LSI，Milpitas，CA）、Gerry Talbot 先生（AMD，Boxborough，MA）、Andy Martwick（Intel，Hillsborough，OR）、TM Mak 先生（Intel，Santa Clara，CA）和 LT Wang 博士（SynTest，Sunnyvale，CA）等。

衷心感谢我的上级、Wavecrest 公司的首席执行官和总裁 Dennis Leisz 先生对于技术创新所具有的激情和想象力。感谢他对我多年来的支持、鼓励和友情。

我与本书内容有关的许多出版物都是与 Jan Wilstrup 先生合著或者是共同发明的，本人心存感激。我十分珍惜在合作撰写被广泛引用的论文和专利过程中，彼此间那种既刺激又诱人的讨论、辩论和质询。与 Jan 的合作和讨论帮助我树立并深化了本书学科领域中的观点和看法。

感谢 Prentice Hall 出版社的编辑出版人员，包括出版合作人 Bernard Goodwin 和编辑助理 Michelle Housley！感谢他们的坚持、一贯支持、进度跟踪、鼓励以及完成初稿/出版稿过程中的耐心。

最后，我要衷心感谢我的家人在本书撰写中所给予的长期鼓励与帮助。没有他们坚定的支持，就不可能有本书的出版。首先向我的妻子晓燕（Mercia）致以最深挚的谢意，由于周末和晚上都投入写书而无暇照顾家庭，使得她常常要一人操持家务，我铭记着她过去四年里的宽容与体贴。同时，对我的儿子 Eric 和 George 表示歉疚，错过了参与许多他们课后的活动，等想要补偿时已经为时晚矣，而他们却表现出了高度的谅解。最后，向我的父母致以崇高的感恩之意，感激他们从我幼年起的智力启蒙与培育时给予的启迪与关爱。

目　　录

第1章　绪　论

本章由浅入深地介绍抖动、噪声、信号完整性、误码率以及通信链路系统工作机理的相关术语、定义及概念。从统计学和系统的角度出发，对产生抖动、噪声和信号完整性问题的根源进行探讨。本章回顾了抖动、噪声和信号完整性问题的演变与发展。最后，给出全书的章节安排。

1.1　抖动、噪声和通信系统基础

通信的实质是通过媒质或信道发送与接收信号。早期描述通信的数学模型可以追溯到克劳德·香农(Claude Shannon)在1948年发表的论文中[1]。根据发送和接收信号采用的媒质特性，通信系统被划分成3种基本类型：光纤、铜线和无线(或自由空间)(见图1.1)。典型的光纤带宽达到THz级，铜线带宽达到GHz级。考虑到带宽、信号衰减和成本的限制，光纤通信常用于长距离(>1 km),高速率(单根信道速率>10 Gbps)的通信系统中；铜线主要用在中短距离(<1 km)、中高速率(单根信号速率在1 Mbps到数Gbps范围内)的通信系统中；无线方式适用于中等距离(约1 km)和中等速率(相当于100 Mbps)条件下。采用何种通信媒质很大程度上取决于成本因素和应用需求。很明显，光纤的带宽最宽，因此单个信道中它承载的数据率最高。

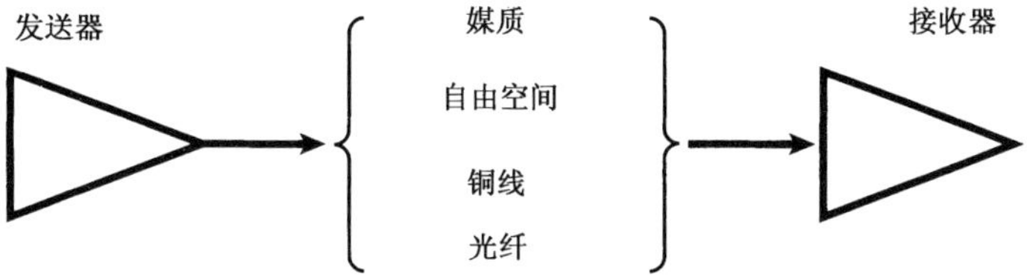

图1.1　简化的通信系统，包括三个基本组件：发送器、媒质和接收器

1.1.1　什么是抖动、噪声和信号完整性

在信号的发送和接收过程中，总是伴随着噪声这一自然过程。简单地说，不期望的叠加在理想信号上的任何信号都可以统称为噪声。从数字通信的角度讲，信息被编码成数字逻辑比特“1”或“0”。我们可以用梯形波表示理想信号，设定梯形波具有有限的0到1上升边沿时间和1到0下降边沿时间。在有噪情况下，噪声叠加在理想信号上，由此产生一个最终的或实际的信号波形。如果没有噪声叠加，实际的信号就等于理想信号；如果加入了噪声，则实际的信号将偏离理想信号(见图1.2)。

可以从两个方面分析有噪信号偏离理想状态的情况：时序偏移和幅度偏移。在基于铜线的系统中用电压描述数字信号的幅度，对于光纤系统或射频无线系统采用功率来描述信号幅度。信号幅度的偏移(ΔA)被定义为幅度噪声(简称为噪声)，时间的偏移(Δt)被定义为时序抖动(简称为抖动)，以上这些定义贯穿于本书的全部内容。时序抖动和幅度噪声的影响并不是对等的，幅度噪声是一个持续的过程，它可能始终影响系统的性能。时序抖动仅仅在信号边沿跳变的时刻影响系统性能。

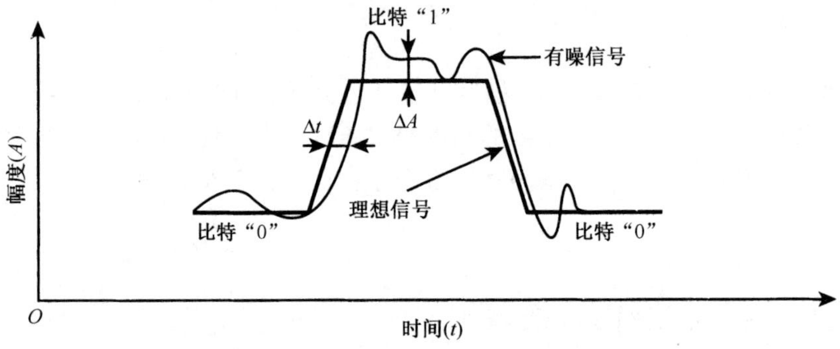

图 1.2 理想信号的波形和有噪信号的波形

通常信号完整性被定义为任何偏离理想波形的情况[2]。因此，从广义上讲，信号完整性包括了幅度噪声和时序抖动。然而，某些信号完整性特征，例如过冲、下冲和振铃(见图 1.3)，不能仅从噪声或抖动的角度来考虑。

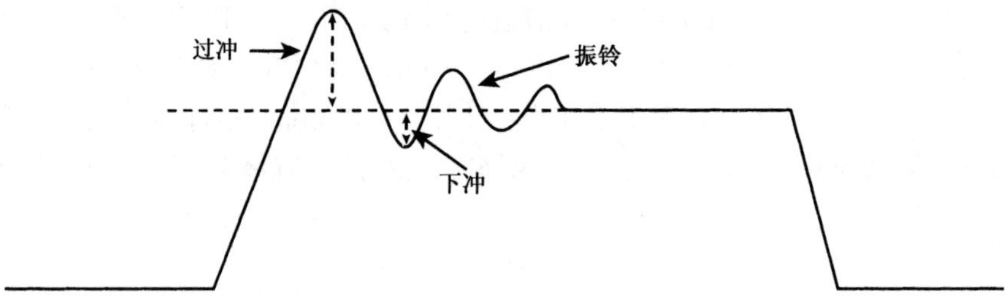

图 1.3 一些关键的信号完整性特征

1.1.2 抖动和噪声如何影响通信系统的性能

毫无疑问，抖动、噪声和信号完整性问题将影响通信系统的性能。下面章节将探讨并举例说明抖动和噪声如何引起比特误码以及各种误码发生的情况，同时讨论通信系统中误码率(Bit Error Rate，BER)的度量标准。

1.1.2.1 误码机理

从通信系统接收器入手，可以很好地理解时序抖动和幅度噪声的影响[3]。图 1.4 显示了阈值电压 V_s 和接收器在采样时刻 t_s 的采样逻辑电平脉冲“1”。对于无抖动和噪声干扰的数字脉冲，理想的接收采样时刻在脉冲的中间位置。这里只考虑抖动和噪声的影响，暂时不讨论信号完整性问题。当脉冲上升边和下降边跨越阈值的时间满足 $t_r < t_s < t_f$，电压满足 $V_1 > V_s$，此时将检测到数字逻辑“1”，该数据比特可以被正确接收，如图 1.4(a)所示。当存在抖动和噪声时，脉冲的上升边和下降边会沿时间轴发生偏移，电平在幅度轴上的位置也会发生改变。同理，如果无法满足正确检测比特的采样时刻和电压条件，那么将出现诸如比特“1”被接收/检测为比特“0”的误码情况。采样条件出现问题有以下 3 种情况：

- 脉冲上升边跨越阈值时刻相对于采样时刻滞后，$t_r > t_s$；
- 脉冲下降边跨越阈值时刻相对于采样时刻提前，$t_f < t_s$；
- 逻辑“1”的电压幅度低于采样电压阈值 V_s，$V_1 < V_s$。

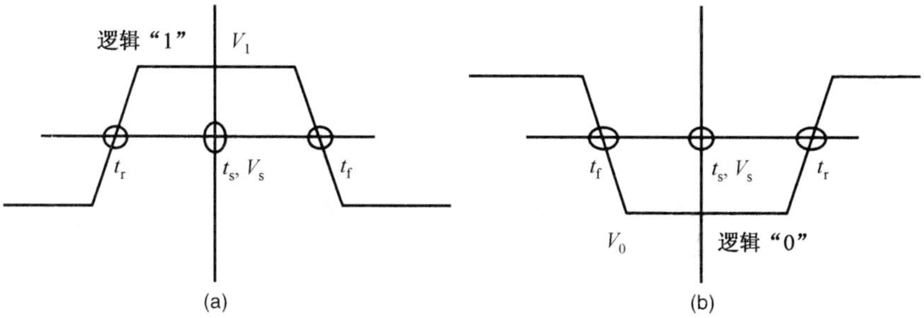

图 1.4　接收器采样数据：(a) 比特“1”，(b) 比特“0”，t_r 和 t_f 分别表示脉冲跳变沿的上升或下降时间跨越阈值的时刻，t_s 和 V_s 分别表示采样时刻和阈值电压

图 1.4(b)所示为脉冲“0”或比特“0”的检测过程，采样条件为 $t_f < t_s < t_r$ 和 $V_0 < V_s$。类似地，如果不能满足正确的采样条件，那么将导致比特“0”被误判为比特“1”。时序出现问题的情况和图 1.4(a)中比特“1”的情况相似，只不过电压出问题的条件转换为 $V_0 > V_s$。

1.1.2.2　误码率

上述简单例子说明了抖动和噪声如何造成数字系统误码的情况。在一定的时间内数字系统发送和接收大量的比特，因此用误码率可以很好地表示系统的整体性能，即接收到的错误比特个数 N_f 和比特总数 N 之比，这个比值称为误码率(Bit Error Rate，BER)或误码比率(Bit Error Ratio)。这是一种比较准确的误码率定义，即 $\text{BER} = N_f/N$，不像其他大多数的比率定义中那样涉及到时间的归一化。

误码率是衡量通信系统性能的关键指标。在 Gbps 量级下，大多数通信系统标准，例如光纤信道、千兆位以太网(Gigabit Ethernet)、同步光纤网(Sonet)和 PCI Express，都要求误码率达到 10^{-12} 甚至更低的水平。高误码率导致网络或链路的指标恶化和系统性能的降低。$\text{BER} = 10^{-12}$ 表示发送/接收 10^{12} 比特时仅会出现 1 比特的错误。显而易见，通信系统的 BER 与数据速率、抖动和噪声相关。从误码率的定义来看，它是计算统计量，因此可以应用泊松统计规律。

1.2　时序抖动、幅度噪声和信号完整性的根源

抖动和噪声是对理想信号的一种偏离。产生抖动和噪声的原因很多，根据通信系统中抖动和噪声源的物理性质不同，可以将其划分为两大类：固有的和非固有的。固有根源必须从电子设备或半导体材料中电子和空穴的角度出发寻找物理特性；非固有的根源是和设计有关的，可以排除。在接下来的章节中将详细讨论这些问题。

1.2.1 固有噪声和抖动

固有噪声是电路、光学设备或半导体材料中电子和空穴的随机性和波动性导致的噪声。固有噪声可以减弱，但无法从设备或系统中完全消除。因此，这类噪声将对器件与系统的性能和动态范围给出基本的上限。光电设备中典型的固有噪声包括热噪声、散弹噪声和闪烁噪声。

1.2.1.1 热噪声

热噪声是在温度平衡条件下由于电荷载流子的随机运动所产生的噪声。随机波动的电荷载流子的动能正比于温度和载流子的均方速度。热噪声具有白功率谱密度，和温度成正比关系。所有非热力学零度的电路、光器件和半导体材料中必定存在热噪声，这将始终对系统的信噪比产生影响。约翰逊(Johnson)首先发现热平衡条件下，存在与导体的温度和电阻相关的这种噪声[4]。奈奎斯特(Nyquist)随后在热力学第二定律的基础上提出对约翰逊发现的理论解释[5]。鉴于他们的开创性贡献，热噪声又称为约翰逊噪声或奈奎斯特噪声。

1.2.1.2 散弹噪声

散弹噪声源于电荷势垒中的单个量子化电荷流，电荷流的运动方式在时间和空间上服从随机分布。换句话说，散弹噪声是由于随机的电流波动导致的。肖特基(Schottky)首先研究了真空二极管中的散弹噪声，随后在半导体晶体管的 PN 结中也发现散弹噪声[6]。散弹噪声和直流偏置电流成正比，也和载流子的电荷量有关。在半导体器件中，散弹噪声要大于热噪声。

1.2.1.3 闪烁噪声

闪烁噪声是这样一个现象，在一定的宽频率范围内它的噪声功率谱和频率成反比关系。约翰逊(Johnson)首先在电子设备中观察到了这种闪烁噪声[7]。在所有的有源器件以及部分无源器件，例如碳电阻器中，都存在闪烁噪声。直流电流是产生闪烁噪声的必要条件。与热噪声和散弹噪声不同，目前还没有一个普遍能接受的理论来解释闪烁噪声的原因和机理。这就导致了现在对闪烁噪声主要依靠实践经验进行定量分析。研究发现闪烁噪声的功率谱密度正比于 $1/f^{\alpha}$，其中 α 约等于 1。由此闪烁噪声又称为 $1/f$ 噪声。“俘获-释放”理论是对闪烁噪声的一种通常解释，普遍认为由于元件的杂质污染和工艺缺陷使得直流电流中的载流子可能被束缚。然而这种“俘获-释放”过程是随机的，引起的闪烁噪声主要集中在低频段[8]。

1.2.2 噪声转化为时序抖动

通常采用物理量或参数方式对噪声进行描述。在通信、计算机和电子系统中，这些量包括电压、电流或功率，我们用一般的幅度来表征这些物理量。假设幅度噪声 $\Delta A(t)$ 是叠加在波形 $A_0(t)$ 的振幅上的，那么最终的波形具有如下的形式：

$$A(t) = A_0(t) + \Delta A(t) \tag{1.1}$$

相应的时间抖动可以通过线性小信号扰动理论来进行估计，如下所示：

$$\Delta t(t) = \Delta A / \left(\frac{\mathrm{d}A_0(t)}{\mathrm{d}t}\right) = \Delta A / k \tag{1.2}$$

式中，$k = (\mathrm{d}A_0(t)/\mathrm{d}t)$ 表示波形的斜率或压摆率。

图 1.5 显示了线性幅度噪声转化为时序抖动的例子。

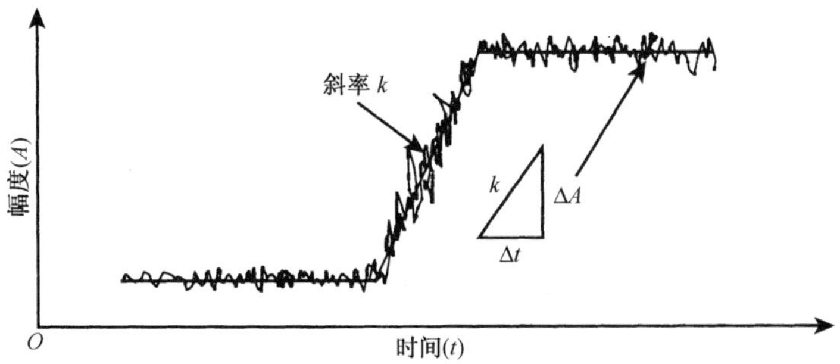

图 1.5　幅度噪声转化为时间抖动的线性扰动模型

通过观察幅度噪声 ΔA，可以发现随着波形斜率增加，相应的时序抖动减小；反之亦然。为了保证较小的时序抖动，倾向于采用更大的波形斜率或更快的压摆率。从数字信号的角度分析，意味着较小的上升/下降边沿时间。

1.2.3　非固有噪声和抖动

非固有的噪声和抖动是和设计相关的。换句话说，这类抖动和噪声可以通过适当的改进设计加以控制和改善。通常遇到的非理想设计导致的噪声和抖动包括周期性调制(相位、幅度和频率)、占空失真(DCD)、符号间干扰(ISI)、串扰以及各种不期望出现的干扰，例如由于媒质不匹配造成的反射和辐射引起电磁干扰等。接下来的章节将讨论这些噪声的根源与机理。

1.2.3.1　周期性噪声和抖动

周期性噪声和抖动是每隔一定时间周期性重复的信号，可以采用下面的通用公式对其进行数学描述：

$$\Delta t_{\mathrm{P}} = f\left(2\pi \frac{t}{T_0} + \phi_0\right) \tag{1.3}$$

式中，T_0 代表周期；t 代表时间；ϕ_0 是周期信号的相位。周期 T_0 和 f_0 频率满足倒数关系 $T_0 = 1/f_0$。尽管前面的符号和讨论是基于时序抖动的，但对于幅度噪声同样适用。频域的周期性函数可以通过傅里叶变换得到，该部分内容将在第 2 章中讨论。

不同的调制方式例如幅度调制(AM)、频率调制(FM)和相位调制(PM)，都可能引起周期性抖动。而且调制函数可以具有不同的形式，典型的调制形式包括：正弦曲线、三角波和锯齿波。很明显，周期性幅度噪声造成周期性的时序抖动，1.3.2 节中讨论抖动的幅度与信号边沿跳变斜率或压摆率成反比。在计算机中，开关电源、扩频时钟和周期性电磁干扰源都有可能造成周期性的噪声/抖动。

1.2.3.2 占空失真

占空失真(DCD)是指脉冲的占空比相对于正常值的偏移。数学定义上，占空比是时钟信号的脉冲宽度与信号周期的比值，如图 1.6 所示。

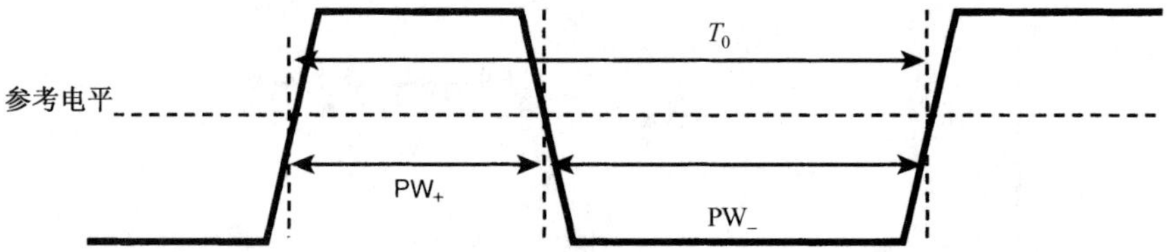

图 1.6 脉冲周期 T_0，脉冲宽度 PW_+/PW_-（正脉冲宽度/负脉冲宽度）和周期性信号的参考电平

占空比的数学定义如下：

$$\eta_+ = \frac{PW_+}{T_0}, \qquad \eta_- = \frac{PW_-}{T_0} \tag{1.4}$$

多数时钟信号的标称占空比为50%，因此脉冲宽度变短或变长都会造成占空失真。脉冲宽度的偏差、周期偏移等都会引起占空失真。此外，参考信号电平的偏移也会造成脉冲宽度变化。如果时钟的上升边和下降边是由两个半速率的子时钟所构成的，一旦这两个半速率子时钟的传播时延不同，那么不同的时延也是引起占空失真的一个原因。此时，这类时钟的周期不固定，必须在考虑多次采样的情况下从统计分布的观点入手分析占空失真，用平均周期去估计整体的占空失真。

1.2.3.3 符号间干扰(ISI)

数据信号会引起 ISI。根据定义，时钟信号并不会带来 ISI。不同于时钟信号，数据信号泛指不需要在信号的每个单位间隔(UI)或比特周期(bit period)上都必须发生边沿跳变的数字信号。数据信号可以在多个单位间隔内始终保持相同的信号幅度，不发生信号边沿跳变。时钟信号则不同。数字通信中的数据模式取决于通信系统的编码方式[9]。游程是数字模式中一个重要的参数，它指的是信号模式中连 1 或连 0 的最大长度。游程决定数据模式频谱的最低频率，因此也决定了测试需要覆盖的频率范围。长距离光纤通信系统标准 SONET 采用扰码方式，具有较长的游程(例如游程长度为 23，31)，因此它具有较低的频率成分。短距离数据通信标准，例如光纤信道、千兆位以太网都采用分组码(例如 8b/10b 编码)，因此游程较短(游程可以为 5)，具有相对较高的频率成分。

在有损媒质中，前面的比特流可能会造成开关时序和信号幅度偏离理想值。在铜线系统中这是由于比特流在“1”和“0”之间切换时，电子元件的“记忆”特性造成的。“记忆”特性的其中一个例子就是容性效应。由于容性效应，每次电平开关都要有一定的电荷充放电时间。如果前次开关的电平在达到预定电平之前，紧接着发生又一次开关，那么当前比特就可能产生时间和电平量级的偏差，这种效应会级联累积。图 1.7 显示了 ISI 的结果。

任何的脉冲展宽或扩展都会造成 ISI，色散是已知的会引起传输脉冲展宽或扩展的一种物理现象。同样地，ISI 也会发生在光纤通信系统中[10]。对于多模光纤，扩展机理被称为模色散（MD），在多模光纤波导中存在多种电磁波，这些波模的个数取决于多模光纤的折射率、几何形状等物理参数。不同的模具有各自的传播时限，多模光纤里的这种传播时限扩展就造成波到达光纤另一端时脉冲展宽。对单模光纤而言，主要的展宽机理是色散效应，包括一般色散（CD）和偏振模色散（PMD）。产生色散（CD）的物理原因是光纤材料的折射率取决于波长，因此光纤中波传播的群速率也和波长有关。激光源和调制波在频谱上都有展宽，总的输入端光波频谱展宽，加上色散（CD）效应造成了光脉冲流在时域中展宽，导致了时序和幅度上的 ISI。偏振模色散（PMD）的原因是双折射，光纤中两个正交轴向的折射率不同导致了不同的传播速率。因此，偏振模色散的两个正交模速率不一致，使得在光纤另一端的脉冲序列展宽，引起 ISI。图 1.8 显示了光纤中脉冲的色散效应。

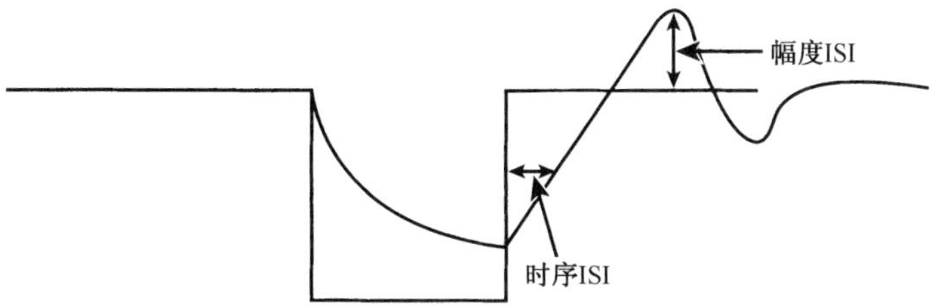

图 1.7　ISI 对时序和幅度的影响

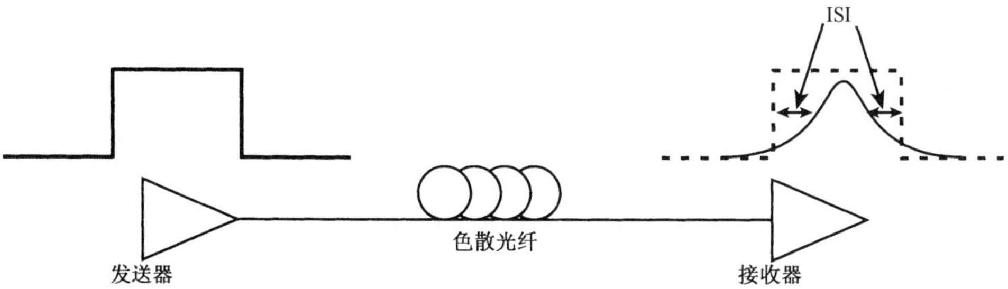

图 1.8　光纤通信链路中的 ISI 效应

1.2.3.4　串扰

串扰影响时序抖动

这里讨论两类串扰：一类是铜线中的串扰；另一类是光纤中的串扰。

1. 铜线中的串扰

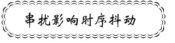

串扰其实上是一种干扰现象，通常发生在并行信道系统中，在并行系统里多个信号同时并行传播，彼此会产生影响。在铜线系统信道中，造成串扰的原因是电磁场耦合；集成电路（IC）中连线的几何尺寸和间距都比较小，容性耦合是主要的原因[11,12]。当信号跳变出现在某个信道中时，由于容性耦合，一部分能量通过电荷的流动会泄漏到邻近的信道中，引起该信道上的信号波动。对于几何尺寸相对较大的板级电路，感性和容性耦合都很关键。感性耦合服从楞次（Lentz）定律，磁通量的变化产生电场，这个电场就会引起电压的波动。通常，串

扰的影响可以被建模成电压波动或噪声，它也可以直接影响时序抖动。当两条传输线存在容性耦合，并且两条线在同一端(近端)同时发生信号跳变时，如果近端的信号跳变是同相位的(具有相同的极性)，那么传输线另一端(远端)的信号压摆率将变大；如果信号跳变时相位相反(具有相反的极性)，则远端的信号压摆率变小。图 1.9 显示了串扰的容性和感性耦合机理。

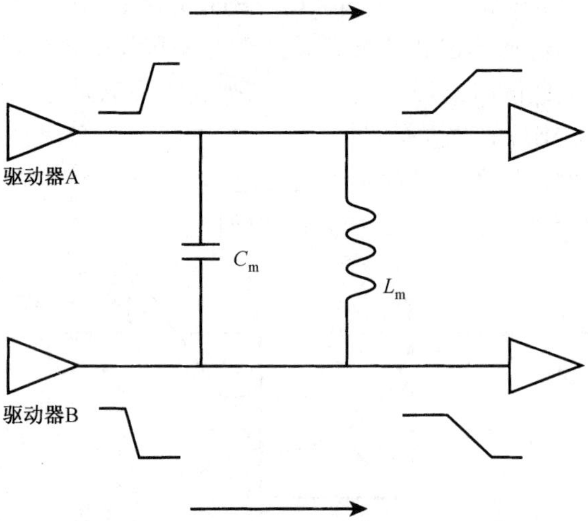

图 1.9　容性耦合和感性耦合引起串扰的示意图，可以看出极性相反的同时阶跃信号传输引起了串扰，在远端阶跃信号的压摆率变小

从互容 C_m 和互感量 L_m 定义出发，容性耦合引起的电压噪声可以采用下面的公式计算：

$$V_{mc} = Z_v C_m \frac{dV_d}{dt} \tag{1.5}$$

式中，Z_v 表示受害线或受影响线的阻抗；dV_d/dt 表示驱动电压的时间导数。对于电感耦合引起的电压噪声，我们采用下面的公式：

$$V_{mL} = L_m \frac{dI_d}{dt} = \frac{L_m}{Z_d} \frac{dV_d}{dt} \tag{1.6}$$

式中，Z_d 表示驱动线的阻抗；dI_d/dt 和 dV_d/dt 分别表示驱动器电流和电压的时间导数或变化率。

可以看出串扰与电压、电流的压摆率成比例。当数据速率或频率继续提高时，数字信号的上升时间将变得更短，因此由于压摆率和串扰引起的噪声将增加。

正如前面章节中所述，可以通过区分相应远端信号的压摆率来估计串扰引起的时序抖动。

2. 光纤中的串扰

光纤通信系统也会发生串扰，特别是在多信道系统，例如波分复用系统(WDM)中[13]。在波分复用(WDM)或密集波分复用(DWDM)系统中，线性和/或非线性效应都可能产生串扰。线性效应通常指光纤或多路解复用器中相关信道受邻近信道不同波长的光子能量泄漏影响，产生幅度噪声波动。非线性效应包括以下因素：

- 受激拉曼(Raman)散射(SRS)，短波信道可以增强很宽波长范围内的长波信道；
- 受激布里渊(Brillouin)散射(SBS)，短波信道可以增强较窄波长范围内的长波信道；
- 四波混频(FWM)，当三条 WDM 信道的波长满足一定的关系时，产生了一个新的波或信号，或称为第四种波。

和铜线中的串扰一样，光纤中的串扰也会引起传送信号的幅度噪声，结果导致信号压摆率变化，引起时序抖动，使得系统性能恶化。

1.3　抖动、噪声的统计信号描述

我们首先讨论基于峰-峰值的抖动度量方法的局限性和缺点，接下来分析为何采用抖动分量的方法量化抖动会更好、更精确，并讨论用该方法描述和统计量化抖动及噪声的优点。

1.3.1　峰-峰值和均方根 RMS 描述

用整体抖动直方图或分布的峰-峰值和/或方差(1σ 或 rms)去量化抖动已经延续了很多年，现在普遍意识到这种方法可能会引起误导。在随机无界抖动或噪声的情况下(例如热噪声或散弹噪声)，峰-峰值是统计样本数量的单调递增函数。对于有界抖动或噪声，峰-峰值是有用的参数；对于无界抖动或噪声则是无效的。方差计算也有同样的问题。在有界、非高斯抖动或噪声条件下，由于总抖动或噪声的直方图或分布不是高斯型的，因此统计方差或 rms 估计就不是高斯分布中的 1σ，因为 σ 只是描述高斯过程或高斯分布的标准量。采用基于整体抖动或噪声直方图统计量的方差或 rms，将会“大于”高斯过程中的 1σ 值。

我们从蒙特卡罗方法的单高斯分布入手，论证在无界高斯抖动或噪声条件下，采用统计峰-峰值的错误之处。对于给定的样本容量 N 确定随其单调递增的峰-峰值，画出(峰-峰值)-样本容量的函数曲线。图 1.10 清楚地显示了单调变化的趋势。

为了论证统计方差或 rms 与高斯过程的 1σ 之间的区别，假定直方图服从双峰态分布，由两个均值不同的独立高斯分布叠加而成。每个峰值对应一个独立的高斯均值，当峰值位置分隔较远(相隔 10σ)时，这个双峰分布的方差是单一高斯过程 1σ 的 1.414 倍。

当需要完全掌握抖动或噪声的过程，并且通过量化整个分布及其相应的分量寻找根源时，以往简单的基于参数化的抖动或噪声研究方法有很多不足和缺陷。现在需要的是诸如抖动概率密度函数(PDF)及其相应分量的概率密度函数等分布函数。这些概率密度函数不仅提供了对抖动或噪声统计过程的完整描述，而且也指出了相应的根源。

1.3.2　抖动或噪声的概率密度函数及分量描述

抖动或噪声是复杂的统计信号，具有很多相应的分量。这里我们重点讨论抖动，但同样的概念也适用于研究噪声。通常，将抖动划分为两种类型：确定性抖动(DJ)和随机抖动(RJ)。DJ 的幅度是有界的，而 RJ 的幅度是高斯无界的。这样分类是实现抖动分离的第一步[14]。

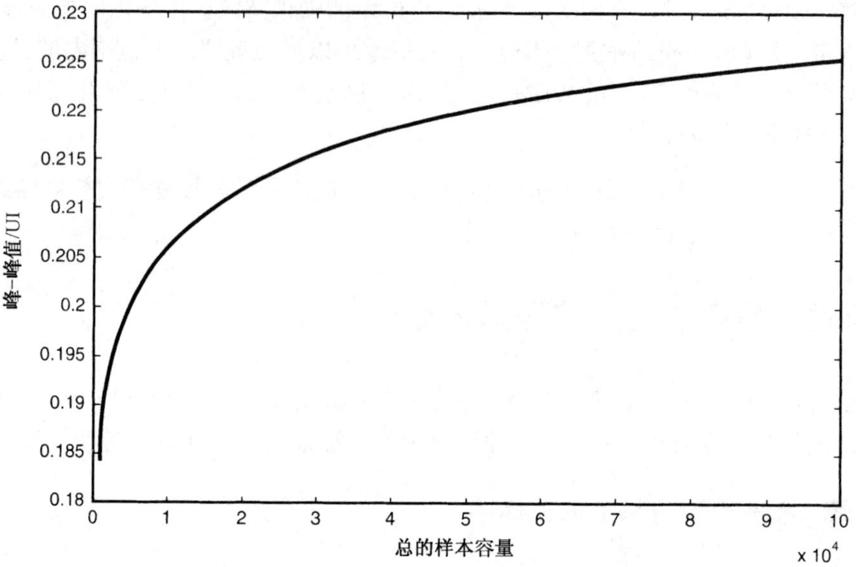

图 1.10 (峰-峰值)-样本容量(N)的函数关系图。直方图服从高斯分布,高斯过程的1σ等于0.03 UI(单位间隔/比特周期)

如图 1.11 所示,在第一层划分的基础上,抖动可以被进一步分离。DJ 可以被分为周期性抖动(PJ)、数据相关性抖动(DDJ)和有界非相关抖动(BUJ)。DDJ 由占空失真(DCD)和符号间干扰(ISI)组成,而串扰可以引起 BUJ。随机抖动则可能是单高斯(SG)或者多高斯(MG)过程。每种抖动分量都有其特定的根源和特性。例如,DJ 的根源可能是媒质的有限带宽、反射、串扰、EMI、地弹、周期性调制或模式相关;而热噪声、散弹噪声、闪烁噪声、随机调制或非平稳干扰可能导致 RJ。

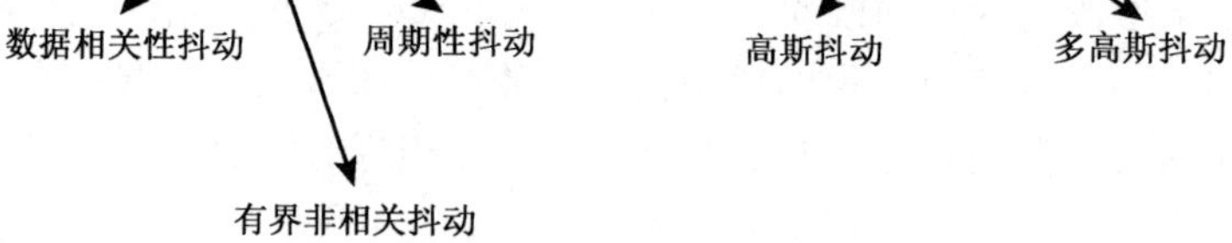

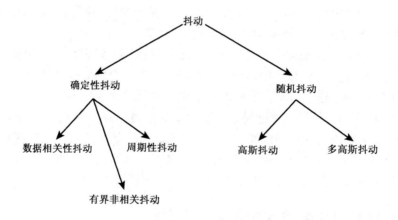

图 1.11 从信号统计角度的抖动层次分类图

采用类似于上面的分类方法,可以得出噪声分量的树状分类图,如图 1.12 所示。

除了和噪声无关的 DCD,大多数关于抖动和噪声分量的概念对两者都是适用的。而且同类型分量的抖动和噪声可能有或可能没有一定的相关性。

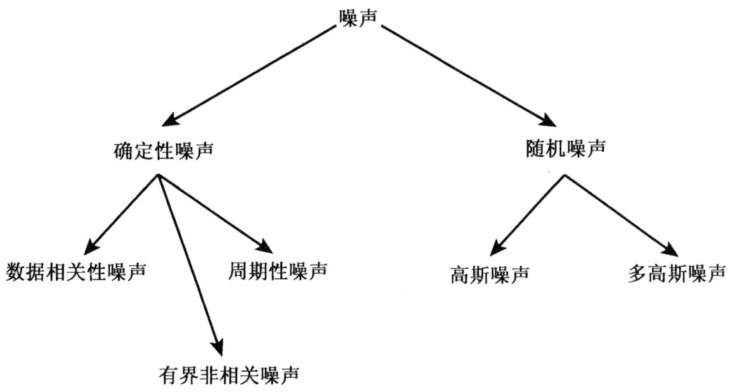

图 1.12 从信号统计角度的噪声层次分类图

1.4 抖动、噪声和 BER 的系统描述

本节简要地讨论高速链路系统中的抖动、噪声和 BER，提到了时钟恢复功能在提供时序参考和跟踪低频抖动方面的作用，并且讨论了抖动传递函数。

> 抖动和噪声是造成 BER 的两个既独立、又相关的源头

1.4.1 参考基准选取的重要性

前面我们将抖动定义为相对于理想时序的任何偏离，这一定义是从“静态时序基准”的角度出发的(见图 1.13)。换句话说，理想的时序基准是固定的时间点。从概念和数学观点出发这个定义是非常有用的，但从系统应用的角度来看还需要完善。笼统看它是正确的，抖动就是相对于理想时序的偏移。但是，如果将参考因素的特性考虑在内，由此引出的抖动有可能完全不同。例如，用理想时钟(无抖动)作为一个带有正弦时序抖动的数据信号的参考信号；或者将该理想时钟经过相同的正弦分布调制后作为参考信号。这两种情况对比，前者产生的抖动峰值更大。这是因为调制后的参考时钟和数据信号是“同相的”。

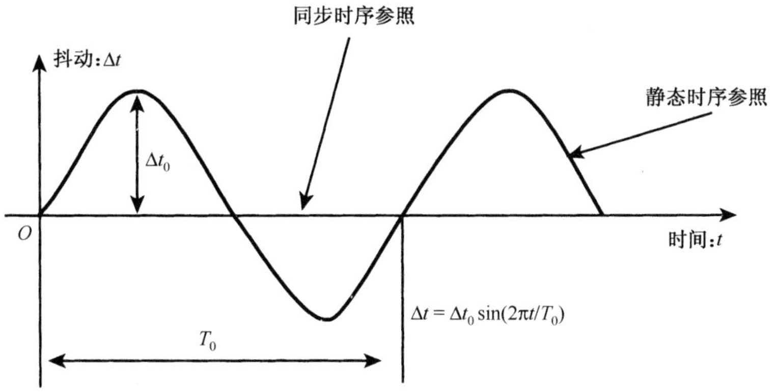

图 1.13 同样的抖动源在两个不同的抖动参考下，产生两种不同的抖动估计。一种是静态理想时钟，另一种是给出零抖动估计的同步时钟

以牛顿运动定律做类比，物体移动与否是和参照物相关的。同样，我们也可以说信号是否产生抖动和决定时序基准的参考信号有关。为了阐述这一论点，我们将重点研究串行数据通信中的时序参考信号，另一方面，这个概念也适用于其他系统。

1.4.2　串行数据通信中的抖动传递函数

涉及参考时钟的选取问题

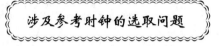

串行数据通信将时钟信号嵌入到发送的数据流中，在接收器，通过时钟恢复(CR)电路来重构时钟，通常 CR 利用锁相环(PLL)技术。众所周知，锁相环有确定的频响特性，因此当接收器采用恢复时钟对接收数据定时或重定时，从接收器观察到的抖动也遵循一定的频率响应特性。图 1.14 显示了典型的由发送器(Tx)、媒质或信道、接收器(Rx)组成的串行链路系统。

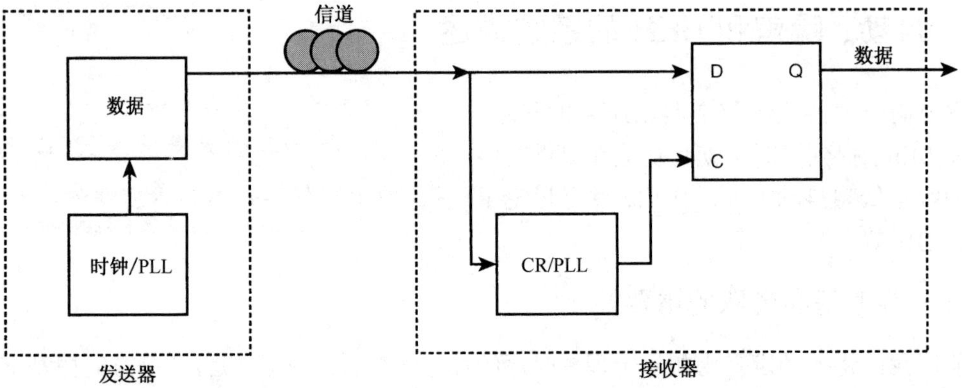

图 1.14　串行链路的示意框图，由三个关键元素组成：发送器(Tx)、媒质(或信道)和接收器(Rx)。图中也显示了发送器数据生成时钟和接收器的恢复时钟/锁相环

如图 1.15 所示，典型的锁相环频率特性是低通频率响应函数 $H_L(f)$。

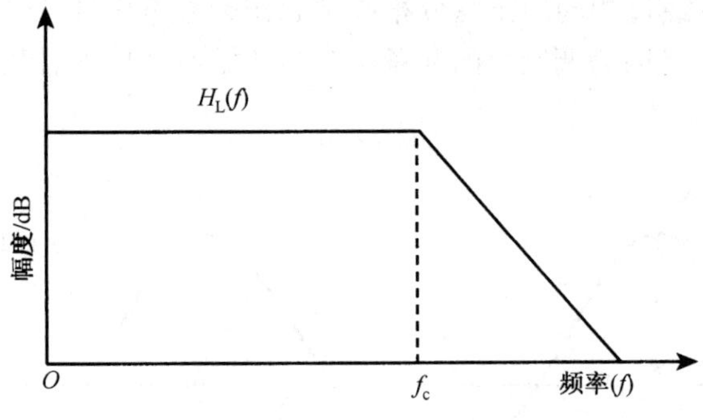

图 1.15　典型的锁相环幅频响应

一个好的估计算法应能够模拟实际器件的行为。在估计/测量接收器抖动、噪声和误码率时，通过模型/测量装置对其进行的估计/测量应该与从接收器观察到的结果一致。接收器恢复时钟后可“看到”数据中的抖动[15]，因此时钟和数据之间是一个差异比对函数关系(见图 1.16)。

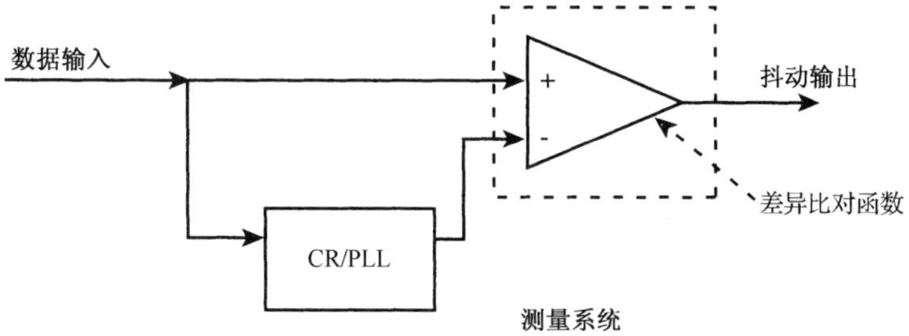

图 1.16　模仿串行数据接收器抖动情况的抖动估计/测量系统。图 1.14 中的 D 触发器数据锁存功能被替换为仿真接收器抖动行为的差异比对函数功能模块

如图 1.17 所示，因为时钟恢复器件(或锁相环)响应是低通传递函数 $H_L(f)$，抖动输出响应是高通传递函数 $H_H(f)$，$H_L(s)+H_H(s)=1$，其中 s 是复频率。

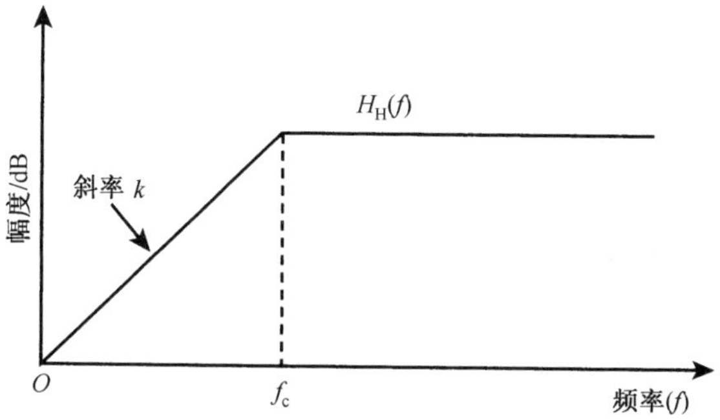

图 1.17　从串行接收器观察或通过差异比对函数测量到的抖动频率响应

从图 1.17 所示的抖动高通传递函数可以看出，相比于 $f>f_c$ 的较高频段，接收器可以更好地跟踪 $f<f_c$ 频段内的低频抖动。这就意味着与高频抖动相比，接收器的低频抖动冗余度更大，抖动冗余度函数是图 1.17 所示的抖动输出函数的倒数。图 1.18 显示的是对应于图 1.17 中抖动传递函数的抖动冗余度模板。

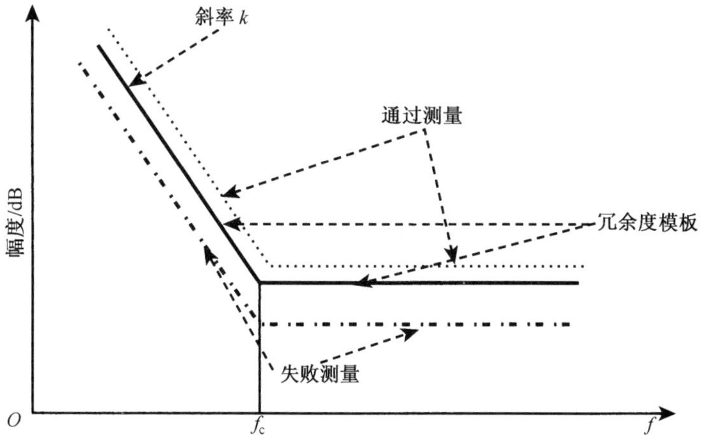

图 1.18　对应于图 1.17 中抖动传递函数的接收器抖动冗余度模板

当$f<f_c$时，图1.17和图1.18的曲线斜率幅度一样，但极性不同。在接收器冗余度测试时，接收器应当能够容忍比图1.18中模板定义中更多的抖动。这里的模板只是接收器必须能够满足的抖动幅频函数的最小量。假设掩模中出现二阶斜率，即-40 dB/十倍频程，若此时接收器的抖动传递函数斜率为一阶斜率，即20 dB/十倍频程，则接收器不能满足冗余度要求；若为二阶斜率的抖动传递函数，则正好满足冗余度要求；若为三阶斜率的抖动传递函数，即60 dB/十倍频程，则将更能满足冗余度要求。

抖动传递函数是估计串行链路中相应抖动的重要元素。若缺少该部分则不可能对系统中相应的抖动和BER性能进行合理的估计。在后续章节论述具体的通信技术时，将详细分析抖动传递函数的应用方法。

1.5 抖动、噪声、误码率和信号完整性研究述评

在过去20多年中，出版过两本专门分析抖动的专著[16,17]。那时大多数通信系统的数据率都低于1 Gbps，抖动问题也不像今天多数运行在1~10 Gbps速率下的主流通信链路这么严重。

1989年由Trischitta和Varma[16]编著的书中主要关注网络系统的累积抖动，以及当时的光纤网络中一些特定部分的抖动，包括重生成器、重定时器和多路复用器。但是该书中的抖动处理方案都是面向20年前的链路结构，因此书中的许多概念和理论已经不适用于20世纪90年代后发展起来的串行链路结构。

1991年Takasaki[17]撰写的书中论述了同样情况下的数字传输设计和抖动问题。该书的重点集中在数字传输方面，只有两章内容涉及到抖动，提到了抖动的产生和累积。书中论述了抖动的分类：随机的和系统的。但是并没有提出定量的数学模型来讨论抖动分类；也没有进一步讨论随机抖动和系统抖动的分量。对于抖动累积的讨论，也主要是基于网络中继部分。

过去15年中，人们对于抖动问题的理解上取得了显著的发展。在相关的新理论、定义、分析方法和测量工具上获得了很多成果。特别是，在抖动和抖动相关的分量方面提出了更加严格的定义和理论[15,18,19]。现在关于抖动和噪声分量的概念已经被普遍接受，成为了许多串行数据通信的标准。实际中，必须用抖动和噪声分量的概念确定链路的抖动预算，对Gbps速率的串行数据链路进行设计和测试并进行调试和诊断，或者制定相关标准。另外，还提出了线性或准线性系统的通用抖动传递函数。这种方法可以用于大多数串行数据通信链路及其标准的抖动分析[15,20]。将统计学方法和系统链路传递函数相结合，可以估计整个系统抖动、噪声、误码(JNB)和信号完整性的性能，已经推动多个领域的研究和应用工作达到了新的历史高度。

考虑到JNB和信号完整性问题的不断发展，以及它们在速率超过1 Gbps的网络和个人计算机应用等串行通信中越来越重要的影响力，迫切需要一本全新的书籍来总结这些发展，重点关注最新的定义、理论、应用，包括仿真建模、测试和分析技术。

1.6 全书概要

本书系统地列举了抖动、噪声、误码(JNB)和信号完整性方面的最新发展和成果。可以指导读者从最基本的数学和统计学理论、电路知识、系统建模方法入手，直到最终的实际应

用。全书涵盖了 JNB 和信号完整性仿真/建模方面的基本理论；提出了调试/诊断及一致性测试方案；重点强调了两个方面的应用：时钟和串行数据通信。全书有机地将理论和实际应用两方面相结合，实现了两者互补和平衡。

如前所述，第 1 章全面总结了 JNB 和信号完整性的基础知识，对 JNB 分量的分类方法及其相互关系、JNB 的根源机理、测量标准、时钟恢复和相应的 JNB 传递函数进行了介绍。

第 2 章回顾和介绍了在定量理解和建模 JNB 及其相关分量时所需的基本概念和统计学理论、线性时不变系统(LTI)理论和数字信号处理知识，同时第 2 章中还引入了量化 JNB 频谱和功率谱密度(PSD)的统计信号处理理论。

第 3 章从定量的角度描述了抖动的分量，详细分析了每种抖动分量的根源，提出了数学模型及建模方法。为保证抖动和噪声估计的精度，还列举了必需的物理和数学基础知识。同样，对于抖动分量分析的数学模型也适用于噪声分量。

第 4 章从统计信号处理的角度讨论抖动、噪声和误码。首先，讨论了抖动的总概率密度函数和各相应分量的概率密度函数(PDF)。接下来，将抖动和噪声相结合，分析联合概率密度函数。最后，讨论了误码率的累积分布函数(CDF)以及它与相应的抖动和噪声概率密度函数的关系。此外还介绍了二维眼图和误码率轮廓线的应用。

第 5 章的重点是集中讨论统计分布域中的抖动分离方法。阅读关于抖动分离的内容，需要具备数学基础知识，了解抖动分量的机理和物理性质。因为实际中观察和测量所看到的是多种抖动分量的“混合物”，所以抖动分离是理解和量化抖动的重要步骤。该章介绍了基于抖动概率密度函数和误码率累积分布函数(BER CDF)的抖动分离方法，提出采用高斯分布量化随机抖动概率密度函数的尾部拟合算法实现基于概率密度函数的抖动分离。同样的方法也用于处理 BER CDF 的分布，这里随机抖动的累积分布函数被量化为高斯型误差函数的积分。

第 6 章讨论时域、频域中的抖动分离方法。介绍了基于频谱(一阶矩)和功率谱密度(二阶矩)的抖动分离方法，对比了各种方法的优缺点。还比较了基于概率密度函数/累积分布函数的统计域方法和基于频谱和功率谱密度的抖动分离方法。

第 7 章的重点是时钟抖动。这是数字系统中一个很重要的课题，非常值得关注。该章讨论了有关相位抖动、周期抖动、周期间抖动的新概念，分析它们之间的相互关系。分别从时域和频域角度给出了相位抖动、周期抖动和周期间抖动的数学关系表示。此外，还讨论了相位抖动，及其与频域中量化时钟或晶振性能的普通相位噪声之间的关系。

第 8 章重点讨论时钟生成和时钟恢复中的锁相环(PLL)抖动。这也是衡量高速锁相环性能的一个重要指标。还探讨了锁相环输出抖动和锁相环组成元件之间的关系，例如鉴相器(PD)、低通滤波器(LPF)、压控振荡器(VCO)和分频/倍频器。锁相环抖动是参考时钟、内部噪声源的函数，可以得出传递函数的推导结果，并应用于锁相环及其二阶、三阶和 n 阶锁相环抖动分析中。

第 9 章的主题是高速链路系统中抖动、噪声及信号完整性问题的机理和根源。从链路结构包括发送器、接收器、信道和参考时钟等子系统的角度出发，探讨这些问题的机理。对于发送器，讨论参考时钟抖动和电压驱动器噪声；对于接收器，则讨论时钟恢复电路和数据采样电路的抖动；而针对信道，铜质信道和光纤信道中各种损耗是关心的问题；锁相环或晶振中的抖动，以及扩频时钟(SSC)则是参考时钟中的重要问题。最后，讨论了采用随机抖动平方根–求和–平方(RSS)的链路抖动预算方法，来确保总的链路功能、抖动预算的优化和总误码率性能。

第 10 章的重点是定量建模与分析抖动、噪声及信号完整性问题。在线性时不变系统理论的框架上提出了针对发送器、接收器和信道等链路子系统的建模和分析方法。利用线性时不变系统的叠加性质，可以很容易得出信道及接收器的信号、抖动和噪声的输出值。建模和分析中还包括了均衡和时钟恢复这样重要的子系统，发送器和接收器的均衡技术均被考虑到。这一章中所介绍的建模和分析方法可以应用到当前最先进的串行链路系统估计中，也可以扩展到将来进一步发展的线性时不变链路中。

第 11 章研究抖动、噪声及信号完整性的各种测试问题。阐述了对于链路结构/拓扑系统测试的意义和需求，重点关注时钟恢复和均衡技术。对于带有时钟恢复和均衡功能的链路结构提出测试的要求和方法，同时将发送器、信道或媒质、参考时钟和锁相环等部分也考虑在内。最后讨论了诸如环回测试等系统测试的方法。

第 12 章是对全书的总结和回顾。讨论了未来在数据率依然保持高速增长的情况下，误码和信号完整性问题的研究工作和发展趋势。

参考文献

1. C. E. Shannon, "A Mathematical Theory of Communication," *Bell System Technical Journal*, vol. 27, pp. 379–423, 623–656, July, October, 1948.
2. H. Johnson and M. Graham, *High-Speed Digital Design: A Handbook of Black Magic*, Prentice-Hall, 1993.
3. A. B. Carlson, *Communication Systems: An Introduction to Signals and Noise in Electrical Communication*, Third Edition, McGraw-Hill, 1986.
4. J. B. Johnson, *Phys. Rev.*, vol. 32, pp. 97–109, 1928.
5. H. Nyquist, *Phys. Rev.*, vol. 32, pp. 110–113, 1928.
6. W. Schottky, *Ann. Phys.*, 57, 541, 1918.
7. J. B. Johnson, "Electronic Noise: The First Two Decades," *IEEE Spectrum*, vol. 8, pp. 42–46, 1971.
8. A. Van Der Ziel, *Noise in Solid State Devices and Circuits*, Wiley InterScience, 1986.
9. S. Lin and D. J. Costello, Jr., *Error Control Coding: Fundamentals and Applications*, Prentice-Hall, 1983.
10. G. P. Agrawal, *Fiber Optic Communication Systems*, a Wiley InterScience Publication, John Wiley & Sons, Inc., Second Edition, 1997.
11. S. H. Hall, G. W. Hall, and J. A. McCall, *High-Speed Digital System Design: A Handbook of Interconnect Theory and Design Practices*, a Wiley InterScience Publication, John Wiley & Sons, Inc., 2000.
12. M. Li, *Design and Test for Multiple Gbps Communication Devices and Systems*, International Engineering Consortium (IEC), 2005.
13. National Committee for Information Technology Standardization (NCITS), Working Draft for "Fiber Channel—Methodologies for Jitter Specification," Rev. 10, 1999.

14. R. E. Best, *Phase-Locked Loops: Design, Simulation, and Applications*, Fourth Edition, McGraw-Hill, 1999.
15. M. Li and J. Wilstrup, "Paradigm Shift for Jitter and Noise in Design and Test > 1 Gb/s Communication Systems," an invited paper, IEEE International Conference on Computer Design (ICCD), 2003.
16. P. R. Trischitta and E. L. Varma, *Jitter in Digital Transmission Systems*, 1989, Artech House.
17. Y. Takasaki, *Digital Transmission Design and Jitter Analysis*, 1991, Artech House.
18. J. Wilstrup, "A Method of Serial Data Jitter Analysis Using One-Shot Time Interval Measurements," IEEE International Test Conference (ITC), 1998.
19. M. Li, J. Wilstrup, R. Jessen, and D. Petrich, "A New Method for Jitter Decomposition Through Its Distribution Tail Fitting," IEEE International Test Conference (ITC), 1999.
20. M. Li, "Statistical and System Approaches for Jitter, Noise and Bit Error Rate (BER) Tests for High Speed Serial Links and Devices," IEEE International Test Conference (ITC), 2005.

第2章　抖动、噪声及信号完整性的统计信号与线性理论

本章分为两部分讨论统计信号和线性系统理论。A部分重点讨论随机变量及其概率分布、统计估计量、采样定理、统计过程和频谱分析的相关理论。B部分的侧重点是线性时不变(LTI)系统的LTI定理、统计估计量和功率谱密度分析。随后的章节中，将广泛地应用这些定理。

下面是研究SI所必备的预备知识：A部分描述了信号不完整(抖动、噪声)的统计域随机特征及频谱分析技术；B部分是引起信号不完整的信道系统中的时/频域LTI特征表述。

A部分：概率、统计量和随机信号

这里，我们只介绍本书内容中涉及到的一些统计学理论知识。若要了解统计学其他方面的详细内容和严格定义，可参阅相关书籍和文章。

2.1　随机变量及其概率分布

本节介绍随机变量、概率和概率分布函数。同时，也讨论相关的数学基础知识。

2.1.1　随机变量和概率

本节对随机变量和随机过程的概率给出数学描述。并且，探讨随机变量概率的性质、联合概率密度函数、随机变量的独立性等问题。

2.1.1.1　基本定义

统计学中，随机变量表示一种现象的不确定性。我们可以通过一个统计学的实验来说明随机变量的概念。假设一实验中，事件 A 只有两种结果：发生或不发生。一个典型的例子就是“抛硬币”，每一次的结果可能是正面或者反面。如果实验重复了 N 次，而事件 A 发生了 N_A 次，那么事件 A 发生的频数定义如下：

$$f(A)=\frac{N_A}{N} \tag{2.1}$$

当 N 值足够大时，$f(A)$ 均能收敛于某个不变的确定值，我们就可以说这个频数逼近事件 A 发生的概率，可以将这个概率定义如下：

$$P(A)=\frac{N_A}{N}\quad 且\quad N\rightarrow\infty \tag{2.2}$$

概率 $P(A)$ 的一些性质如下：

$$0\leqslant P(A)\leqslant 1$$

$$P(A)+P(\overline{A})=1,\qquad \overline{A}\ 表示事件\ A\ 不发生$$

2.1.1.2　联合概率

假设实验中有两个事件 A 和 B，重复实验 N 次，如果 A 和 B 同时发生的次数为 N_{AB}，那么 A 和 B 的“与”事件概率为

$$P(AB)=\frac{N_{AB}}{N}\quad 且\quad N\rightarrow\infty \tag{2.3}$$

式中，AB 表示“$A\cdot B$”或“A 与 B”。

“或”事件概率是指，A 和 B 中至少有一个发生的概率为

$$P(A+B)=P(A)+P(B)-P(AB) \tag{2.4}$$

如果 A 和 B 互斥，即 A 和 B 不可能同时发生，$P(AB)=0$，则可以得到

$$P(A+B)=P(A)+P(B) \tag{2.5}$$

2.1.1.3　条件概率

条件概率是指一个事件在另外一个事件已经发生的条件下发生的概率。从数学角度出发，在事件 A 已经发生的条件下，事件 B 发生的概率定义为

$$P(B|A)=\frac{P(AB)}{P(A)} \tag{2.6}$$

式(2.6)中 $P(A)$ 必须大于零。如果 $P(A)=0$，那么条件概率将没有意义。

式(2.6)的条件可以互换，在事件 B 已经发生的条件下，事件 A 发生的条件概率可定义为

$$P(A|B)=\frac{P(AB)}{P(B)} \tag{2.7}$$

式(2.6)和式(2.7)中都有 A 和 B 的“与”事件的概率 $P(AB)$，因此可以从式(2.6)和式(2.7)推导出以下两式：

$$P(A|B)=\frac{P(B|A)P(A)}{P(B)}\qquad 或\qquad P(B|A)=\frac{P(A|B)P(B)}{P(A)} \tag{2.8}$$

式(2.8)称为贝叶斯公式。通过贝叶斯公式，可以由一个条件概率推出相反情况下的条件概率。假定 $P(A)$ 和 $P(B)$ 已知，如果 $P(B|A)$ 也已知，则 $P(A|B)$ 就可以通过贝叶斯公式[式(2.8)]计算得出，在 $P(A|B)$ 已知的条件下，也可以计算出 $P(B|A)$。

2.1.1.4　统计独立性

在给出条件概率定义的情况下，我们进一步讨论统计独立性。如果条件概率发生的条件

对其结果没有影响，或者用数学语言描述为

$$P(A|B)=P(A) \quad 或 \quad P(B|A)=P(B) \tag{2.9}$$

那么我们就说事件 A 和 B 相互独立。如果事件 A 和 B 相互独立，由式(2.7)可以得到 A 和 B 的“与”事件概率为

$$P(AB)=P(A)P(B) \tag{2.10}$$

式(2.10)可以被推广到 n 个相互独立的事件中，公式如下：

$$P(A_1A_2A_3\cdots A_n)=P(A_1)P(A_2)P(A_3)\cdots P(A_n) \tag{2.11}$$

从式(2.11)可以看出，n 个相互独立“与”事件的联合概率等于各个事件概率的乘积。

2.1.2 概率分布函数

随机变量分为两种类型：连续型和离散型。我们通常遇到的物理量，像模拟电压和电流噪声都属于连续型随机变量。而数字错误率和电路的故障率则是离散型随机变量。这里，我们先讨论连续型随机变量，并给出相关定理的推导过程。接着，我们推导出离散型随机变量具有类似的结果。二者之间主要的区别是离散变量的求和变成连续变量的求积分。

2.1.2.1 概率密度函数(PDF)

假设存在某随机变量 x，例如 x 可以是电压噪声、电流噪声或者时序抖动。定义 x 的值落在 x 与 $x+\mathrm{d}x$ 之间的概率为 $p(x)\mathrm{d}x$，那么可以将 $p(x)$ 称为变量 x 的概率密度函数，它代表每单位 x 长度内的概率。

> 下文阐述了研究噪声和抖动时所必备的概念

PDF 遵循如下的性质：

$$p(x)\geqslant 0, \qquad \int_{-\infty}^{+\infty} p(x)\mathrm{d}x=1 \tag{2.12}$$

显然，变量 x 在区间 $[a, b]$ 上的概率 $P(a\leqslant x\leqslant b)$ 可以由下式得到：

$$P(a\leqslant x\leqslant b)=\int_a^b p(x)\mathrm{d}x \tag{2.13}$$

2.1.2.2 累积分布函数(CDF)

CDF 是指从 $-\infty$ 到某一值 X 对 PDF 函数所做的定积分，定义如下：

$$P(X)=\int_{-\infty}^{X} p(x)\mathrm{d}x \tag{2.14}$$

式中，X 是 CDF 函数 $P(X)$ 的变量。可以看出 CDF 函数 $P(X)$ 的变量是 PDF 的积分上限。综合式(2.12)、式(2.13)和式(2.14)之间的关系，可以得到 CDF 的如下性质：

$$P(b)-P(a)=\int_{-\infty}^{b} p(x)\mathrm{d}x-\int_{-\infty}^{a} p(x)\mathrm{d}x=\int_a^b p(x)\mathrm{d}x=P(a\leqslant x\leqslant b) \tag{2.15}$$

CDF 函数的取值范围满足：

$$0\leqslant P(X)\leqslant 1 \tag{2.16}$$

由于 PDF 函数 $p(x)$ 是非负的，因此 CDF 函数 $P(X)$ 的值不会减小；始终满足下式：

$$\frac{\mathrm{d}P(X)}{\mathrm{d}X} \geqslant 0 \tag{2.17}$$

另外，当 X 取极限值($X=-\infty$或 $X=\infty$)时，CDF 的值为

$$P(-\infty)=0 \quad 和 \quad P(+\infty)=1 \tag{2.18}$$

以均匀分布函数为例，PDF 表示为

$$p_u(x)=\begin{cases}\dfrac{1}{b-a} & a\leqslant x\leqslant b \\ 0 & x\text{为其他值}\end{cases} \tag{2.19}$$

相应的 CDF 可由式(2.14)求得：

$$P_u(x)=\begin{cases}0 & x<a \\ \dfrac{x-a}{b-a} & a\leqslant x\leqslant b \\ 1 & x>b\end{cases} \tag{2.20}$$

图 2.1 是它的图形表示。

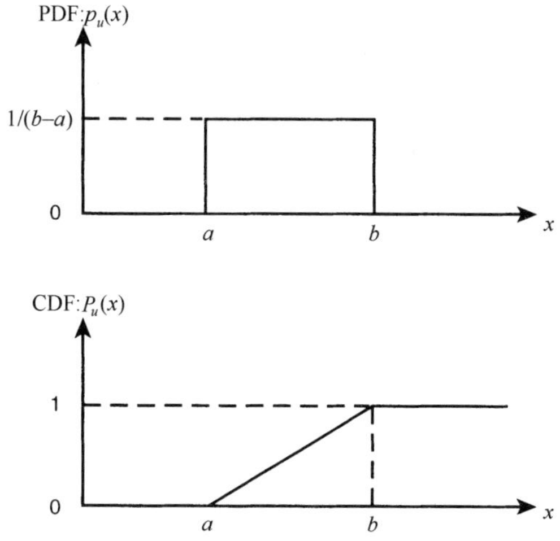

图 2.1　一个均匀函数的 PDF 及其对应的 CDF

2.1.2.3　PDF 和 CDF 之间的关系

PDF $p(x)$和 CDF $P(x)$之间是微分和积分的关系，如式(2.14)所示。如果已知 PDF $p(x)$，则可以通过积分求得 CDF $P(x)$。相反，如果已知 CDF $P(x)$，也可通过解微分得到 PDF $p(x)$，如下式所示：

$$p(x)=\frac{\mathrm{d}P(x)}{\mathrm{d}x} \tag{2.21}$$

式(2.14)用小写字母 x 作为 $p(x)$的自变量，用大写字母 X 作为 $P(X)$的自变量，一个积分式中需要用到两个变量：哑元 x 和状态变量 X。从数学表达角度分析，式(2.21)中的微分没有引入两个变量，PDF 和 CDF 共用一个变量符号x。这种变量符号的交换互用并不影响这些分布函数的性质。

2.1.2.4 多个相关变量的 PDF

在 PDF 估计中经常遇到的一类问题是：已知变量 x 的 PDF 函数 $p_1(x)$ 和随机变量 $y=f(x)$，那么 y 的 PDF $p_2(y)$ 如何计算呢？

这是一个典型的变量映射问题。如果 y 和 x 是一一对应的关系，或者 $y(x)$ 是一个单调函数，那么 x 变量域中一个微小增量 $\mathrm{d}x$ 对应的概率将和 y 变量域中相应的微小增量 $\mathrm{d}y$ 所对应的概率相一致，从数学角度上，可表示为下式：

$$p_1(x)\mathrm{d}x = p_2(y)\mathrm{d}y \tag{2.22}$$

因为 $p_1(x)$ 和 $p_2(y)$ 都是非负函数，所以我们要确保 $\mathrm{d}x/\mathrm{d}y$ 为正值。同样，若 $y=f(x)$ 是一个单调函数，则它的反函数存在且为 $x=f^{-1}(y)$。有了这两个条件，$p_2(y)$ 便可由下式求得：

$$p_2(y) = p_1(x)\left|\frac{\mathrm{d}x}{\mathrm{d}y}\right| = p_1(f^{-1}(y))\left|\frac{\mathrm{d}f^{-1}(y)}{\mathrm{d}y}\right| \tag{2.23}$$

相反地，也可通过下式计算出 $p_1(x)$：

$$p_1(x) = p_2(y)\left|\frac{\mathrm{d}y}{\mathrm{d}x}\right| = p_2(f(x))\left|\frac{\mathrm{d}f(x)}{\mathrm{d}x}\right| \tag{2.24}$$

2.1.2.5 多维随机变量的 PDF 和 CDF

前面我们介绍了一维随机变量的 PDF 和 CDF，这些基本概念同样可以推广到 n 维随机变量。假设存在 n 个随机变量：$x_1, x_2, \cdots, x_n$，其 n 维随机变量的 PDF 为 $p(x_1, x_2, \cdots, x_n)$，并且有 x_1 到 $x_1+\mathrm{d}x_1$，x_2 到 $x_2+\mathrm{d}x_2$，…，x_n 到 $x_n+\mathrm{d}x_n$ 的概率表示为 $p(x_1, x_2, \cdots, x_n)\mathrm{d}x_1\mathrm{d}x_2\cdots\mathrm{d}x_n$，对于给定的 $p(x_1, x_2, \cdots, x_n)$，其 n 维随机变量的 CDF 表示为

$$P(X_1,X_2,\cdots,X_n) = \int_{-\infty}^{X_1}\int_{-\infty}^{X_2}\cdots\int_{-\infty}^{X_n} p(x_1,x_2,\cdots,x_n)\mathrm{d}x_1\mathrm{d}x_2\cdots\mathrm{d}x_n \tag{2.25}$$

和一维的情况相类似，n 维随机变量的 PDF 和 CDF 也有一些性质。对于 PDF，其非负性和面积为 1 的特性表示为

$$p(x_1,x_2,\cdots,x_n) \geqslant 0 \quad 且 \quad \int_{-\infty}^{+\infty}\int_{-\infty}^{+\infty}\cdots\int_{-\infty}^{+\infty} p(x_1,x_2,\cdots,x_n)\mathrm{d}x_1\mathrm{d}x_2\cdots\mathrm{d}x_n = 1 \tag{2.26}$$

对于 CDF，其全概率为 1 的特性及取值范围为

$$0 \leqslant P(X_1,X_2,\cdots,X_n) \leqslant 1 \quad 且 \quad P(-\infty,-\infty,\cdots,-\infty)=0 \quad 且 \quad P(+\infty,+\infty,\cdots,+\infty)=1 \tag{2.27}$$

积分式(2.25)给出了如何由 PDF 得到 CDF。如果已知 CDF，则其对应的 PDF 函数可以由以下的微分式求得：

$$p(x_1,x_2,\cdots,x_n) = \frac{\partial^n}{\partial x_1\partial x_2\cdots\partial x_n}P(x_1,x_2,\cdots,x_n) \tag{2.28}$$

2.1.2.6 独立变量的 PDF 和 CDF

如果 n 个随机变量 $X_1, X_2, \cdots, X_n$ 相互独立，那么它们对应的 CDF $P(X_1, X_2, \cdots, X_n)$

满足

$$P(X_1,X_2,\cdots,X_n)=P_1(X_1)P_2(X_2)\cdots P_n(X_n) \tag{2.29}$$

同样，对于 n 个相互独立的随机变量 x_1，x_2，…，x_n，它们对应的 PDF $p(x_1, x_2, \cdots, x_n)$ 也满足

$$p(x_1,x_2,\cdots,x_n)=p_1(x_1)p_2(x_2)\cdots p_n(x_n) \tag{2.30}$$

2.1.2.7　两个随机变量之和的 PDF

我们还经常遇到这样一类有趣的问题：如果已知 x 和 y 的联合概率密度函数 $f(x,y)$，如何得到 $z=x+y$ 的 PDF 函数呢？例如，一个信号的振幅噪声，既有来自于串扰的部分（用 x 表示），又有来自于热噪声的部分（用 y 表示），如何得到这两个噪声源之和（用 z 表示）的 PDF 呢？下面，我们讨论如何解决这一问题。

首先考虑 $z=x+y$ 的 CDF 函数 $F(z)$，它应该等于 $f(x,y)$ 在 $x+y\leqslant z$ 的范围的积分，如下式所示：

$$F(z)=\iint\limits_{x+y\leqslant z} f(x,y)\mathrm{d}x\mathrm{d}y \tag{2.31}$$

积分区域为直线 $x+y\leqslant z$ 左下方的半平面，如图 2.2 所示。

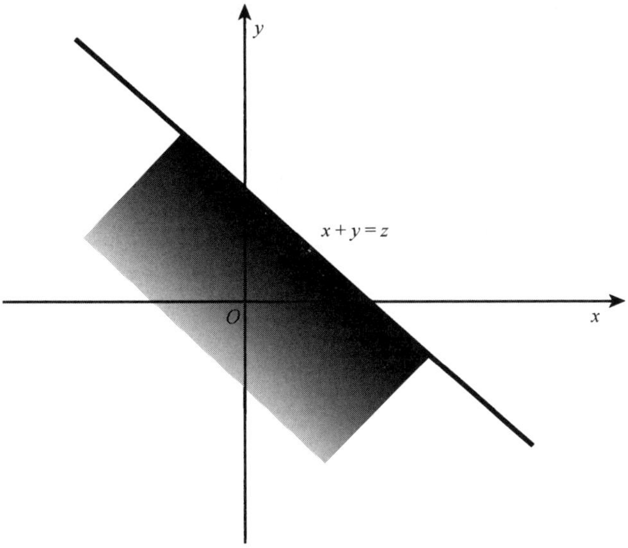

图 2.2　积分区域 $x+y\leqslant z$（阴影部分）

由部分积分法可得

$$F(z)=\int_{-\infty}^{+\infty}\left[\int_{-\infty}^{z-y} f(x,y)\mathrm{d}x\right]\mathrm{d}y \tag{2.32}$$

对式(2.32)求导可得

$$\frac{\mathrm{d}F(z)}{\mathrm{d}z}=\frac{\mathrm{d}}{\mathrm{d}z}\left\{\int_{-\infty}^{+\infty}\left[\int_{-\infty}^{z-y} f(x,y)\mathrm{d}x\right]\mathrm{d}y\right\}=\int_{-\infty}^{+\infty}\left[\frac{\mathrm{d}}{\mathrm{d}z}\int_{-\infty}^{z-y} f(x,y)\mathrm{d}x\right]\mathrm{d}y=\int_{-\infty}^{+\infty} f(z-y,y)\mathrm{d}y \tag{2.33}$$

因为$\frac{\mathrm{d}F(z)}{\mathrm{d}z}=f_z(z)$，其中$f(z)$是$z$的PDF，由此可以得到

$$f_z(z)=\int_{-\infty}^{+\infty}f(z-y,y)\mathrm{d}y \tag{2.34}$$

式(2.34)给出了两个随机变量之和的PDF的数学估计方法。特别值得进一步讨论的是，当x和y相互独立时，有

$$f(x,y)=f_x(x)f_y(y) \tag{2.35}$$

式中，$f_x(x)$和$f_y(y)$分别为x和y的概率密度。将式(2.35)代入式(2.34)，将y作为积分变量得到

$$f_z(z)=\int_{-\infty}^{+\infty}f_x(z-y)f_y(y)\mathrm{d}y \tag{2.36}$$

同样地，将x作为积分变量，则有

$$f_z(z)=\int_{-\infty}^{+\infty}f_x(x)f_y(z-x)\mathrm{d}x \tag{2.37}$$

式(2.36)和式(2.37)右边都是f_x和f_y的卷积。由此，我们可以发现一个规律：两个相互独立的随机变量之和的PDF等于两个相互独立的随机变量的PDF的卷积。采用卷积定理，可以将式(2.36)和式(2.37)表示为

$$f_z=f_x*f_y=f_y*f_x \tag{2.38}$$

可以证明，式(2.38)同样适用于n个相互独立的随机变量之和的情况，即如果$x_s=x_1+x_2+\cdots+x_n$，其中x_1，x_2，$\cdots$，x_n相互独立，单个变量的PDF分别是$f_1(x_1)$，$f_2(x_2)$，$\cdots$，$f_n(x_n)$，则x_s的PDF f_s为

$$f_s=f_1*f_2*\cdots*f_n \tag{2.39}$$

考虑到卷积积分的顺序具有交换性，式(2.39)的形式只是多种表达式中的一种。

式(2.39)所描述的方法非常重要，因为本书中的抖动和噪声分析，将抖动和噪声分解成相互独立的随机变量，以及通过这些相互独立的随机变量PDF来求它们之和的PDF等理论都会用到式(2.39)。

几个相互独立的随机变量之和的总分布PDF等于各自的PDF卷积。这一结论很重要，是第4章计算总抖动公式的依据。

2.2　统计估计

前面我们讨论了随机变量的统计分布。尽管统计分布特性很重要，但是有些问题并不需要全面了解随机变量的概率分布。通过数学期望（均值）和均方差便可了解随机变量的某些特性。

2.2.1　数学期望或均值

假设随机变量$g(x)$中对应x的PDF为$p(x)$，则可以用式(2.40)来定义$g(x)$的数学期

望或均值：

$$\overline{g(x)} = E(g(x)) = \int_{-\infty}^{+\infty} g(x)p(x)\mathrm{d}x \tag{2.40}$$

式(2.40)中只包含了一个变量，它可以被推广到多个随机变量的情况，即当 $g = g(x, y)$ 时，其数学期望或均值可由式(2.41)计算：

$$E(g(x,y)) = \int_{-\infty}^{+\infty}\int_{-\infty}^{+\infty} g(x,y)p(x,y)\mathrm{d}x\mathrm{d}y \tag{2.41}$$

当 x 和 y 相互独立，且 $g(x,y) = g_1(x)g_2(y)$ 时，可得

$$E(g_1(x)g_2(y)) = \int_{-\infty}^{+\infty}\int_{-\infty}^{+\infty} g_1(x)g_2(y)p(x,y)\mathrm{d}x\mathrm{d}y = \int_{-\infty}^{+\infty} g_1(x)p_1(x)\mathrm{d}x \int_{-\infty}^{+\infty} g_2(y)p_2(y)\mathrm{d}y \tag{2.42}$$

进一步可以表示为

$$E(g_1(x)g_2(y)) = E(g_1(x))E(g_2(y)) \tag{2.43}$$

式(2.43)也可以被推广到多个随机变量的情形。由此可以得出这样的结论：多个相互独立的随机变量乘积的数学期望等于这些随机变量数学期望的乘积，即

$$E(g_1(x_x)g_2(x_2)\cdots g_n(x_n)) = E(g_1(x_1))E(g_2(x_2))\cdots E(g_n(x_n)) \tag{2.44}$$

期望或均值具有如下的重要性质：

若 c 为常数，则有 $E(c) = c$；

$E(cx) = cE(x)$；

$E(x+y) = E(x) + E(y)$，其中 x，y 是随机变量。

2.2.2　方差

数学期望表示一个变量的稳态值。下面讨论另一个统计量：方差，它代表随机变量与其均值之间的偏离程度。方差的定义如下：

$$\mathrm{Var}(x) = E[(x-\bar{x})^2] = \int_{-\infty}^{+\infty}(x-\bar{x})^2 p(x)\mathrm{d}x \tag{2.45}$$

经推导可得

$$\mathrm{Var}(x) = \int_{-\infty}^{+\infty}(x^2p(x) - 2x\bar{x}p(x) + \bar{x}^2p(x))\mathrm{d}x = E(x^2) - 2\bar{x}\cdot\bar{x} + [\bar{x}]^2 = E(x^2) - [\bar{x}]^2 \tag{2.46}$$

方差的性质如下：

若 c 为常数，则有 $\mathrm{Var}(c) = 0$；

$\mathrm{Var}(cx) = c^2\mathrm{Var}(x)$；

若 x，y 为两个相互独立的随机变量，则 $\mathrm{Var}(x+y) = \mathrm{Var}(x) + \mathrm{Var}(y)$。

方差的平方根称为标准差(或均方差)，记为 σ_x，即

$$\sigma_x = \sqrt{\mathrm{Var}(x)} \tag{2.47}$$

2.2.3　矩

矩是一个重要的统计量，它是某些已知统计量(如数学期望和均方差)的综合表述。对于

随机变量 x 来说，它的 n 阶矩（n 阶原点矩）被定义为

$$E(x^n) = \int_{-\infty}^{+\infty} x^n p(x)\mathrm{d}x \tag{2.48}$$

当 $n=1$ 时，式(2.48)就是随机变量 x 的数学期望或均值 $E(x)$ 的定义式：

$$E(x) = \bar{x} = \int_{-\infty}^{+\infty} x p(x)\mathrm{d}x \tag{2.49}$$

当 $n=2$ 时，式(2.48)表示 x 的二阶矩，即 $E(x^2)$。$E(x^2)$ 是一个很重要的量，当描述诸如电压或电流的物理性质时，$E(x^2)$ 表示其平均功率。

式(2.48)中定义的矩是以 0 为参考点的。若以随机变量自身的均值为参考点，则可得到 n 阶中心矩，其定义如下：

$$E[(x-\bar{x})^n] = \int_{-\infty}^{+\infty} (x-\bar{x})^n p(x)\mathrm{d}x \tag{2.50}$$

2.2.3.1 二阶中心矩与方差

实际上对于式(2.50)，当 $n=2$ 时，随机变量的二阶中心矩就是其方差，即

$$E[(x-\bar{x})^2] = \int_{-\infty}^{+\infty} (x-\bar{x})^2 p(x)\mathrm{d}x = \mathrm{Var}(x) \tag{2.51}$$

2.2.3.2 三阶中心矩及偏度

三阶中心矩也对应于统计学中的偏度（skewness）。偏度可以说明概率分布的对称程度，其定义为

$$S_3(x) = \frac{E[(x-\bar{x})^3]}{\sigma_x^3} \tag{2.52}$$

如果概率分布的偏度为 $S_3=0$，那么概率分布一定是对称的；若 $S_3>0$，则表示概率分布向右偏斜或者概率分布中右侧有较长的拖尾；同理，当 $S_3<0$ 时，则表示概率分布向左偏斜或者概率分布中左侧有较长的拖尾。

2.2.3.3 四阶中心矩及峰度

四阶中心矩和统计量中的峰度（kurtosis）有关系。一般对于高斯分布而言，峰度表示概率分布的尖锐度或峰态系数。峰度的定义如下：

$$S_4(x) = \frac{E[(x-\bar{x})^4]}{\sigma_x^4} \tag{2.53}$$

2.2.4 切比雪夫不等式

有一类问题是，如何求解随机变量与均值间距离大于一定值时的概率，切比雪夫不等式为此提供了一个直接的解法。

对于任意的随机变量，下面的公式和不等式总是成立的：

$$E(|y|^2) = \int_{-\infty}^{+\infty} |y|^2 p(y)\mathrm{d}y \geqslant \int_{|y|\geqslant\varepsilon} |y|^2 p(y)\mathrm{d}y \geqslant \varepsilon^2 \int_{|y|\geqslant\varepsilon} p(y)\mathrm{d}y \tag{2.54}$$

式中，ε 为任意正数，第二个不等式的积分区域为 $|y| \geq \varepsilon$。后面的不等式还可表示为如下形式：

$$P(|y| \geq \varepsilon) \leq \frac{E(|y|^2)}{\varepsilon^2} \tag{2.55}$$

将 $y = x - \bar{x}$ 代入式(2.55)，可得

$$P(|x-\bar{x}| \geq \varepsilon) \leq \frac{E((x-\bar{x})^2)}{\varepsilon^2}$$

因为 $E((x-\bar{x})^2) = \mathrm{Var}(x) = \sigma_x^2$，将其代入上式，可以得到

$$P(|x-\bar{x}| \geq \varepsilon) \leq \frac{\sigma_x^2}{\varepsilon^2} \tag{2.56}$$

式(2.56)被称为切比雪夫不等式。它的另一种形式表示为

$$P(|x-\bar{x}| < \varepsilon) > 1 - \frac{\sigma_x^2}{\varepsilon^2} \tag{2.57}$$

切比雪夫不等式在估计随机变量概率的离散度时非常有用。例如在式(2.57)中，取 $\varepsilon = 3\sigma_x$，可以得到如下的不等式：

$$P(|x-\bar{x}| < 3\sigma_x) > 0.888\,889 \tag{2.58}$$

若取 $\varepsilon = 6\sigma_x$，结果将是

$$P(|x-\bar{x}| < 6\sigma_x) > 0.972\,222 \tag{2.59}$$

2.2.5　相关性

到目前为止，我们讨论的大多数情况都是单个随机变量的统计估计量。含有多个随机变量的统计分布，尤其是两个随机变量的情况也是我们感兴趣的。

设随机变量 x 和 y 的联合概率密度为 $p(x,y)$，则 x 和 y 的数学期望分别为

$$E(x) = \int_{-\infty}^{+\infty}\int_{-\infty}^{+\infty} x p(x,y)\mathrm{d}x\mathrm{d}y \tag{2.60}$$

和

$$E(y) = \int_{-\infty}^{+\infty}\int_{-\infty}^{+\infty} y p(x,y)\mathrm{d}x\mathrm{d}y$$

x，y 的方差分别为

$$\mathrm{Var}(x) = E[(x-\bar{x})^2] = \int_{-\infty}^{+\infty}\int_{-\infty}^{+\infty} (x-\bar{x})^2 p(x,y)\mathrm{d}x\mathrm{d}y \tag{2.61}$$

和

$$\mathrm{Var}(y) = E[(y-\bar{y})^2] = \int_{-\infty}^{+\infty}\int_{-\infty}^{+\infty} (y-\bar{y})^2 p(x,y)\mathrm{d}x\mathrm{d}y \tag{2.62}$$

有了上面以联合概率密度表示的数学期望和方差定义，我们将引入 x 和 y 的协方差定义：

$$\mathrm{Cov}(x,y) = E[(x-\bar{x})(y-\bar{y})] = \int_{-\infty}^{+\infty}\int_{-\infty}^{+\infty} (x-\bar{x})(y-\bar{y})p(x,y)\mathrm{d}x\mathrm{d}y \tag{2.63}$$

将式(2.63)展开，可以得到

$$\mathrm{Cov}(x,y)=E(xy)-E(x)E(y) \tag{2.64}$$

一般情况下，考虑两个随机变量和的方差，则有

$$\mathrm{Var}(x+y)=E[((x+y)-\overline{x+y})^2]=E[(x-\overline{x})^2]+E[(y-\overline{y})^2]+2E[(x-\overline{x})(y-\overline{y})] \tag{2.65}$$

利用方差和协方差的定义，式(2.65)可以写成

$$\mathrm{Var}(x+y)=\mathrm{Var}(x)+\mathrm{Var}(y)+2\mathrm{Cov}(x,y) \tag{2.66}$$

如果 x 和 y 相互独立，则有 $E(xy)=E(x)E(y)$，利用该特性，可以得出 $\mathrm{Cov}(x,y)=E[(x-\bar{x})(y-\bar{y})]=E[(x-\bar{x})]E[(y-\bar{y})]=0$，因此式(2.66)可以写成 $\mathrm{Var}(x+y)=\mathrm{Var}(x)+\mathrm{Var}(y)$。

可以看出，协方差是与 x，y 之间的独立性相关的。x 与 y 的相关系数定义如下：

$$\rho_{xy}=\frac{\mathrm{Cov}(x,y)}{\sqrt{\mathrm{Var}(x)}\sqrt{\mathrm{Var}(y)}} \tag{2.67}$$

由柯西-施瓦茨不等式可知

$$\mathrm{Var}(x)\mathrm{Var}(y)\geqslant[\mathrm{Cov}(x,y)]^2 \tag{2.68}$$

因此，可以得到

$$\rho_{xy}^2=\frac{[\mathrm{Cov}(x,y)]^2}{\mathrm{Var}(x)\mathrm{Var}(y)}\leqslant 1 \tag{2.69}$$

相关系数满足如下关系：

$$|\rho_{xy}|\leqslant 1 \quad 或 \quad -1\leqslant\rho_{xy}\leqslant 1 \tag{2.70}$$

显然，相关系数的取值范围为$[-1,1]$。当ρ_{xy}为-1或1时，表示 x 与 y 线性相关；当 $\rho_{xy}=0$ 时，表示 x 与 y 不相关。需要指出，x 与 y 不相关并不意味 x 与 y 一定是相互独立的。相反，如果 x 与 y 相互独立，则必有$\rho_{xy}=0$，此时 x 与 y 必然是不相关的。

两个随机变量的这些相关性理论和性质，是后面章节中讨论眼图处理抖动和噪声问题时的重要数学基础。

2.3 采样与估计

本节介绍采样和估计的相关理论，它对于抖动、噪声和信号完整性的仿真和测量非常重要。当采样和估计方法不当时，将会引起后续测量或分析的不准确，甚至得出错误的结论。在进入正题之前，有必要复习一下相关的数学知识。

2.3.1 采样估计与收敛

讨论概率分布时，总是明确地或隐性地假定概率分布函数已知，从而估计值就可以从已

知的概率分布函数中获得或推导出来。这也被称为基于母体分布的统计学。但是，实际问题却往往不是这样的。我们有时只有通过一系列实验得到的统计分布或过程的一些数据，然后试图由这些采样实验求解统计分布的概率分布函数和估计量。换句话说，就是想从采样数据中得到母体数据的分布规律。本节首先介绍基于采样数据去估计均值和方差的方法；然后介绍大数定理，并回答在什么情况下基于采样的估计接近其概率分布。最后，将介绍中心极限定理，用以解决当采样值来自各自相互独立过程时的采样分布问题。

2.3.1.1　均值、均方差和峰-峰值估计

记 x_1, x_2, …, x_N 是 N 次独立重复同类实验中随机变量 x 的观测值。据此，我们定义出几种常用的统计估计量。样本均值描述的是 x_i 的中心期望值 $\bar{x}$，其定义为

$$\bar{x} = \frac{1}{N}\sum_{i=1}^{N} x_i \tag{2.71}$$

样本求均值得出的是样本的“聚集”估计值，但并不反映样本取值偏离中心期望值的程度。样本方差或样本均方差却可以反映出这类信息，定义如下：

$$\mathrm{Var}(x_i) = \frac{1}{N-1}(x_i - \bar{x})^2 \tag{2.72}$$

样本均方差是样本方差的算术平方根：

$$\sigma(x_i) = \sqrt{\mathrm{Var}(x_i)} \tag{2.73}$$

有时候也会用到被称为区间或峰-峰值的采样估计量。使用样本区间这一估计量时，需要注意它仅仅使用了 N 次实验中的两个极端值。它受上述两个估计量的约束较小，很可能得到不稳定和不精确的估计值。

统计区间或峰-峰值的定义如下：

$$\mathrm{pk-pk}(x_i) = \mathrm{Max}(x_i) - \mathrm{Min}(x_i) \tag{2.74}$$

式中，$\mathrm{Max}(x_i)$ 表示 N 次采样中的最大值；$\mathrm{Min}(x_i)$ 表示 N 次采样中的最小值。很明显，估计值是否收敛于母体统计估计值，既取决于采样次数，也和母体分布性质有关。例如，如果母体分布是无界的（如高斯分布），那么当采样次数很大时，均值和均方差都将收敛，而峰-峰值却不会收敛。

2.3.1.2　大数定理

2.2.4 节中讨论了切比雪夫不等式。这里将通过它得出另外一个很重要的定理：大数定理，它解决了什么情况下样本均值会收敛于母体均值的问题。

介绍大数定理之前，首先介绍一下收敛的定义。设 y_1, y_2, …, y_N 是随机变量序列，如果对于任意正数 ε，总有

$$\lim_{N\to\infty} P\{|y_N - c| < \varepsilon\} = 1 \tag{2.75}$$

那么我们就说 y_N 收敛于常数 c。

回忆切比雪夫不等式(2.57)，在当前条件下，随机变量变成为

$$\overline{x}_N = \frac{1}{N}\sum_{i=1}^{N} x_i$$

统计量的数学期望和方差可以用下式计算：

$$E(\overline{x}_N) = E\left(\frac{1}{N}\sum_{i=1}^{N} x_i\right) = \frac{1}{N}\sum_{i=1}^{N} E(x_i) = \frac{1}{N}N\mu_x = \mu_x \tag{2.76}$$

和

$$\mathrm{Var}(\overline{x}_N) = \mathrm{Var}\left(\frac{1}{N}\sum_{i=1}^{N} x_i\right) = \frac{1}{N^2}\sum_{i=1}^{N}\mathrm{Var}(x_i) = \frac{1}{N^2}N\sigma_x^2 = \sigma_x^2/N \tag{2.77}$$

将式(2.76)和式(2.77)代入式(2.57)，得

$$P(|\overline{x}_N - \mu_x| < \varepsilon) > 1 - \frac{\sigma_x^2/N}{\varepsilon^2} \tag{2.78}$$

当 $N\to\infty$时，并且概率不可能大于1，因此有

$$\lim_{N\to\infty}\{P(|\overline{x}_N - \mu_x| < \varepsilon)\} = 1 \tag{2.79}$$

式(2.77)表明，当样本容量增大时，样本均值将越接近母体均值，而当样本容量充分大时，母体均值就可以用样本均值来代替。

大数定理和日常应用联系非常紧密。然而，只有样本容量充分大时，样本均值才会收敛于母体均值。换句话说，当样本容量不够大时，样本均值和母体均值间将会有误差。一般情况下，当采样次数大于某个可以确定的门限值时，样本均值就会收敛。

2.3.1.3 估计量的收敛性

我们已经知道，当样本容量足够大时，样本均值将以概率1收敛于母体均值。

对于样本均方差和峰-峰值，也可以得到类似的结论，但是其收敛的速度会比样本均值慢得多，尤其对于随机变量分布无界情况的峰-峰值，表现将更为明显。

2.3.2 中心极限定理

实际应用中，我们经常面对多个相互独立随机变量之和的情况。那么，此时它们的分布将会是什么样呢？

设随机变量 x_1，x_2，…，x_N 相互独立，服从同一分布，并且有相同的数学期望 μ 和均方差 σ，则中心极限定理可以描述为：只要 N 足够大，不管单个的随机变量原来服从什么分布，只要它们的数学期望和均方差都存在，那么和变量 $S_N = x_1 + x_2 + \cdots + x_N$ 都将近似地服从高斯分布或正态分布。

当我们引入特征函数的概念后，中心极限定理的证明将变得非常简单。给定一个概率分布函数 $p(x)$，其相应的特征函数定义为

$$\Phi(\omega) = E(\mathrm{e}^{\mathrm{j}\omega x}) = \int_{-\infty}^{+\infty} \mathrm{e}^{\mathrm{j}\omega x} p(x)\mathrm{d}x \tag{2.80}$$

从 PDF $p(x)$ 到特征函数 $\Phi(\omega)$ 的变换实际上是一个傅里叶变换，所以，此处傅里叶变换的所有性质都适用。可以看出，当 $p(x) = \exp(-x^2/2)$ 时，将得到

$$\Phi(\omega)=\int_{-\infty}^{+\infty}\mathrm{e}^{\mathrm{j}\omega x}\mathrm{e}^{-x^2/2}\mathrm{d}x=\mathrm{e}^{-\omega^2/2} \tag{2.81}$$

由式(2.81)可知，高斯分布(正态分布)对应的特征函数也服从高斯分布(正态分布)。

将随机变量 S_N 化为标准正态分布：

$$S_N^*=\frac{S_N-N\mu}{\sqrt{N}\sigma} \tag{2.82}$$

其特征函数为

$$\Phi_N^*(\omega)=E(\mathrm{e}^{\mathrm{j}\omega S_N^*})=E\left(\mathrm{e}^{\mathrm{j}\omega\frac{S_N-N\mu}{\sqrt{N}\sigma}}\right)=\left[E\left(\mathrm{e}^{\mathrm{j}\omega\frac{x_1-N\mu}{\sqrt{N}\sigma}}\right)\right]^N \tag{2.83}$$

在推导式(2.83)的最后两步中，我们用到了随机变量独立同分布的性质。其中数学期望括号内的指数形式部分可用泰勒定理展开：

$$\begin{aligned}E\left(\mathrm{e}^{\mathrm{j}\omega\frac{x_1-\mu}{\sqrt{N}\sigma}}\right)&=E\left(1+\mathrm{j}\omega\frac{(x_1-\mu)}{\sigma\sqrt{N}}+(\mathrm{j}\omega)^2\frac{(x_1-\mu)^2}{2\sigma^2N}+\cdots\right)\\&=E(1)+\frac{\mathrm{j}\omega}{\sigma\sqrt{N}}E(x_1-\mu)+\frac{(\mathrm{j}\omega)^2}{2\sigma^2N}E[(x_1-\mu)^2]+\cdots\\&=1+\frac{\mathrm{j}\omega}{\sigma\sqrt{N}}(0)+\frac{(\mathrm{j}\omega)^2}{2\sigma^2N}(\sigma^2)+\cdots\end{aligned} \tag{2.84}$$

由式(2.83)和式(2.84)可以得出特征函数：

$$\begin{aligned}\Phi_N^*(\omega)&=\left(1+\frac{(\mathrm{j}\omega)^2}{2N}+\cdots\right)^N\\&=\mathrm{e}^{\frac{(\mathrm{j}\omega)^2}{2}}=\mathrm{e}^{-\frac{\omega^2}{2}}\qquad \text{当 } N\to\infty \text{ 时}\end{aligned} \tag{2.85}$$

比较式(2.81)和式(2.85)可以发现，S_N^* 具有同高斯分布或正态分布一样的特征函数，因此可知其概率分布函数也是高斯分布或正态分布。

中心极限定理在解决实际问题中具有广泛的应用。例如，电子学中的随机噪声就是由许多相互独立的随机噪声合成的。从宏观上看，它服从高斯分布。同样，上述结论对随机抖动也成立，随机抖动也是由许多相互独立的抖动引起的。它们的形成机理是：边沿跳变时有限压摆率下随机噪声到抖动的转换、振幅到相位的转换、随机的频率或相位调制等。

> **根据中心极限定理得出的有用结论是：由于随机噪声和随机抖动都是由大量独立同分布的随机量叠加而成的，其最终的概率分布都应遵循高斯分布。而信号完整性问题中，最关心的是确定性噪声和确定性抖动，其分布一般不会是高斯分布。**
>
> **但需要注意的是：当分析求解一个随机变量与一个确定性变量之和的合成结果 PDF 时，仍要按两个独立的随机变量对待，这时其新的总分布仍需按照 2.1 节中的结论处置：通过将两个 PDF 卷积即可得出新的总 PDF。**

2.4 随机过程与谱分析

前面几节讨论了随机变量的概率分布及其性质，但没有引入统计分布函数的时间特性。讨论的前提是，假设其概率分布是静态的或者是与时间无关的。但是事实上，例如半导体中电子的无规则运动或集成电路中的随机噪声等，一般都是和时间相关的。因此，本节讨论随机过程的时间相关特性。

> 随机过程中有了“时间”变量因素，就将统计域/时域的电压电流自相关函数与傅里叶频域中的功率谱建立了很实用的关联。

2.4.1 随机过程的 PDF 和 CDF

类似于式(2.13)中的定义，随机过程变量 $X(t)$ 的 CDF 和 PDF 的关系如下式所示：

$$P(X(t_1),t_1) = \int_{-\infty}^{X(t_1)} p(x,t_1)\mathrm{d}x \tag{2.86}$$

如果 $X(t)$ 是一维的或只有一个自变量，那么只能得出某一固定时刻一维 PDF 或 CDF 的统计特性，而无法得到不同时刻的统计特性之间的关系。

然而，这一概念可以被扩展到 n 维、n 个不同时刻的情况。类似地，$X(t)$ 的 n 维 CDF 和 PDF 的关系如下：

$$P(X_1,X_2,\cdots,X_n,t_1,t_2,\cdots,t_n) = \int_{-\infty}^{X_1(t_1)}\int_{-\infty}^{X_2(t_2)}\cdots\int_{-\infty}^{X_n(t_n)} p(x_1,x_2,\cdots,x_n,t_1,t_2,\cdots,t_n)\mathrm{d}x_1\mathrm{d}x_2\cdots\mathrm{d}x_n \tag{2.87}$$

2.4.2 随机过程的统计估计量

随机过程中，对于随机变量 $X(t)$，常用到的统计估计量是一阶矩、二阶矩和自相关函数。一阶矩给出了均值或数学期望，类似于 2.2 节中介绍的一样。二阶矩表示了方差或均方差，但此时考虑它与时间是有关的。自相关函数是随机过程中很有用的估计量，它表示随机过程在两个不同时刻间的统计关系。下面给出三个估计量的数学描述。

一阶矩 ：

$$E(X(t)) = \bar{X}(t)= \int_{-\infty}^{+\infty} Xp(X,t)\mathrm{d}X \tag{2.88}$$

二阶矩：

$$E(X^2(t)) = \bar{X}^2(t)= \int_{-\infty}^{+\infty} X^2p(X,t)\mathrm{d}X \tag{2.89}$$

自相关函数：

$$R_X(t_1,t_2) = E[X(t_1)X(t_2)] \tag{2.90}$$

另一种描述自相关函数的形式是利用状态变量的时间差值。令 $\tau = t_2 - t_1$，$t_1 = t$，则式(2.90)可以写成另外的形式：

$$R_X(t,\tau) = E[X(t)X(t+\tau)] \tag{2.91}$$

自相关函数只针对两个不同的时刻，因此，可以根据 $X(t)$ 在 t_1 和 t_2 时刻的统计量，给出更明确的 PDF 函数。利用二维 PDF 的概念[如式(2.87)所示]，可以将式(2.91)重新表述如下：

$$R_X(t_1,t_2)=E[X(t_1)X(t_2)]=\int_{-\infty}^{+\infty}\int_{-\infty}^{+\infty}x_1x_2\,p(x_1,x_2,t_1,t_2)\mathrm{d}x_1\mathrm{d}x_2 \tag{2.92}$$

方差函数的定义为

$$\mathrm{Var}_X(t)=E\{[X(t)-\bar{X}(t)]^2\}=E[X^2(t)]-\bar{X}^2(t) \tag{2.93}$$

在式(2.90)中，令 $t_1=t_2=t$，则有

$$R_X(t,t)=E[X^2(t)] \tag{2.94}$$

将式(2.94)代入式(2.93)，得

$$\mathrm{Var}_X(t)=R_X(t,t)-\bar{X}^2(t) \tag{2.95}$$

式(2.95)给出了随机过程中的方差函数、自相关函数和均值函数三者之间的关系。因此只要知道其中任意两个，就可以求出第三者。

例 2.1　我们可以用式(2.95)解决一个经常遇到的问题。已知一个随机相位的正弦波 $X(t)=A\cos(\omega t+\phi)$，其中随机相位在(0，2π)上服从均匀分布，即 $p(\phi)=1/2\pi$，求其自相关及方差函数。

解：由式(2.88)可以得到均值为

$$\bar{X}(t)=\int_0^{2\pi}A\cos(\omega t+\phi)\cdot\frac{1}{2\pi}\mathrm{d}\phi=0$$

根据式(2.92)，求出自相关函数为

$$E(X(t_1)X(t_2))=R_X(t_1,t_2)=\int_0^{2\pi}A\cos(\omega t_1+\phi)\,A\cos(\omega t_2+\phi)\cdot\frac{1}{2\pi}\mathrm{d}\phi$$

$$=\frac{A^2}{2}\cos[\omega(t_1-t_2)]=\frac{A^2}{2}\cos\omega\tau=E(X(t)X(t+\tau))=R_x(t,\tau)$$

其中 $\tau=t_2-t_1$。

若令 $t_1=t_2=t$（即 $\tau=0$），则有

$$R_X(t,t)=E[X(t)X(t)]=\overline{X^2}(t)=\frac{A^2}{2}$$

根据式(2.95)，可以得出其方差函数为

$$\mathrm{Var}_X(t)=R_X(t,t)-\bar{X}^2(t)=\frac{A^2}{2}$$

综上可知，随机相位正弦波的均值为零，平方的均值和方差函数均为常数。

2.4.3　几种随机过程形式

一般情况下，随机过程是很复杂的，它们的统计特性不遵循特定的形式。然而在实际应用中，随机过程可以被分成几类，每一类都有自己特有的统计估计特性。

2.4.3.1　广义平稳随机过程(WSS)

广义平稳随机过程是指均值为常数(与时间无关)、自相关函数只和时间差值有关的随机

过程。数学描述如下：

$$E[X(t)] = \text{常数} \tag{2.96}$$

和

$$E[X^2(t)] < \infty \quad \text{且} \quad R_{XX}(\tau) = E[X(t)X(t+\tau)] \tag{2.97}$$

广义平稳随机过程只涉及随机过程的一维 PDF，即 $p(x,t)$ 以及二维 PDF，即 $p(x_1, x_2; t_1, t_2)$。由式(2.97)可知，$X(t)$二维 PDF 的自相关性只与时间差值 $\tau = t_2 - t_1$ 有关。求解随机过程问题时，广义平稳随机过程有很多优点。例如在自相关函数中，只需考虑时间差值，不必考虑随机过程中特定时间点的情况。从测量的角度来看，相对于严格的实时测量方法，如果满足广义平稳随机过程，可以采用很多欠采样技术。

2.4.3.2 狭义平稳随机过程

广义平稳随机过程只能处理一维和二维的情况，而不能涉及高维的情况。如果一个随机过程无论其维数多少，对于所有的 PDF 都是平稳的，那么就称这个随机过程为狭义平稳随机过程。其数学定义如下：

$$p(x_1,x_2,\cdots,x_n;t_1,t_2,\cdots,t_n) = p(x_1,x_2,\cdots,x_n;t_1+\tau,t_2+\tau,\cdots,t_n+\tau) \tag{2.98}$$

它表明狭义平稳随机过程的 PDF 不会随着时间点的变化而变化。通过观察可以发现，如果一个随机过程满足式(2.98)中狭义平稳随机过程的条件，那么它必然也满足式(2.96)和式(2.97)中广义平稳随机过程的条件。换句话说，如果一个随机过程是狭义平稳随机过程，那它必然也是广义平稳随机过程，但反过来不一定成立。

2.4.3.3 各态历经随机过程

实际应用中，经常遇到的一个问题是，沿着时间轴的平均值和通过时域采样得到的统计平均值有何联系，参见式(2.92)。到目前为止，我们所提到定义中的均值都是统计平均值，它们都是基于采样得到的。下面首先介绍随机过程的时间均值，然后再介绍它与统计平均值的关系。

一阶随机过程 $X(t)$ 的时间均值定义为

$$<X(t)> = \lim_{T\to\infty}\left[\frac{1}{2T}\int_{-T}^{+T} X(t)\mathrm{d}t\right] \tag{2.99}$$

二阶随机过程 $X(t)$ 的时间均值定义为

$$<X^2(t)> = \lim_{T\to\infty}\left[\frac{1}{2T}\int_{-T}^{+T} X^2(t)\mathrm{d}t\right] \tag{2.100}$$

随机过程 $X(t)$ 的自相关函数的时间均值定义为

$$<X(t)X(t+\tau)> = \lim_{T\to\infty}\left[\frac{1}{2T}\int_{-T}^{+T} X(t)X(t+\tau)\mathrm{d}t\right] \tag{2.101}$$

对应于式(2.99)、式(2.100)和式(2.101)的统计均值则分别由式(2.88)、式(2.89)和式(2.90)表示。了解了随机过程 $X(t)$ 的时间均值和统计均值后，接下来介绍各态历经过程。

对于任意阶数或形式的统计估计量，若其时间均值都等于相应的统计均值，我们就称此过程为各态历经过程。

例2.2　例 2.1 中随机相位正弦波的时间均值如下：

$$<X(t)>=\lim_{T\to\infty}\left[\frac{1}{2T}\int_{-T}^{+T}A\cos(\omega t+\phi)\mathrm{d}t\right]$$
$$=\lim_{T\to\infty}\frac{A\cos\phi\sin\omega T}{\omega T}=0$$

和

$$<X(t)X(t+\tau)>=\lim_{T\to\infty}\left\{\frac{1}{2T}\int_{-T}^{+T}A\cos(\omega t+\phi)A\cos[\omega(t+\tau)+\phi]\mathrm{d}t\right\}$$
$$=\frac{A^2}{2}\cos\omega\tau$$

解：通过与例 2.1 中的统计均值对比，可以发现

$$\bar{X}(t)=E[X(t)]=<X(t)>$$
$$R_X(\tau)=E[X(t)X(t+\tau)]=<X(t)X(t+\tau)>$$

即母体统计均值和时间均值是相等的，这表明随机相位正弦波是一个各态历经过程。

2.4.3.4　不同随机过程之间的关系

我们已经介绍了几种随机过程，它们之间存在一定的联系。从高层次上，可以将随机过程分为平稳随机过程和非平稳随机过程。我们讨论的大多数是平稳随机过程。非平稳随机过程是正在研究的课题，理论还不够成熟。平稳过程有多级约束条件，而每一级约束都会引出一类随机过程，它们的关系如图 2.3 所示。

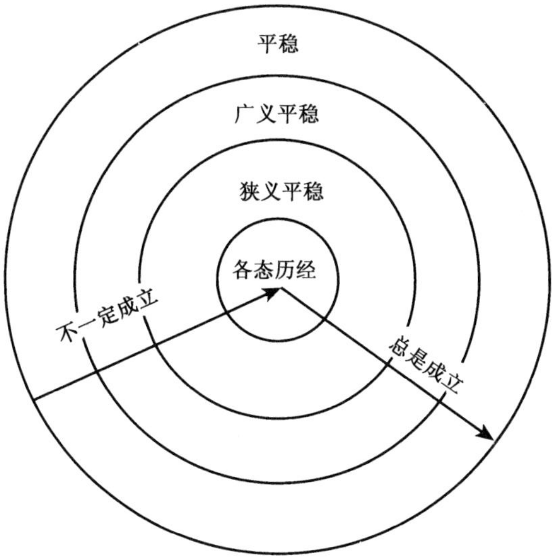

图 2.3　不同随机过程之间的关系

由图 2.3 可以看出，若内部的过程条件成立，则外部的随机过程条件一定成立。相反地，当外部条件满足时，其内部的随机过程条件却不一定成立。

2.4.4 信号功率和功率谱密度(PSD)

如果随机过程 $X(t)$代表实际的物理信号，例如电信号波形中的电压或光信号波形中的功率(必须为有限值)，那么从数学角度上就可以得到如下的傅里叶积分对：

$$F_X(\omega)=\int_{-\infty}^{+\infty}X(t)\mathrm{e}^{-\mathrm{j}\omega t}\mathrm{d}t \tag{2.102}$$

一般，$F_X(\omega)$是一个复变量。由帕塞瓦尔(Parseval)定理可知，$X(t)$和 $F_X(\omega)$满足如下关系：

$$\int_{-\infty}^{+\infty}|X(t)|^2\mathrm{d}t=\frac{1}{2\pi}\int_{-\infty}^{+\infty}|F_X(\omega)|^2\mathrm{d}\omega \tag{2.103}$$

上式表示的是能量转换定理，换句话说，时域和频域中从 $-\infty$到 $+\infty$范围内的功率密度之和相等，能量守恒。这里$|F_X(\omega)|^2$ 表示频域中的功率密度。

2.4.4.1 功率谱密度(PSD)的定义

实际应用中，常常关心有限区间$[-T, T]$内的随机过程 $X(t)$，我们将 $X(t)$在这个时间区间内对应的频谱定义为

$$F_X(\omega,T)=\int_{-T}^{+T}X(t)\mathrm{e}^{-\mathrm{j}\omega t}\mathrm{d}t \tag{2.104}$$

对这个 $X(t)$的截窗函数，由帕塞瓦尔定理可得

$$\int_{-T}^{+T}|X(t)|^2\mathrm{d}t=\frac{1}{2\pi}\int_{-\infty}^{+\infty}|F_X(\omega,T)|^2\mathrm{d}\omega \tag{2.105}$$

对式(2.105)两边同时求统计均值的时间平均量，可得

$$\lim_{T\to\infty}E\left[\frac{1}{2T}\int_{-T}^{+T}|X(t)|^2\mathrm{d}t\right]=\frac{1}{2\pi}\int_{-\infty}^{+\infty}\lim_{T\to\infty}\mathrm{E}\left[\frac{1}{2T}|F_X(\omega,T)|^2\right]\mathrm{d}\omega \tag{2.106}$$

式(2.106)左边是随机过程 $X(t)$的平均功率；式(2.106)右边频域积分中的被积函数 $S_X(\omega)$称为 $X(t)$的功率谱密度(PSD)函数，即

$$S_X(\omega)=\lim_{T\to\infty}E\left[\frac{1}{2T}|F_X(\omega,T)|^2\right] \tag{2.107}$$

因为

$$[|F_X(\omega,T)|^2]=F_X(\omega,T)F_X^*(\omega,T)=F_X(\omega,T)F_X(-\omega,T) \tag{2.108}$$

显然，PSD 函数 $S_X(\omega)$为正，而且是频率 ω 的偶函数。

2.4.4.2 PSD 和维纳-辛钦定理

由式(2.107)可知，随机过程的 PSD 等于其平均功率密度。下面需要进一步研究决定平均功率密度的因素。式(2.107)可写为

$$S_X(\omega)=\lim_{T\to\infty}\frac{1}{2T}E\left\{\left[\int_{-T}^{T}X(t_1)\mathrm{e}^{-\mathrm{j}\omega t_1}\mathrm{d}t_1\right]\left[\int_{-T}^{T}X(t_2)\mathrm{e}^{-\mathrm{j}\omega t_2}\mathrm{d}t_2\right]\right\} \tag{2.109}$$

交换求数学期望和二重积分的顺序，可以得到

$$S_X(\omega)=\lim_{T\to\infty}\frac{1}{2T}\int_{-T}^{T}\int_{-T}^{T}E\{X(t_1)X(t_2)\}\mathrm{e}^{-\mathrm{j}\omega(t_2-t_1)}\mathrm{d}t_1\mathrm{d}t_2$$

$$=\lim_{T\to\infty}\frac{1}{2T}\int_{-T}^{T}\int_{-T}^{T}R_X(t_2-t_1)\mathrm{e}^{-\mathrm{j}\omega(t_2-t_1)}\mathrm{d}t_1\mathrm{d}t_2 \tag{2.110}$$

令$\tau_1=t_1+t_2$，$\tau_2=-t_1+t_2$，则二重积分区域由正方形变为菱形，式(2.110)变为

$$S_X(\omega)=\lim_{T\to\infty}\frac{1}{T}\int_{0}^{2T}R_X(\tau_2)\mathrm{e}^{-\mathrm{j}\omega\tau_2}\mathrm{d}\tau_2\int_{0}^{2T-\tau_2}\mathrm{d}\tau_1$$

$$=\lim_{T\to\infty}\frac{1}{T}\int_{0}^{2T}(2T-\tau_2)R_X(\tau_2)\mathrm{e}^{-\mathrm{j}\omega\tau_2}\mathrm{d}\tau_2$$

$$=\lim_{T\to\infty}\int_{0}^{2T}\left(2-\frac{\tau_2}{T}\right)R_X(\tau_2)\mathrm{e}^{-\mathrm{j}\omega\tau_2}\mathrm{d}\tau_2 \tag{2.111}$$

当$T\to\infty$时，$(2-\tau_2/T)\to2$。用τ代替积分变量τ_2，再利用自相关函数R_X的对称性，当$T\to\infty$时，可以得出

$$S_X(\omega)=\int_{-\infty}^{+\infty}R_X(\tau)\mathrm{e}^{-\mathrm{j}\omega\tau}\mathrm{d}\tau \tag{2.112}$$

式(2.112)表明，平稳随机过程的功率谱密度等于其自相关函数的傅里叶变换。因为$S_X(\omega)$和$R_X(\tau)$之间满足傅里叶变换关系，所以$R_X(\tau)$也可由$S_X(\omega)$经傅里叶逆变换得到：

$$R_X(\tau)=\frac{1}{2\pi}\int_{-\infty}^{+\infty}S_X(\omega)\mathrm{e}^{\mathrm{j}\omega\tau}\mathrm{d}\omega \tag{2.113}$$

式(2.112)和式(2.113)之间的关系是由维纳和辛钦首次发现的，因此也被称为维纳–辛钦定理。由于$S_X(\omega)$和$R_X(\tau)$都是偶函数，因此它们都为实函数。

这里给出了平稳随机过程的频域功率谱密度与时域自相关函数是一对傅里叶变换关系的简要证明，很实用！

例 2.3　白噪声的功率谱密度为常数，即$S_X(\omega)=S_0$，求其自相关函数$R_X(\tau)$。

解：将$S_X(\omega)$代入式(2.113)，可得

$$R_X(\tau)=\frac{1}{2\pi}\int_{-\infty}^{+\infty}S_0\mathrm{e}^{\mathrm{j}\omega\tau}\mathrm{d}\omega$$

$$=S_0\delta(\tau)$$

由此可知，白噪声源的自相关函数是δ函数。

B 部分：线性系统理论

这里的线性系统有如下两个性质：

- 如果系统输入为$x(t)$时，对应的输出为$y(t)$，那么当输入为$x(t+\tau)$时，输出将

为$y(t+\tau)$；

- 如果系统输入 $x_1(t)$时，对应输出为 $y_1(t)$；输入 $x_2(t)$时，对应输出为 $y_2(t)$，那么当输入为线性组合$(a_1x_1(t)+a_2x_2(t))$时，输出将为$(a_1y_1(t)+a_2y_2(t))$。

满足上述特性的系统就称为线性时不变(LTI)系统。本节首先介绍 LTI 系统冲激响应的概念，然后讨论如何用冲激响应函数来完整地分析线性系统。

2.5 线性时不变系统

本节将给出 LTI 系统的传递函数概念，并讨论在时域和频域中它是如何将输入和输出信号相关联的。

2.5.1 时域分析

一个线性系统，当输入为冲激信号 $\delta(t)$时的输出响应是系统中一个很重要的特性，如图 2.4 所示。

图 2.4 输入为 δ 函数时，LTI 系统的冲激响应函数

冲激函数 $\delta(t)$也可以被称为 δ 函数(狄拉克函数)：

$$\delta(t)=\begin{cases}\infty & t=0\\ 0 & t\neq 0\end{cases} \quad 且 \quad \int_{-\infty}^{+\infty}\delta(t)\mathrm{d}t=1 \tag{2.114}$$

由 LTI 系统的性质可知，当输入信号为 $x(t)$时，输出信号 $y(t)$由 $x(t)$和延时的冲激响应函数 $h(t-\tau)$的乘积求和得到，其中τ为时间延迟，如图 2.5 所示。

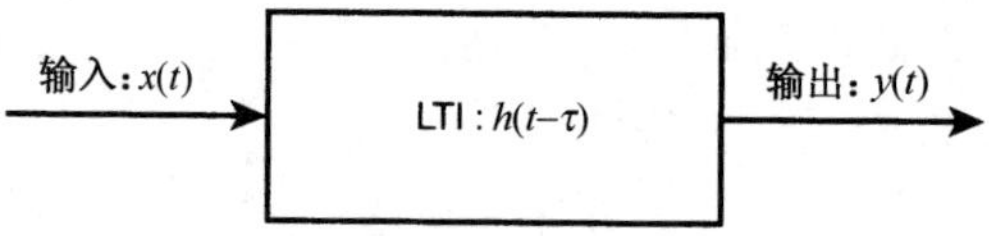

图 2.5 由输入 $x(t)$、时域延时冲激响应函数和输出 $y(t)$所表示的 LTI 系统框图

从数学角度出发，输出 $y(t)$可表示为

$$y(t)=\sum_{i=-\infty}^{+\infty}x(i\Delta t)h(t-i\Delta t)\Delta t \tag{2.115}$$

取极限，令 $\Delta t\to 0$，可得

$$y(t)=\lim_{\Delta t\to 0}\left(\sum_{i=-\infty}^{+\infty}x(i\Delta t)h(t-i\Delta t)\Delta t\right)=\int_{-\infty}^{+\infty}x(\tau)h(t-\tau)\mathrm{d}\tau \tag{2.116}$$

式(2.116)表明，LTI 系统的输出是输入和冲激响应函数的卷积，即

$$y(t)=x(t)*h(t) \tag{2.117}$$

式中，“ * ”代表卷积运算。卷积的相关性质这里不作论述，读者可参阅其他资料。

这里简捷地证明了 LTI 系统的时域输出信号 $y(t)$ 是输入信号 $x(t)$ 和冲激响应函数 $h(t)$ 的卷积：

$$y(t)=x(t)*h(t)$$

容易理解又实用！

2.5.2　频域分析

在式(2.117)所示卷积关系基础上，接下来讨论它们的频域关系。对式(2.117)做拉普拉斯变换，可得

$$\mathrm{Lap}(y(t))=\mathrm{Lap}(x(t)*h(t)) \tag{2.118}$$

式中，Lap 表示拉普拉斯变换。对于一个给定的函数 $x(t)$，$\mathrm{Lap}(x(t))$定义为

$$\mathrm{Lap}(x(t))=\int_{-\infty}^{+\infty}x(t)\mathrm{e}^{-st}\mathrm{d}t \tag{2.119}$$

式中，s 为复频率。$y(t)$的拉普拉斯变换定义为

$$Y(s)=\int_{-\infty}^{+\infty}y(t)\mathrm{e}^{-st}\mathrm{d}t \tag{2.120}$$

利用上述定义，式(2.118)可化为

$$\begin{aligned}Y(s)&=\int_{-\infty}^{+\infty}(x(t)*h(t))\mathrm{e}^{-st}\mathrm{d}t=\int_{-\infty}^{+\infty}\left[\int_{-\infty}^{+\infty}x(\tau)h(t-\tau)\mathrm{d}\tau\right]\mathrm{e}^{-st}\mathrm{d}t\\&=\int_{-\infty}^{+\infty}x(\tau)\left[\int_{-\infty}^{+\infty}h(t-\tau)\mathrm{e}^{-st}\mathrm{d}t\right]\mathrm{d}\tau=\left[\int_{-\infty}^{+\infty}x(\tau)\mathrm{e}^{-s\tau}\mathrm{d}\tau\right]\left[\int_{-\infty}^{+\infty}h(t)\mathrm{e}^{-st}\mathrm{d}t\right]\\&=X(s)H(s)\end{aligned} \tag{2.121}$$

显然可以得出

$$X(s)=\int_{-\infty}^{+\infty}x(t)\mathrm{e}^{-st}\mathrm{d}t \tag{2.122}$$

和

$$H(s)=\int_{-\infty}^{+\infty}h(t)\mathrm{e}^{-st}\mathrm{d}t \tag{2.123}$$

$X(s)$和 $H(s)$分别为 $x(t)$和 $h(t)$的拉普拉斯变换。由此可见，在复频域(s 域)中，输入 $X(s)$、传递函数 $H(s)$和输出 $Y(s)$之间可以用简单的线性乘积关系加以关联：

$$Y(s)=X(s)H(s) \tag{2.124}$$

$H(s)$称为 LTI 系统的传递函数，它决定了系统的特性。

在式(2.124)中，若已知其中两个函数，可以唯一地确定第三个函数。这对于式(2.117)中的时域卷积关系同样适用。理论上，时域卷积/反卷积的方法和频域相乘/相除的方法在通过已知的两个函数求解第三个函数时，效果是相同的。但在实际中，时域卷积/反卷积的方法缺乏直观性，不易理解。

图 2.6 表示了 $X(s)$，$H(s)$ 和 $Y(s)$ 三者关系的框图。

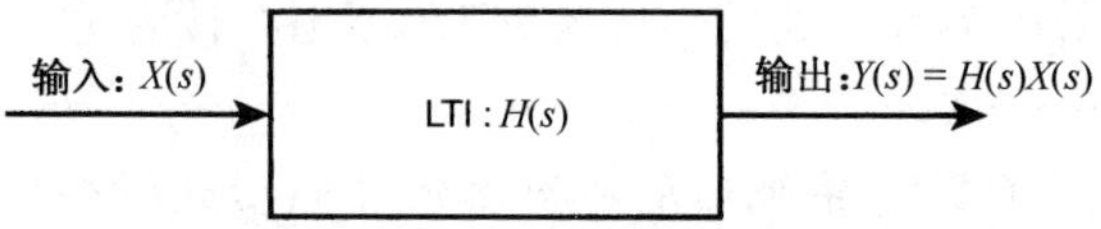

图 2.6　s 域中传递函数为 $H(s)$、输入为 $X(s)$、输出为 $Y(s)$ 的 LTI 系统框图

> **这里简单证明了复杂的时域卷积等价于简单的频域相乘。这一概念在分析和实现时很有用！不过，现在数字信号的时域卷积也变得比较简化可行了。**

例 2.4　求解如图 2.7 所示 RC 电路的传递函数。

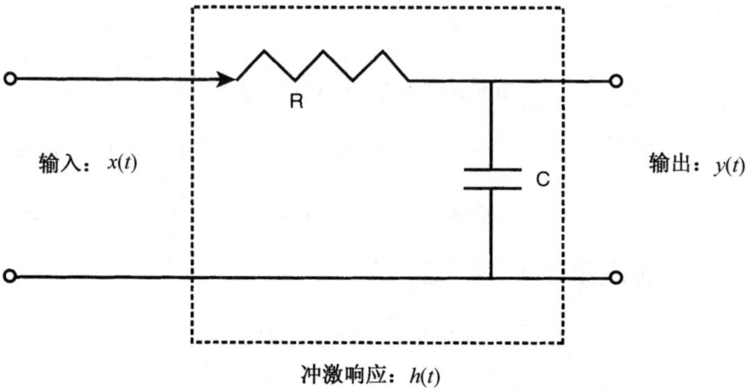

图 2.7　RC 电路，其输入为 $x(t)$，输出为 $y(t)$，冲激响应为 $h(t)$

解： 图中电阻电压与电容电压之和应当等于输入电压，由此得出

$$R\left(C\frac{\mathrm{d}y(t)}{\mathrm{d}t}\right)+y(t)=x(t)$$

令 $RC=1/\alpha$，对方程两边做拉普拉斯变换可得

$$\frac{1}{\alpha}sY(s)+Y(s)=X(s)$$

由此可得 s 域的传递函数为

$$H(s)=\frac{Y(s)}{X(s)}=\frac{1}{\dfrac{s}{\alpha}+1}=\frac{\alpha}{s+\alpha}$$

对 $H(s)$ 进行拉普拉斯逆变换，可得 RC 电路的时域冲激响应函数为

$$h(t)=\mathrm{L}^{-1}[H(s)]=\begin{cases}\alpha \mathrm{e}^{-\alpha t} & t\geqslant 0\\ 0 & t<0\end{cases}$$

2.5.3　LTI 系统的性质

下面，我们将分别在时域和频域中讨论 LTI 系统的三个重要性质。

2.5.3.1　交换律

卷积满足交换律，此性质也适用于 LTI 系统。在时域中有

$$y(t)=x(t)*h(t)=h(t)*x(t) \tag{2.125}$$

显然在频域中，也满足

$$Y(s)=X(s)H(s)=H(s)X(s) \tag{2.126}$$

2.5.3.2　分配律

若两个 LTI 系统相加，其总的冲激响应函数为$[h_1(t)+h_2(t)]$。在时域中就服从

$$y(t)=x(t)*(h_1(t)+h_2(t))=x(t)*h_1(t)+x(t)*h_2(t) \tag{2.127}$$

相应地，频域中有类似特性：

$$Y(s)=X(s)(H_1(s)+H_2(s))=X(s)H_1(s)+X(s)H_2(s) \tag{2.128}$$

2.5.3.3　结合律

如果 LTI 系统的冲激响应函数等于两个冲激响应函数的卷积，那么在时域中服从如下规律：

$$y(t)=x(t)*(h_1(t)*h_2(t))=(x(t)*h_1(t))*h_2(t) \tag{2.129}$$

频域中特性如下：

$$Y(s)=X(s)(H_1(s)H_2(s))=(X(s)H_1(s))H_2(s) \tag{2.130}$$

2.5.3.4　级联性

实际应用中，一个 LTI 系统往往由多个 LTI 子系统级联而成，如图 2.8 所示。

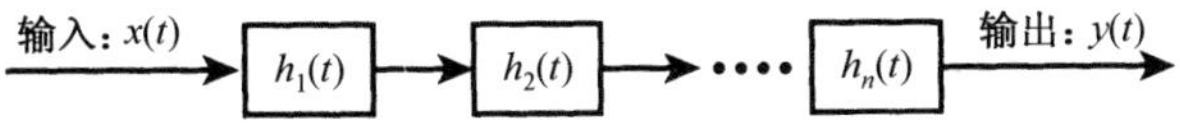

图 2.8　n 个 LTI 子系统级联而成的 LTI 系统

时域中，其总的冲激响应函数为

$$h_t(t)=h_1(t)*h_2(t)*\cdots*h_n(t) \tag{2.131}$$

输入/输出满足如下关系：

$$y(t)=x(t)*h_t(t) \tag{2.132}$$

同样，频域中总的传递函数为

$$H_t(s)=H_1(s)H_2(s)\cdots H_n(s) \tag{2.133}$$

输入/输出满足如下关系：

$$Y(s)=X(s)H_t(s) \tag{2.134}$$

2.6 LTI 系统的统计估计量

本节将讨论 LTI 系统输出的统计估计量，例如均值、自相关函数及方差等，并研究这些估计量与传递函数及输入信号之间的关系。首先，我们介绍的是均值。

2.6.1 均值

回顾式(2.117)中对 LTI 系统输入和输出之间关系的表述，对等式两边同时求均值，可得

$$\begin{aligned} E[y(t)] &= E\left[\int_{-\infty}^{+\infty} x(t-\tau)h(\tau)\mathrm{d}\tau\right] \\ &= \int_{-\infty}^{+\infty} E[x(t-\tau)]h(\tau)\mathrm{d}\tau \\ &= \bar{x}\int_{-\infty}^{+\infty} h(\tau)\mathrm{d}\tau \end{aligned} \tag{2.135}$$

通过上式可知，输入和输出的均值之间关系为

$$\bar{y} = \bar{x}\int_{-\infty}^{+\infty} h(\tau)\mathrm{d}\tau \tag{2.136}$$

式(2.136)表明，LTI 系统中输出均值等于输入均值与冲激响应函数积分的乘积。

2.6.2 自相关函数

回顾式(2.91)对于自相关函数的定义，利用输入信号和输出信号间的关系，并交换求数学期望和积分的次序，可以推导出

$$\begin{aligned} R_y(t,t+\tau) &= E[y(t)y(t+\tau)] \\ &= E\left[\int_{-\infty}^{+\infty} x(t-\zeta_1)h(\zeta_1)\mathrm{d}\zeta_1 \int_{-\infty}^{+\infty} x(t+\tau-\zeta_2)h(\zeta_2)\mathrm{d}\zeta_2\right] \\ &= E\left[\int_{-\infty}^{+\infty}\int_{-\infty}^{+\infty} x(t-\zeta_1)x(t+\tau-\zeta_2)h(\zeta_1)h(\zeta_2)\mathrm{d}\zeta_1\mathrm{d}\zeta_2\right] \\ &= \int_{-\infty}^{+\infty}\int_{-\infty}^{+\infty} E[x(t-\zeta_1)x(t+\tau-\zeta_2)]h(\zeta_1)h(\zeta_2)\mathrm{d}\zeta_1\mathrm{d}\zeta_2 \\ &= \int_{-\infty}^{+\infty}\int_{-\infty}^{+\infty} R_x(t-\zeta_1,t+\tau-\zeta_2)h(\zeta_1)h(\zeta_2)\mathrm{d}\zeta_1\mathrm{d}\zeta_2 \end{aligned} \tag{2.137}$$

对于广义平稳随机过程(WSS)，其自相关函数只与时间差值有关，而与起始时间 t 无关，因此可以忽略时间变量 t，从而得出

$$R_y(\tau) = \int_{-\infty}^{+\infty}\int_{-\infty}^{+\infty} R_x(\zeta_2-\zeta_1-\tau)h(\zeta_1)h(\zeta_2)\mathrm{d}\zeta_1\mathrm{d}\zeta_2 \tag{2.138}$$

式(2.137)和式(2.138)表明，已知 LTI 系统冲激响应的前提下，通过二重积分可以得出输入自相关函数与输出自相关函数之间的关系。

2.6.3　均方值

广义平稳随机过程(WSS)输出的均方值可由式(2.138)求得，由均方值的定义可得

$$\overline{y^2}=E[y(t)y(t)]=R_y(0)$$
$$=\int_{-\infty}^{+\infty}\int_{-\infty}^{+\infty}R_x(\zeta_2-\zeta_1)h(\zeta_1)h(\zeta_2)\mathrm{d}\zeta_1\mathrm{d}\zeta_2 \qquad (2.139)$$

式(2.139)表明，输出的均方值是输入自相关函数与冲激响应函数乘积的积分。

例 2.5　在例 2.4 中，当 RC 电路的输入为白噪声时，求该 RC 电路输出的自相关函数和均方值。

解：由例 2.3 可知白噪声的自相关函数为 $R_X(\tau)=S_0\delta(\tau)$，将其代入式(2.138)，并采用例 2.4 中已求得的 RC 电路的传递函数，可以推导出

$$R_y(\tau)=\int_{-\infty}^{+\infty}\int_{-\infty}^{+\infty}S_0\delta(\zeta_2-\zeta_1-\tau)h(\zeta_1)h(\zeta_2)\mathrm{d}\zeta_1\mathrm{d}\zeta_2$$
$$=\int_{-\infty}^{+\infty}S_0h(\zeta_1)\mathrm{d}\zeta_1\int_{-\infty}^{+\infty}\delta(\zeta_2-\zeta_1-\tau)h(\zeta_2)\mathrm{d}\zeta_2$$
$$=\int_{-\infty}^{+\infty}S_0h(\zeta_1)h(\zeta_1+\tau)\mathrm{d}\zeta_1$$

当 $\tau\geqslant 0$ 时，有

$$R_y(\tau)=\int_0^{+\infty}S_0\alpha\mathrm{e}^{-\alpha\zeta 1}\alpha\mathrm{e}^{-\alpha(\zeta 1+\tau)}\mathrm{d}\zeta_1$$
$$=\mathrm{S}_0\alpha^2\mathrm{e}^{-\alpha\tau}\int_0^{+\infty}\mathrm{e}^{-2\alpha\zeta 1}\mathrm{d}\zeta_1$$
$$=\frac{\mathrm{S}_0\alpha}{2}\mathrm{e}^{-\alpha\tau}$$

当 $\tau<0$ 时，令 $\zeta_1+\tau=\zeta$，则有

$$R_y(\tau)=\int_0^{+\infty}S_0\alpha\mathrm{e}^{-\alpha\zeta}\alpha\mathrm{e}^{-\alpha(\zeta-\tau)}\mathrm{d}\zeta$$
$$=\mathrm{S}_0\alpha^2\mathrm{e}^{\alpha\tau}\int_0^{+\infty}\mathrm{e}^{-2\alpha\zeta}\mathrm{d}\zeta$$
$$=\frac{\mathrm{S}_0\alpha}{2}\mathrm{e}^{\alpha\tau}$$

因此，在 τ 的整个取值范围内，$R_y(\tau)$ 可表示为

$$R_y(\tau)=\frac{\mathrm{S}_0\alpha}{2}\mathrm{e}^{-\alpha|\tau|}\qquad -\infty<\tau<+\infty$$

进而可求得均方值为

$$\overline{y^2}=R_y(0)=\frac{\mathrm{S}_0\alpha}{2}$$

2.7 LTI 系统的功率谱密度

本节重点讨论 LTI 系统的功率谱密度(PSD)，以及它与输入信号和系统传递函数的关系。

2.7.1 输出的功率谱密度

2.4.4.2 节介绍了维纳-辛钦定理，指出了自相关函数和功率谱密度(PSD)之间的傅里叶变换关系。接下来要讨论 LTI 系统中，随机过程输出功率谱密度与输入功率谱密度之间的关系。首先假设统计过程是广义平稳随机过程(WSS)，因此在式(2.138)中可以忽略变量 t，由此得出

$$R_y(\tau)=\int_{-\infty}^{+\infty}\mathrm{d}\zeta_1\int_{-\infty}^{+\infty}R_x(\zeta_2-\zeta_1-\tau)h(\zeta_1)h(\zeta_2)\mathrm{d}\zeta_2 \tag{2.140}$$

对式(2.140)两边进行傅里叶变换：

$$\int_{-\infty}^{+\infty}R_y(\tau)\,\mathrm{e}^{-\mathrm{j}\omega\tau}\mathrm{d}\tau=\int_{-\infty}^{+\infty}\left[\int_{-\infty}^{+\infty}\mathrm{d}\zeta_1\int_{-\infty}^{+\infty}R_x(\zeta_2-\zeta_1-\tau)h(\zeta_1)h(\zeta_2)\mathrm{d}\zeta_2\right]\mathrm{e}^{-\mathrm{j}\omega\tau}\mathrm{d}\tau \tag{2.141}$$

依据维纳-辛钦定理，见式(2.112)，上式左边即为 y 的功率谱密度(PSD)，而右边的积分顺序可以交换，由此可以推导出

$$S_y(\omega)=\int_{-\infty}^{+\infty}\int_{-\infty}^{+\infty}\left[\int_{-\infty}^{+\infty}R_x(\zeta_2-\zeta_1-\tau)\mathrm{e}^{-\mathrm{j}\omega\tau}\mathrm{d}\tau\right]h(\zeta_1)h(\zeta_2)\mathrm{d}\zeta_1\mathrm{d}\zeta_2 \tag{2.142}$$

令 $t=\zeta_2-\zeta_1-\tau$，利用 R_X 的对称性，则有

$$\begin{aligned}S_y(\omega)&=\int_{-\infty}^{+\infty}\int_{-\infty}^{+\infty}\left[\int_{-\infty}^{+\infty}R_x(t)\mathrm{e}^{\mathrm{j}\omega t}\mathrm{d}t\right]\mathrm{e}^{-\mathrm{j}\omega(\zeta_2-\zeta_1)}h(\zeta_1)h(\zeta_2)\mathrm{d}\zeta_1\mathrm{d}\zeta_2\\&=\int_{-\infty}^{+\infty}\int_{-\infty}^{+\infty}S_x(\omega)\mathrm{e}^{-\mathrm{j}\omega(\zeta_2-\zeta_1)}h(\zeta_1)h(\zeta_2)\mathrm{d}\zeta_1\mathrm{d}\zeta_2\\&=S_x(\omega)\left[\int_{-\infty}^{+\infty}\mathrm{e}^{\mathrm{j}\omega\zeta_1}h(\zeta_1)\mathrm{d}\zeta_1\right]\left[\int_{-\infty}^{+\infty}\mathrm{e}^{-\mathrm{j}\omega\zeta_2}h(\zeta_2)\mathrm{d}\zeta_2\right]\end{aligned} \tag{2.143}$$

根据 s 复频域中拉普拉斯变换的定义，在式(2.143)中令 $s=\mathrm{j}\omega$，则上式可变为

$$S_y(\omega)=S_x(\omega)H(-\mathrm{j}\omega)H(\mathrm{j}\omega) \tag{2.144}$$

又因为 $H(-\mathrm{j}\omega)=H^*(\mathrm{j}\omega)$，所以式(2.144)还可表示为

$$\begin{aligned}S_y(\omega)&=S_x(\omega)H^*(\mathrm{j}\omega)H(\mathrm{j}\omega)\\&=|H(\mathrm{j}\omega)|^2\,S_x(\omega)\end{aligned} \tag{2.145}$$

式(2.145)表明，输出信号的功率谱密度等于输入信号的功率谱密度与系统传递函数模值平方的乘积。同样，当已知其中两个量时，便可以推导出第三个量。然而，与信号不同的是，输出信号的功率谱密度与传递函数的相位无关。得出这个结论并不意外，因为自相关函数本身就与信号的相位无关。同样，功率谱密度(PSD)及其傅里叶变换也是和相位无关的。

2.7.2 输出自相关函数

根据维纳-辛钦定理可知，自相关函数和功率谱密度(PSD)是一个傅里叶变换对。因此，自

相关函数可利用式(2.113)所示的傅里叶逆变换求得。将式(2.145)代入式(2.113)，可得

$$R_y(\tau)=\frac{1}{2\pi}\int_{-\infty}^{+\infty}S_y(\omega)e^{j\omega\tau}d\omega$$
$$=\frac{1}{2\pi}\int_{-\infty}^{+\infty}|H(j\omega)|^2S_x(\omega)e^{j\omega\tau}d\omega \tag{2.146}$$

相应地，采用式(2.133)可求得 y 的均方值为

$$\overline{y^2}=R_y(0)=\frac{1}{2\pi}\int_{-\infty}^{+\infty}|H(j\omega)|^2S_x(\omega)d\omega \tag{2.147}$$

2.8 小结

本章第一部分介绍了基本的概率论、统计及随机信号的相关理论，并举例说明。第二部分介绍了信号与线性系统的基础理论和一些例题，其中用到了第一部分中的一些概念。这些理论是严格定量分析通信系统中抖动、噪声和 BER 等问题所必不可少的基础。后续章节中将广泛地用到这些成熟的理论。

本章中我们仅仅介绍了与抖动、噪声、BER 及信号有关的一些基本统计学知识和线性系统理论，并没有作全面深入的讨论。若读者想深入了解，这里给出了一些参考资料，例如参考文献[1，2，3，4]中深入讨论了概率、统计学及随机过程；参考文献[5，6，7，8]对信号、噪声和线性系统理论给出了详细的阐述。

参考文献

1. A. W. Drake, *Fundamentals of Applied Probability Theory*, McGraw-Hill, 1967.
2. S. M. Kay, *Fundamentals of Statistical Signal Processing: Estimation Theory*, Prentice-Hall, 1993.
3. A. Papoulis, *Probability, Random Variables, and Statistical Processes*, Third Edition, McGraw-Hill, 1991.
4. P. Z. Peebles, Jr., *Probability, Random Variables, and Random Signal Principles*, Third Edition, McGraw-Hill, 1993.
5. J. A. Cadzow and H. F. Van Landingham, *Signals and Systems*, Prentice-Hall, 1985.
6. W. B. Davenport and W. L. Root, *An Introduction to the Theory of Random Signals and Noise*, IEEE Press, 1987.
7. A. V. Oppenheim, A. S. Willsky, and S. H. Nawab, *Signals & Systems*, Prentice Hall, 1996.
8. F. J. Taylor, *Principles of Signals and Systems*, McGraw-Hill, 1994.

第3章　抖动及噪声的根源、机理与数学模型

第1章从定性角度介绍了抖动及噪声的根源和产生机理。第2章引入了所需的统计信号和线性系统理论。现在准备定量地讨论抖动和噪声分量，为后续章节进一步在时域、频域和统计域中讨论抖动分离打下基础。我们可以从与抖动和噪声的统计域PDF、时域序列、频域频谱或PSD来讨论抖动和噪声分量模型。本章首先重点讨论抖动及其分量，所得概念同样适用于噪声分量。

本章探讨产生随机抖动与确定性抖动的机理与建模，既重要又实用！

3.1　确定性抖动(DJ)

如图1.11所示，可以从较高的层次对不同的抖动分量及其相互关系进行分类，将抖动区分为确定性抖动(DJ)和随机抖动(RJ)。确定性抖动的三个基本分类是数据相关性抖动(DDJ)、周期性抖动(PJ)和有界不相关抖动(BUJ)。DDJ由占空失真(DCD)和符号间干扰(ISI)组成。DCD是类时钟型数据模式时的DDJ特例。

3.1.1　数据相关性抖动(DDJ)

本节将重点讨论DDJ，它是最常见的确定性抖动(DJ)。随着数据传输速率增加，它的影响会很大。同时，对于数Gbps速率下的链路信道或媒质，尤其在铜质信道材料中，DDJ是限制性能的主要因素。我们首先确立DDJ的形成机理和相关理论，以便于进行定量估计。然后，进一步讨论它的两个子分量：ISI和DCD。

3.1.1.1　基本理论

任何有损的电或光系统中的“记忆”效应都会导致DDJ。当前比特的跳变时刻(或过零时间)受到之前比特位跳变时刻的影响。也就是说，当前比特跳变时刻会影响到将来比特的跳变时刻。可以用一个理想数据模式作为输入的LTI系统对DDJ建模。观察输出端波形的边沿跳变时刻与相应的理想边沿跳变时刻之间的偏差来计算DDJ。图3.1给出了通过LTI系统来建模并估计DDJ。

如图3.1所示，LTI系统的输入数据模式为具有理想上升/下降时间(零上升/下降时间)的信号。如果该LTI系统的冲激响应函数不是狄拉克函数，那么在给定阈值水平下，输出模式$V_o(t)$与理想跳变时刻之间就存在时间偏移。例子中假设不存在直流偏置，对于单端信号的阈值采用50%的电压量级，对于差分信号采用0电平。图3.1中所示的这些时间偏移量Δt_1，Δt_2，Δt_3和Δt_4，就是DDJ。根据第2章中介绍的LTI理论，可以知道

$$V_o(t) = V_i(t) * h(t) \tag{3.1}$$

可以看出 DDJ 具有以下性质：

- DDJ 取决于生成输出模式的系统冲激响应 $h(t)$；
- DDJ 取决于输入模式 $V_i(t)$；
- DDJ 是一种分布，其样本大小与数据模式的跳变次数相等；
- 如果 LTI 系统是理想的或者无损耗的，即 $V_o(t) = V_i(t)$，那么系统中就不会出现 DDJ。

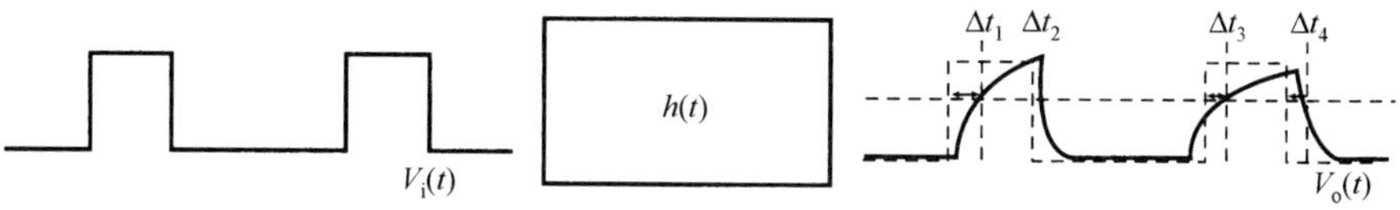

图 3.1　LTI 系统中 DDJ 的建模和估计

从理论上讲，要保持 LTI 系统的输入信号和输出信号波形完全一致，系统冲激响应必须是狄拉克函数。这就意味着，要有零上升时间或者无限带宽的理想阶跃响应(冲激响应的积分)。如果不能满足狄拉克条件，那么边沿跳变时刻将偏离理想位置，产生 DDJ。通常，可以从时域和频域两个角度来讨论 LTI 传递函数对 DDJ 的影响。在时域中，阶跃响应可以很好地表征 DDJ。同样，在频域中，可以通过 LTI 的幅度和相位频率响应函数进行 DDJ 的估计。正如 2.5 节中讨论的那样，时域和频域是等价的，可以通过拉普拉斯/拉普拉斯逆变换相互转换。具体是采用时域或者频域，仅仅是哪个更为方便的问题。例如 DDJ 是时域中的现象，因此要得出 DDJ 和阶跃响应函数特征参数间的定性关系，相对比较容易或更为方便一些。

如图 3.2 所示，对于阶跃响应而言，尽管精确估计 DDJ 需要知道确切的数据模式和阶跃响应函数的形状，但通过建立时间 T_s 也能很好地表征 DDJ。

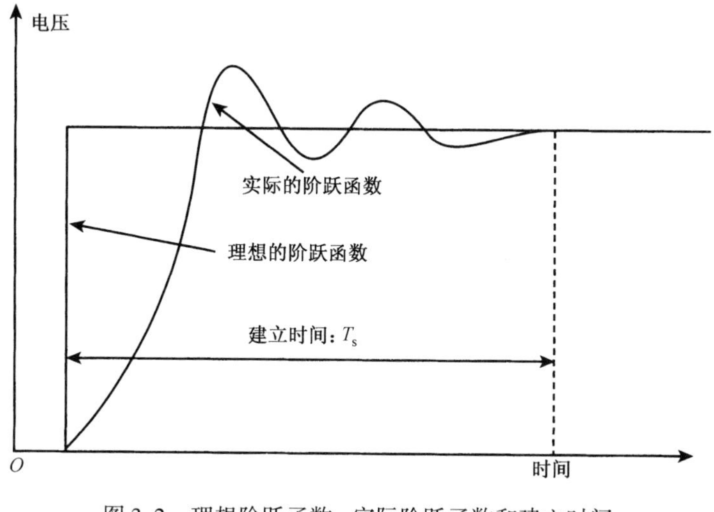

图 3.2　理想阶跃函数，实际阶跃函数和建立时间

建立时间很好地表征了 DDJ。一般来讲，对于给定的模式，建立时间越长，DDJ 就越大。关于 LTI 在 DDJ 估计中的应用可以进一步查阅参考文献[1，2，3]。

3.1.1.2 RC LTI 系统的 DDJ 估计

如果 LTI 系统传递函数是 2.5.2 节中所示的 RC 电路时，本节将以此为例，说明如何进行单脉冲 DDJ 估计。这里，假设 RC 常数为 $\tau = RC$。RC 电路的阶跃响应可以通过下式来表示：

$$U_o(t) = 1 - e^{-t/\tau} \tag{3.2}$$

根据图 3.1 所示的定义，在 50% 的电平处，DDJ 的时间位移可以计算如下：

$$\Delta t_{\mathrm{DDJ}} = -\tau \ln(1-50\%) = 0.6931\,\tau \tag{3.3}$$

显然，在这种情况下 DDJ 正比于 RC 的时常数。在 RC 一阶系统的情况下，上升时间也是正比于 RC 时常数。因此我们可以说，DDJ 与 RC 电路的上升时间也是成比例的。

这个问题也可以在频域中讨论。参照例 2.4 中的传递函数，RC 电路传递函数表示为

$$|H(\omega)| = \frac{1}{\sqrt{1+(\omega\tau)^2}} \tag{3.4}$$

该传递函数的 3 dB 带宽可估计如下：

$$f_{3\,\mathrm{dB}} = \frac{0.2757}{\tau} \tag{3.5}$$

将式(3.3)和式(3.5)合并，抵消τ可得出

$$\Delta t_{\mathrm{DDJ}} = \frac{0.191}{f_{3\,\mathrm{dB}}} \tag{3.6}$$

在这种情况下，DDJ 反比于 RC 电路的 3 dB 带宽。

对于多比特跳变的数据模式，很难得出 DDJ 的一般解析形式。因此，需要参考式(3.1)和图 3.1 所示的 DDJ 定义来得出 DDJ 的数值估计。接下来的章节中演示了一些仿真结果。

3.1.1.3 仿真

DDJ 不仅取决于数据模式，而且和信号经过的信道或媒质的冲激/阶跃响应有关。决定 DDJ 幅值的一个关键参数是模式的游程(最长的连续“1”或“0”的 UI 跨度)。游程越长，DDJ 的幅值越大。因为 DDJ 是利用波形进行估计的，根据各种边沿跳变的数据模式集合，可以导出 DDJ。所以，采用累积或统计方式的眼图可以进行最方便的观察。这里，所用的仿真模型是以 3.1.1.1 节的内容为理论基础的。

首先，我们给出模式对 DDJ 造成的影响。在本例子中所用的 LTI 传递函数是一个四阶贝塞尔(Bessel)函数。图 3.3 是它的冲激响应、阶跃响应、频域幅度响应及频域相位响应函数。之所以选择贝塞尔滤波器，因为它是许多通信标准的典型接收器模型，例如光纤信道和千兆位以太网[4]。

我们研究两种 Gbps 速率级数据通信中常用的 K28.5 和 PRBS $2^{10}-1$ 模式。图 3.4 中给出了这两种模式下的 DDJ。K28.5 有 20 个比特位，游程长度为 5UI；PRBS $2^{10}-1$ 有 1024 个比特位，游程长度为 10UI。相比于 K28.5，PRBS $2^{10}-1$ 的眼图睁开程度较小，这

可能是因为 PRBS $2^{10}-1$ 的游程较长导致的。K28.5 和 PRBS $2^{10}-1$ 的 DDJ 分别为 0.2644UI 和 0.2751UI。

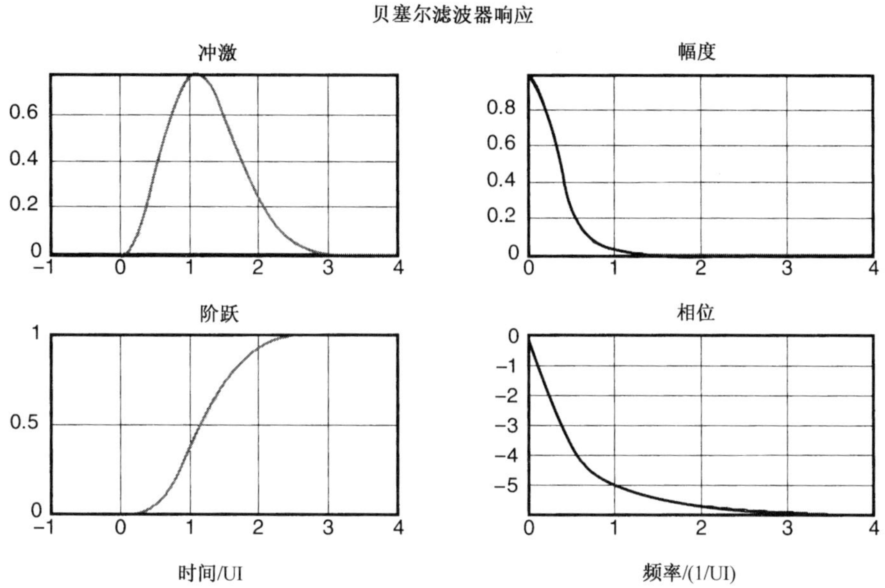

图 3.3　四阶贝塞尔函数的冲激响应(左上)、阶跃响应(左下)、频域幅度响应(右上)和频域相位响应(右下)。3 dB带宽为0.3×(1/UI)

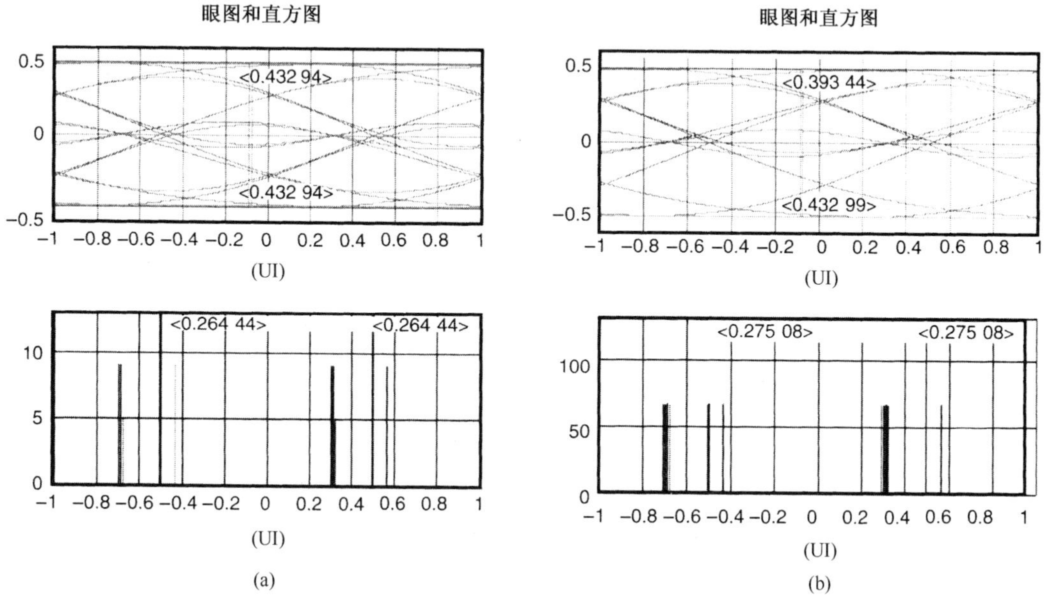

图 3.4　数据模式(a)K28.5 和(b)PRBS $2^{10}-1$ 的眼图。LTI 传递函数均为图3.3中四阶贝塞尔-汤普森函数

其次，我们将给出 LTI 系统带宽对 DDJ 的影响。数据模式采用 PRBS $2^{10}-1$，LTI 系统响应函数为四阶贝塞尔函数。这种情况下带宽为 0.6×(1/UI)，图 3.5 中给出了时域和频域的响应函数。

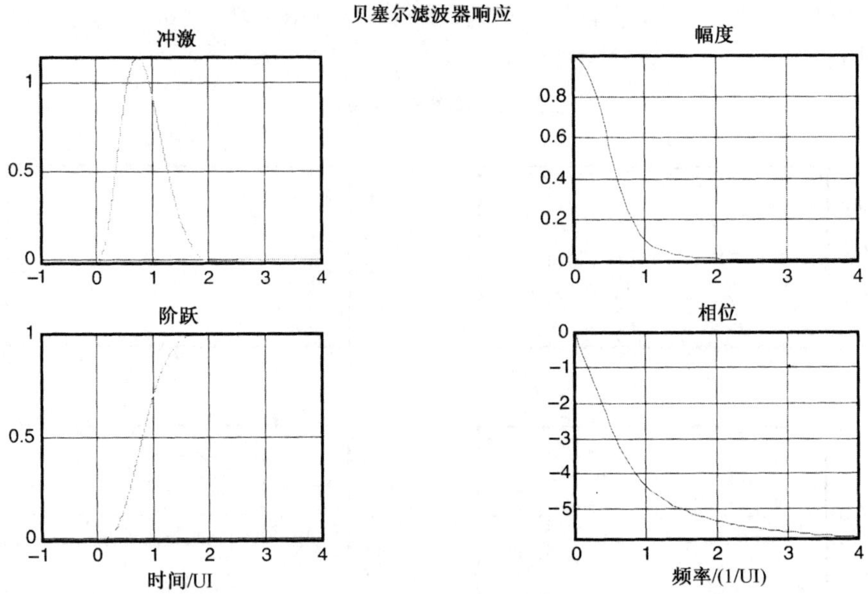

图 3.5 与图 3.3 一样，只是 3 dB 带宽为 0.6 × (1/UI)

图 3.6 给出的是与图 3.5 相应的眼图和 DDJ 直方图。当带宽为 0.6 × (1/UI) 时，DDJ 为 0.000 36 UI，远小于带宽为 0.3 × (1/UI) 情况下的 DDJ 值 0.275 UI。正如所预料的那样，带宽越小，则上升时间越长，眼图闭合程度和 DDJ 也是如此。

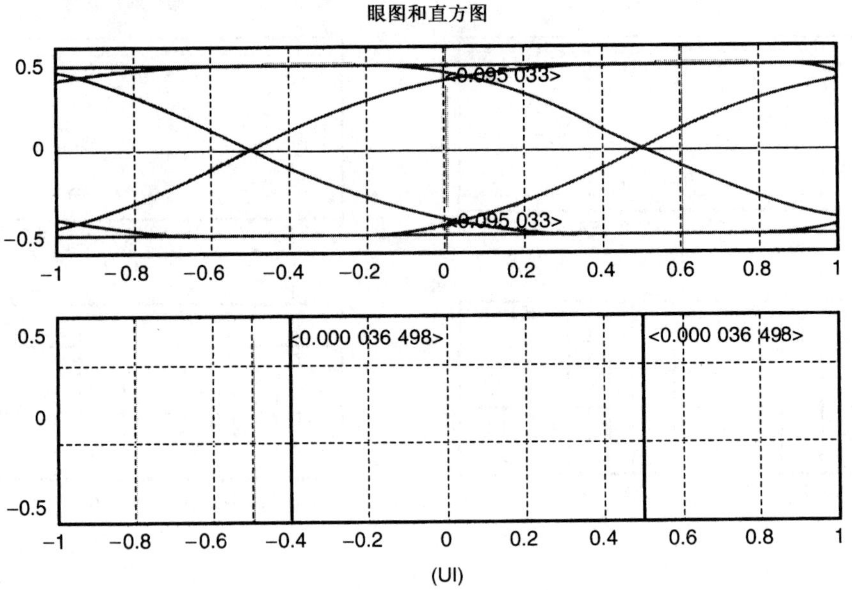

图 3.6 与图 3.4(b) 相同，只是 3 dB 带宽更大，为 0.6 × (1/UI)。注意到在这种情况下 DDJ 和眼图闭合程度都比较小

给定数据模式和系统传递函数的类型，观察 DDJ 随带宽的变化将是大家感兴趣的。我们可以进一步通过更多的数据点来研究 DDJ 和带宽之间的关系，结果如图 3.7 所示。

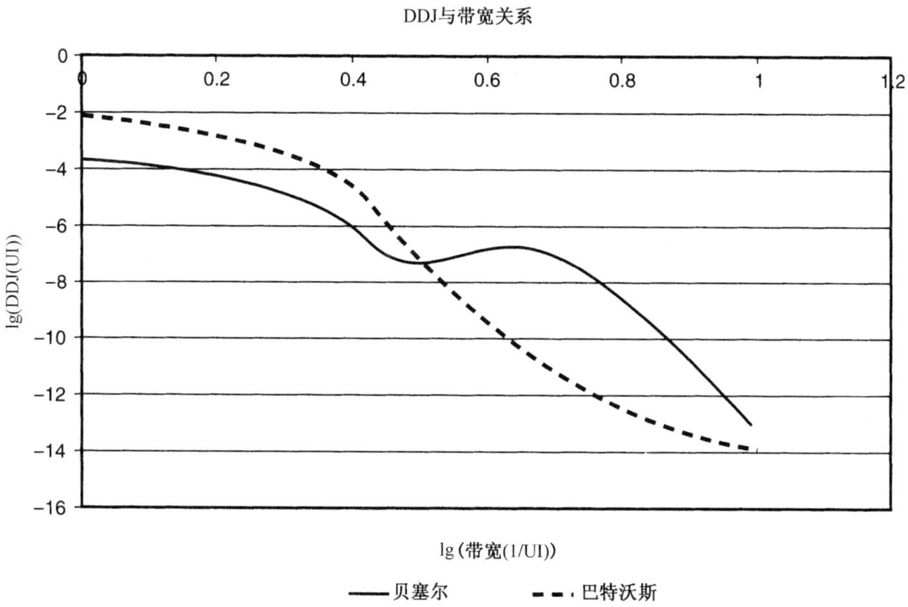

图 3.7　PRBS 2^7-1 数据模式下 DDJ 与带宽的关系函数。实线表示四阶贝塞尔传递函数对应的曲线，虚线表示四阶巴特沃斯传递函数对应的曲线

正如预料的那样，虽然对于贝塞尔传递函数，在 0.5～0.6(1/UI)区间内观察到一个小的波纹，但总体而言 DDJ 是随着带宽的减小而增加的。曲线在对数坐标中并不是线性的，这表明它不是指数型函数。值得注意的是，对于不同的数据模式或不同的 LTI 传递函数类型，DDJ 和带宽之间的关系函数也是不同的。

3.1.1.4　占空失真

占空失真(DCD)抖动仅仅针对“0101”型重复比特的时钟模式。它是指时钟脉冲(正脉冲或者负脉冲)偏离理想状态的情况。从理论上来看，3.1.1.1 节介绍的 LTI 规则也适用于 DCD 估计中，只不过数据模式要采用时钟模式。如第 1 章所示，通常产生 DCD 的一个根源是生成时钟高低逻辑时的参考信号变化。另一个原因是由许多子速率时钟合成的时钟具有不同的传输延迟。通过上升边和下降边的两个均值的偏离来决定的 DCD 抖动，因此如图 3.8 所示，采用双狄拉克函数可以很好地对 DCD 进行建模。

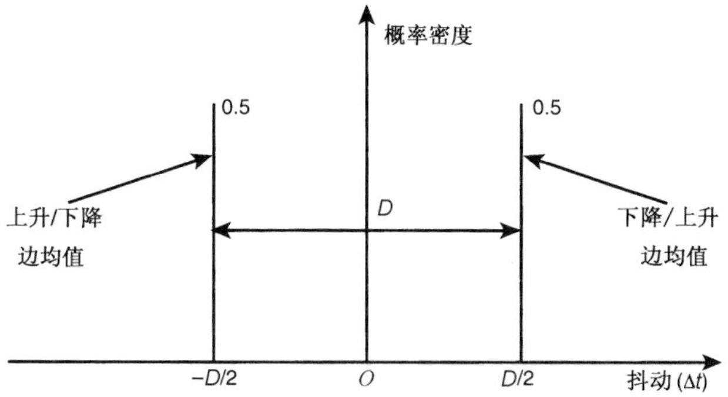

图 3.8　表示 DCD 抖动 PDF 的双狄拉克函数

从数学角度出发，双狄拉克函数可以表示如下：

$$f_{\mathrm{DCD}}(\Delta t)=\frac{1}{2}\left[\delta(\Delta t-\frac{D}{2})+\delta(\Delta t+\frac{D}{2})\right] \tag{3.7}$$

3.1.1.5　符号间干扰(ISI)

ISI 是 DDJ 的一个分量。它是由于数据模式中不同的游程所带来的各种脉冲时序扩展导致的。更具体地说，ISI 很大程度上和不均匀脉冲的边沿跳变相关。参考图 3.2，最大的干扰可能发生在短脉冲(1 个比特周期或单位间隔)和与其极性相反的长脉冲(多个比特周期或单位间隔)之间，反之亦然。举例来说，对于游程长度为 5 的模式，位序列 111110 或 000001 将有最大的 ISI。这里将干扰定义为实际波形和理想波形之间的残差，ISI 正比于这些残差。ISI 与数据模式、信道或媒质的系统响应函数有关，因此 ISI PDF 函数没有固定的闭合形式。另一方面，只要 DDJ 的分量 ISI 和 DCD 是相互独立的，卷积定理就成立。通常 ISI 和 DCD 都满足这个条件，因为它们产生的机理是不同的。如果 DDJ PDF 和 DCD PDF 已知，则可以使用去卷积或反卷积运算来估计ISI PDF。

$$f_{\mathrm{ISI}}(\Delta t)=\mathrm{Con}^{-1}(f_{\mathrm{DDJ}}/f_{\mathrm{DCD}}) \tag{3.8}$$

$\mathrm{Con}^{-1}(\,)$表示将f_{DCD}从f_{DDJ}中反卷积出来，以得到f_{ISI}。许多这方面的文献并没有区分 DDJ 和 ISI。部分文献将 DCD 和 ISI 分开讨论[4]，其中采取了一些特定或定性的方法。

3.1.1.6　DDJ 的通用模型

因为 DDJ 是与数据模式的游程密切相关的，并且对于特定的数据模式仅有有限的游程排列，所以 DDJ 的值是有限且离散的。基于这个原因，我们可以确定通用的 DDJ PDF 数学模型。这个方法也可以扩展到 ISI 和 DCD 的通用 PDF 模型中。以下是 DDJ PDF 的通常形式：

$$f_{\mathrm{DDJ}}(\Delta t)=\sum_{i=1}^{N}P_i^{\mathrm{DDJ}}\delta(\Delta t-D_i^{\mathrm{DDJ}}) \tag{3.9}$$

P_i^{DDJ} 是 D_i^{DDJ} 的 DDJ 值的概率。显然，P_i^{DDJ} 满足如下的概率特性：

$$\sum_{i=1}^{N}P_i^{\mathrm{DDJ}}=1 \tag{3.10}$$

ISI 和 DCD 的 PDF 也可以写成类似式(3.9)的一般形式，只是在相同分辨率的情况下，所得的离散值较小。举例来说，如果将 ISI PDF 表示为

$$f_{\mathrm{ISI}}(\Delta t)=\sum_{j=1}^{M}P_j^{\mathrm{ISI}}\delta(\Delta t-D_j^{\mathrm{ISI}}) \tag{3.11}$$

对于 P_j^{ISI} 也有类似于式(3.10)的条件，$\sum_{j=1}^{N}P_j^{\mathrm{ISI}}=1$。因为 DDJ 的峰–峰值始终大于或等于 ISI 的峰–峰值，总是满足如下的不等式：

$$\max(D_i^{\mathrm{DDJ}})-\min(D_i^{\mathrm{DDJ}})\geqslant\max(D_j^{\mathrm{ISI}})-\min(D_j^{\mathrm{ISI}}) \tag{3.12}$$

同样地，这种狄拉克函数求和的方法也适用于 DCD 的分布，所以在这里不重复推导。对于双狄拉克函数型的 DCD PDF，实际上可以看成 $N=2$ 和 $P_k^{\mathrm{DCD}}=0.5$ 的特殊情况。

3.1.2　周期性抖动(PJ)

周期性抖动(PJ)是在某一周期或频率上重复出现的抖动信号。从信号的角度出发，就频率和相位而言，它和所有的周期信号一样，不同的是它的幅度是以时序为单位的抖动。可以将 PJ 看成有界不相关的窄带抖动。

3.1.2.1　单 PJ 的 PDF

为了简化证明，假设周期性抖动为正弦型。其数学表达式如下：

$$\Delta t = A\cos(\omega t + \phi_0) \tag{3.13}$$

式中，ω 为角频率；ϕ_0 为初始相位。该结论也适用于其他不同形状的 PJ，例如三角形、锯齿形或梯形。

定义正弦型的整个相位为 $\Phi = \omega t + \phi_0$，式(3.13)可写为

$$\Delta t = A\cos\Phi \tag{3.14}$$

通过观察几个周期能够发现相位 Φ 服从均匀分布，它的 PDF 表示为

$$f_\Phi(\Phi) = \frac{1}{2\pi} \qquad 0 \leqslant \Phi \leqslant 2\pi \tag{3.15}$$

我们需要在式(3.14)和式(3.15)的基础上，采用式(2.23)中的逆变量 PDF 估计方法来找出 PJ 的 PDF。Δt 的反函数为 $\Phi = \arccos(\Delta t/A)$。PJ Δt 的 PDF 表示为

$$f_{\mathrm{PJ}}(\Delta t) = \left(\frac{\mathrm{d}\Phi(\Delta t)}{\mathrm{d}\Delta t}\right) f_\Phi = \left(\frac{\mathrm{d}(\arccos(\Delta t / A))}{\mathrm{d}\Delta t}\right) f_\Phi \tag{3.16}$$

将相位的 PDF 代入并进行推导运算，可以得出单 PJ 的 PDF 如下：

$$f_{\mathrm{PJ}}(\Delta t) = \begin{cases} \dfrac{1}{\pi\sqrt{1-(\Delta t / A)^2}} & -A \leqslant \Delta t \leqslant A \\ 0 & \Delta t\ \text{为其他值} \end{cases} \tag{3.17}$$

图 3.9 给出了单正弦 PJ 的 PDF。

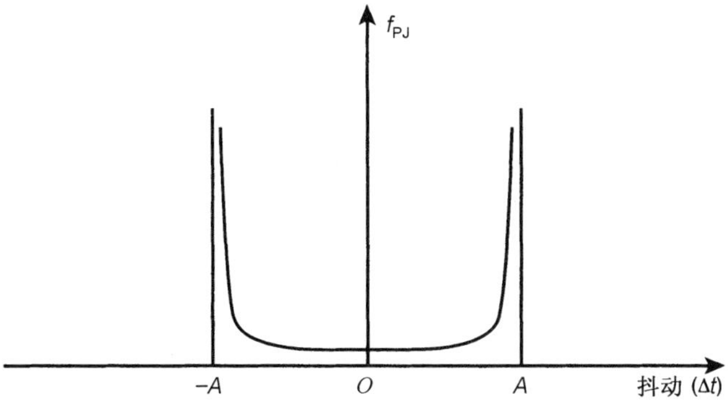

图 3.9　单正弦 PJ 的 PDF

可以采用如下的双狄拉克函数来近似表示 PJ 的 PDF：

$$f_{PJ}(\Delta t) \approx \frac{1}{2}[\delta(\Delta t - A) + \delta(\Delta t + A)] \tag{3.18}$$

这种近似使得 PJ PDF 和其他类型的 PDF 函数进行卷积运算很容易实现。

这里给出周期性抖动 PJ 的 PDF 表达式，同时也指出这一 PDF 可以用双 δ 函数加以近似表示(不是非常严格！)，后面在抖动合成时比较方便！

3.1.2.2 单 PJ 的频谱

如果对式(3.13)进行傅里叶变换(FT)，可以得到单 PJ 的频谱。频谱是复函数，包括两个部分：幅度和相位函数。在这里针对的是相位为常数的单频(或单音调)正弦信号。图 3.10 给出的是幅度和相位响应函数的复频谱。

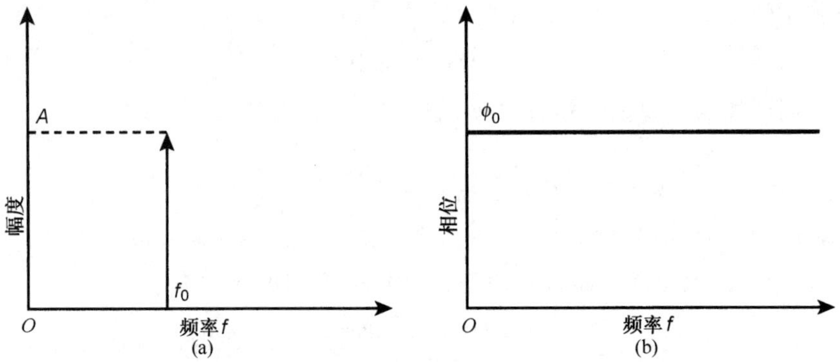

图 3.10 单正弦 PJ 的振幅(a)和相位(b)复频谱

3.1.2.3 双 PJ 的 PDF

观察多个周期后可以发现，单 PJ 的 PDF 并不依赖于初始相位条件。然而，在同时存在两个 PJ 的情况下，它们之间的相对相位关系对总 PDF 有非常重要的影响。返回式(3.13)，将其拓展到双 PJ 的情况，可以得到

$$\Delta t(t) = A_1 \cos(\omega_1 t + \phi_1) + A_2 \cos(\omega_2 t + \phi_2) \tag{3.19}$$

假设两个 PJ 的幅度一样，即 $A_1 = A_2 = A$，然后采用余弦的和差化积公式，可得

$$\Delta t(t) = 2A\left\{\cos\left[\frac{(\omega_1 + \omega_2)t + (\phi_1 + \phi_2)}{2}\right]\cos\left[\frac{(\omega_1 - \omega_2)t + (\phi_1 - \phi_2)}{2}\right]\right\} \tag{3.20}$$

如果进一步假设两个 PJ 的角频率也相同，即 $\omega_1 = \omega_2 = \omega$，那么仅剩一个相位变量不同，则式(3.20)转换为

$$\Delta t(t) = 2A\cos\left(\frac{\phi_1 - \phi_2}{2}\right)\cos\left[\omega t + \frac{(\phi_1 + \phi_2)}{2}\right] \tag{3.21}$$

根据式(3.21)，可以研究双 PJ 的 PDF 和它们相位之间的依赖关系。

例 3.1 $\phi_1 = \phi_2 = \phi$，换句话说，它们的相位相同或同相。式(3.21)转换为

$$\Delta t(t) = 2A\cos[\omega t + \phi] \tag{3.22}$$

这种形式与单 PJ 的情况一样，只不过振幅增加了一倍。或者说，当双 PJ 具有相同的幅度和频率，并且初始相位也相同时，它们叠加就形成一个具有两倍幅度的单 PJ，如图 3.11 所示。

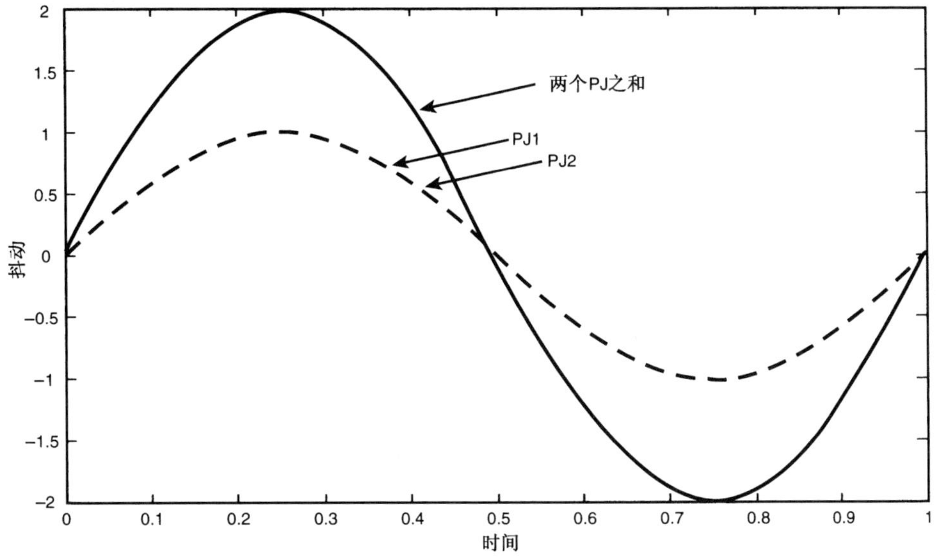

图 3.11　频率、峰值幅度和初始相位相同的双 PJ 叠加。注意，在每次采样点上将幅度叠加，双PJ之和的峰值幅度是它们中单个PJ的两倍

例 3.2　$\phi_1 - \phi_2 = \pi$，也即两个 PJ 的相位相反，式(3.21)可变为

$$\Delta t = 0 \tag{3.23}$$

此时两个 PJ 相互抵消，也就是说，当双 PJ 具有相同的幅度和频率，但初始相位相反时，它们叠加的结果为零，如图 3.12 所示。

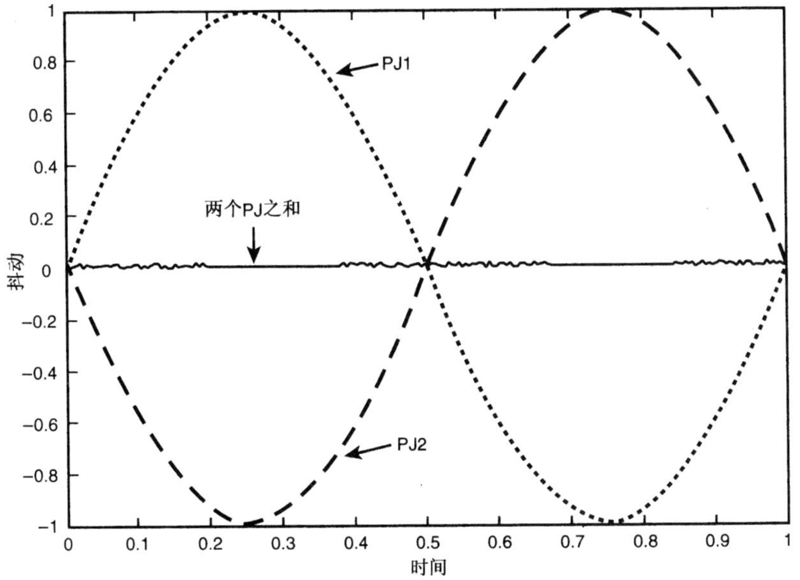

图 3.12　频率和峰值幅度相同，但初始相位相反的双 PJ 叠加。注意，在每个采样点上幅度相互抵消，结果等于零

这两种情况中都是假设两个 PJ 的频率相同。当两个 PJ 频率不同时，可以利用式(3.20)估算双 PJ 的和，最终结果将很大程度上依赖于两个 PJ 的频率和初始相位，而且存在很多种结果。一般来说，当两个 PJ 同相，也就是相位差较小($\phi_1-\phi_2\approx0$)时，“相加”的效果是很明显的，合成函数的峰–峰值为 $\Delta t(t)_{pk-pk}\to2(A_1+A_2)$。当两个 PJ 反相，也就是相位差较大($\phi_1-\phi_2\approx\pm\pi$)时，“相减”的效果很明显，合成函数的峰–峰值为 $\Delta t(t)_{pk-pk}\to2|A_1-A_2|$。如果相位差在极端的同相和反相之间，那么合成输出的峰–峰值将在“同相”和“反相”的结果值之间。

图 3.13 给出的是通常情况下具有不同频率、幅度和相位的双 PJ 叠加后的数值结果，相位间关系的影响是很明显的。双 PJ 参照它们相位间的关系，叠加后可能会有完全不同的形状。峰–峰值仿真结果和我们讨论的极端情况下的结果一致。图 3.13 的结果给出了确定双 PJ 合成结果时相位信息的重要性。

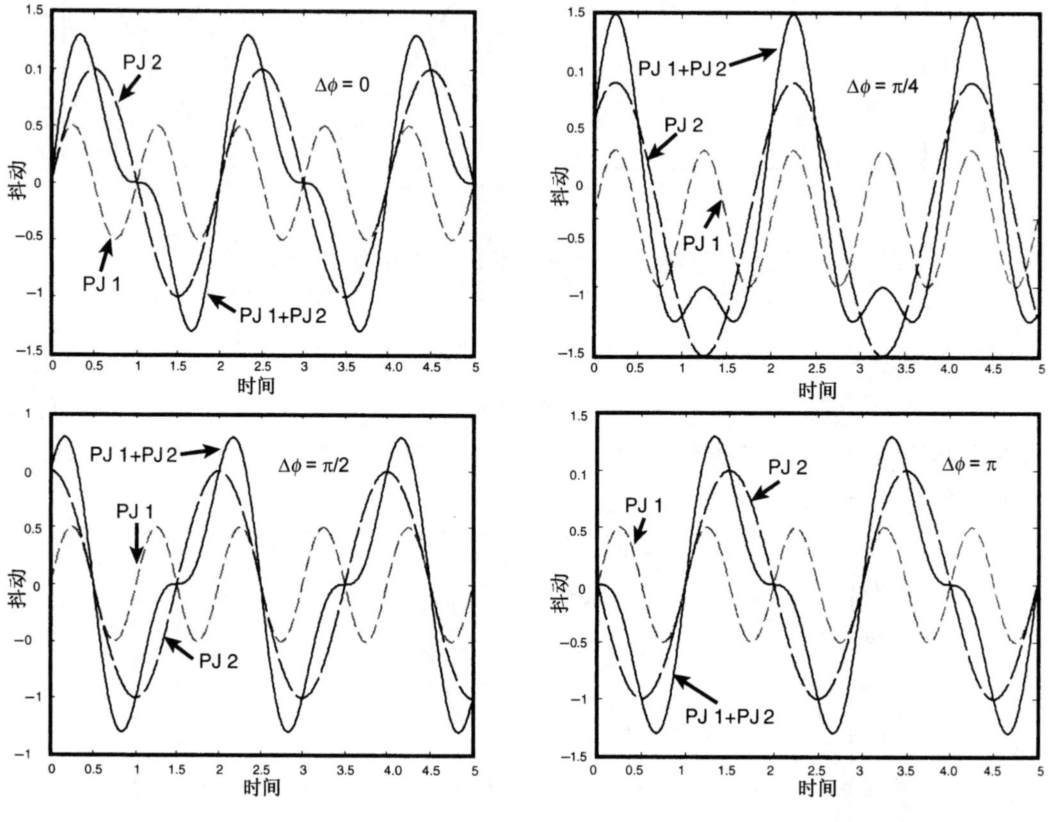

图 3.13 幅度不同，频率不同，加上几种不同相位角，两个 PJ 叠加时的仿真结果

对于 n 个 PJ 合成，其结果和双 PJ 的情况很相似，不过可能出现的合成结果形式会多很多。这时，“同相”的概念仍然成立。但是，对多个 PJ 来说，很难采用“反相”的概念。当所有的 PJ 都是同相位时，或者说，它们彼此的相位非常接近，此时的峰–峰值满足 $\Delta t(t)_{pk-pk}\to2(A_1+A_2+\cdots+A_N)$。

3.1.2.4 双 PJ 的频谱

如果对式(3.19)进行傅里叶变换，就可以得到如下的频域表达式：

$$\Delta t(\mathrm{j}\omega)=\frac{A_1}{\sqrt{2\pi}}\delta(\omega-\omega_1)\mathrm{e}^{-\mathrm{j}\phi_1}+\frac{A_2}{\sqrt{2\pi}}\delta(\omega-\omega_2)\mathrm{e}^{-\mathrm{j}\phi_2} \tag{3.24}$$

这是一个复频谱，可以通过幅度和相位这两个函数来表示。经过进一步的详细计算，可以得到下面的表达式：

$$\text{幅度}\quad |\Delta t(\mathrm{j}\omega)|=\frac{A_1}{\sqrt{2\pi}}\delta(\omega-\omega_1)+\frac{A_2}{\sqrt{2\pi}}\delta(\omega-\omega_2) \tag{3.25}$$

$$\text{相位}\quad \mathrm{Arg}(\Delta t(\mathrm{j}\omega))=\phi_1+\phi_2 \tag{3.26}$$

显然，每个 PJ 的相位都会对频谱产生影响。要想唯一地确定时域函数，就必须知道频谱的幅度和相位响应。

为了更好地加以说明，图 3.14 给出了双 PJ 的频谱幅度函数。

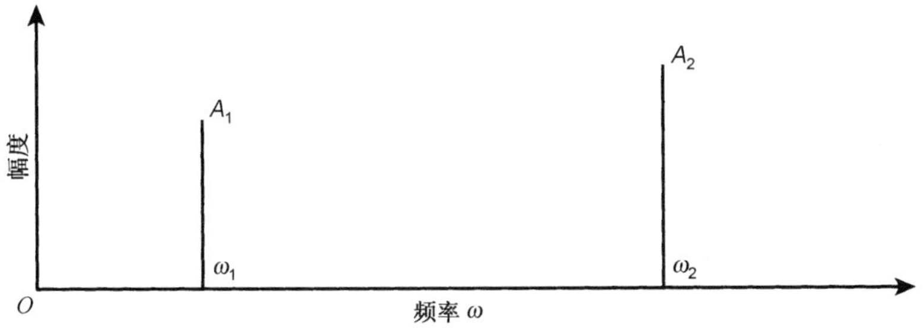

图 3.14　双 PJ 叠加时的频谱振幅函数

3.1.2.5　多 PJ($N>2$)的 PDF

对于多个 PJ 的一般情况，叠加规则仍然适用。所有的不同幅度、频率和相位的 PJ 叠加的结果表示如下：

$$\Delta t(t)=\sum_{i=1}^{N}A_i\cos(\omega_i t+\phi_i) \tag{3.27}$$

可以通过下面的公式，从全部的 PJ 时间记录 $\Delta t(t)$ 中对 PDF 进行估计：

$$f_{\mathrm{PJ}}(\Delta t)=\mathrm{Hist}(\Delta t(t)) \tag{3.28}$$

式中，Hist 是建立在时间记录 $\Delta t(t)$ 基础上的直方图构造函数。

总 PJ 的时间记录 $\Delta t(t)$ 是多变量函数，它依赖于每个 PJ 的幅度、频率、相位以及 PJ 的数量。因此，对于总 PJ 的 PDF 特征很难得出通用的结论。不过可以假设每个 PJ 都是独立的，它们的幅度、频率和相位分别随机分布在($A_{\min}$，$A_{\max}$)，($f_{\min}$，$f_{\max}$)和(0，2π)区间上，通过蒙特卡罗(Monte Carlo)仿真来研究 f_{PJ} 的特征。仿真的结果如图 3.15 所示。

显然，随着 PJ 数量的增加，PJ 的总 PDF 在幅度上与高斯分布相当接近。这点符合 2.3.2 节中讨论的“中心极限定理”的结论。仿真结果说明，只要 PJ 的数量大于或等于 3，并且它们是独立的，此时 PJ 的总 PDF 就可以用截窗高斯分布(不同于传统的无界高斯)来近似。这将在下一节中讨论。随着 PJ 数量的增多，总 PDF 就与高斯分布越接近。

这是应用中心极限定理得出的有益结论：当多个 PJ 的总数大于或等于 3 且又互相独立时，由它们之和所合成的 PJ 的总 PDF 可用截窗高斯分布近似表示。

3.1.2.6 多 PJ($N>2$)的频谱

多 PJ 的频谱估计和双 PJ 的情况类似。对式(3.27)进行傅里叶变换:

$$\Delta t(\mathrm{j}\omega)=\sum_{i=1}^{N}\frac{A_i}{\sqrt{2\pi}}\delta(\omega-\omega_i)\mathrm{e}^{-\mathrm{j}\phi_i} \tag{3.29}$$

式中,幅度函数为

$$|\Delta t(\mathrm{j}\omega)|=\sum_{i=1}^{N}\frac{A_i}{\sqrt{2\pi}}\delta(\omega-\omega_i) \tag{3.30}$$

相位函数为

$$\mathrm{Arg}(\Delta t(\mathrm{j}\omega))=\sum_{i=1}^{N}\delta(\omega-\omega_i)\phi_i \tag{3.31}$$

多 PJ 的幅度频响函数与图 3.13 中给出的类似,只不过它具有多条谱线,而不是两条。

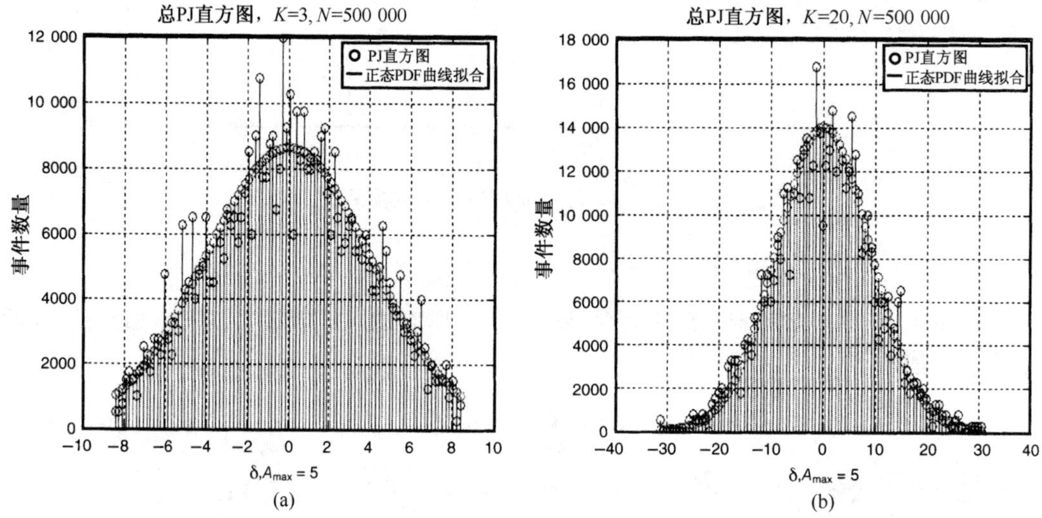

图 3.15 (a)3 个独立 PJ 叠加后的总 PDF;(b) 20 个独立 PJ 叠加后的总 PDF 与高斯分布重叠

3.1.3 有界不相关抖动 BUJ

第 1 章中讨论过串扰引起抖动的机理。由于串扰形成的随机性,BUJ 是有界的,并且从统计分布的观点来看是不相关的。此外,BUJ 还包含其他的有界的不相关抖动,例如电磁干扰(EMI)等。但是,串扰还是造成 BUJ 的主要原因,本节中就假设 BUJ 是串扰引起的抖动。BUJ 和 DDJ 的相似之处是它们都是有界的。不同点在于 DDJ 与数据模式相关,而 BUJ 则与之无关。

将 PJ 和 BUJ 进行比较,是一件令人感兴趣的事。它们都是有界不相关的,因此从统计分布的观点来看它们是相似的。然而,从频谱的角度分析,两者区别比较大。对单 PJ 来说,它的频谱是简单的单根谱线,但典型的串扰抖动频谱较宽,包含了多条不相关的谱线。BUJ 与多个独立 PJ 之间的区别比较模糊。实际上,可以从数学角度出发利用多个独立的 PJ 对 BUJ 进行建模。正是由于 BUJ 的这些特点,我们可以把 PJ 和串扰抖动都归类为 BUJ 的类型,沿着这个思路去分析，PJ 应该被称为窄带 BUJ(NB-BUJ)，串扰抖动可以被称为宽带 BUJ(BB-BUJ)[4]。

3.1.3.1　BUJ 的 PDF

如果 BUJ 是由多个相互独立的源形成的，那么可以通过多个独立的 PJ 对其进行建模。在 3.1.2.5 节中提到，这样的时域 PDF 是高斯截窗函数，其定义如下：

$$f_{BUJ}(t)=\begin{cases}\dfrac{p_{BUJ}}{\sqrt{2\pi}\sigma_{BUJ}}e^{-\frac{t^2}{2\sigma_{BUJ}^2}} & |t|\leqslant A_{BUJ}\\ 0 & |t|>A_{BUJ}\end{cases}\tag{3.32}$$

式中，A_{BUJ}表示边界峰值；σ_{BUJ}为σ值；p_{BUJ}是归一化的 BUJ PDF。引入归一化p_{BUJ}是为了保证式(3.32)的积分值为单位 1。显然，$p_{BUJ}>1$。图 3.16 表示了式(3.32)中定义的 BUJ PDF。

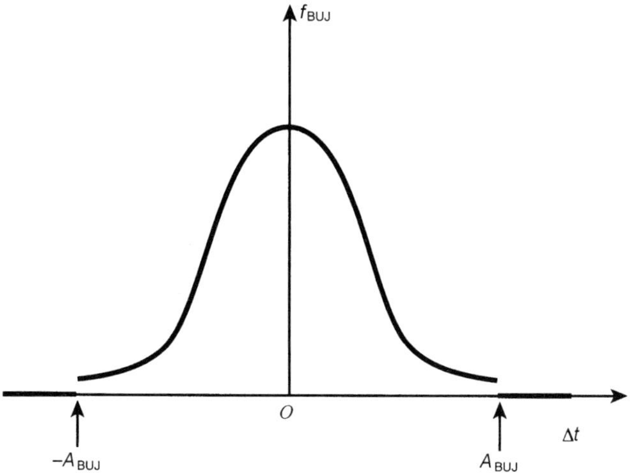

图 3.16　截窗高斯型的 BUJ PDF

高斯分布和截窗高斯分布的主要区别是 PDF 的拖尾部分。截窗高斯在抖动达到峰值时概率为零，而高斯分布只有在抖动达到无穷大时概率才接近零。对 BUJ PDF 的实验验证表明，这里采用截窗高斯型是正确的[5]。

3.1.3.2　BUJ 的频谱

可以仿照多 PJ 频谱的情况，用类似的方法对 BUJ 的频谱建模，因为每一个串扰源都可以看成一定频率下的单 PJ。当然，BUJ 的频谱还是取决于组成它的串扰源数量。随着独立串扰源的增加，不同源之间的频域间隙减小，使得频谱看起来像“带限”白噪声。图 3.17 给出了在串扰源数量较多情况下的 BUJ 频谱。该 BUJ 频谱的特点是有限的频率范围，具有随机性并且与数据模式不相关。

当 BUJ 的源数量较少时，很难用闭合形式的分布函数来描述它的 PDF。因此必须具体问题具体对待，从统计域 PDF 和频谱或 PSD 入手来处理 BUJ。

这句话值得记住：每个单独串扰源可看成一定频率下的单 PJ。

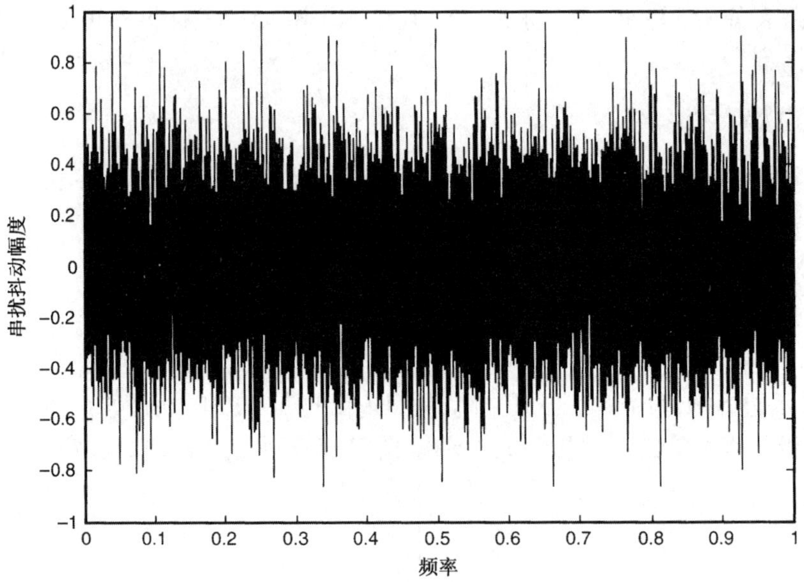

图 3.17 多串扰源情况下 BUJ 的频谱

3.2 随机抖动

随机抖动(RJ)是由无界抖动源引起的，例如高斯白噪声。这些类型的抖动源通常对应于热噪声、$1/f$ 闪烁噪声、散弹噪声以及其他一些高阶噪声过程。1.2.2 节提到过，通常的噪声到时序抖动的转换机理是在信号边沿跳变处幅度噪声到相位抖动的转换。随机抖动的统计 PDF 常被看成高斯分布。在证明这种类型的 PDF 时，通常是基于白色抖动/噪声模型。本节将针对各种噪声过程来讨论随机抖动的 PDF、频谱和 PSD。

3.2.1 高斯抖动

随机抖动的第一种类型是高斯抖动。许多文献中将高斯抖动和随机抖动归为同一种类型，其实这种方式并不准确，因为有非白噪声源存在时，相应的 PDF 就不一定服从高斯分布。只有当随机抖动的 PSD 是以白噪声谱为主时，它的 PDF 才能用高斯分布来描述，这点是很重要的。

高斯是指信号幅值的统计域概率分布情况。白噪声的特征是：其时域自相关函数为 $\delta(t)$；所对应的频域功率谱则为一个常数。这些概念值得读者关注和用心体会！

3.2.1.1 高斯分布的 PDF

式(3.33)中定义了高斯抖动的模式：

$$f_{GJ}(\Delta t) = \frac{1}{\sqrt{2\pi}\sigma} e^{-\frac{(\Delta t-\mu)^2}{2\sigma^2}} \tag{3.33}$$

这个函数的特点是无界的，因为它的 PDF 只有在抖动 Δt 趋向于无穷大时才为零。从数学角度出发，我们可以得到这个高斯型的均值等于μ，均方差等于σ。抖动和噪声都是物理量，都有其对应的单位或量纲。如果引入一个无量纲的变量$z=(\Delta t-\mu)/\sigma$，就可以简化数学性质的讨论过程。因此在高斯 PDF 中采用归一化变量z：

$$f_{GJ}(\Delta t)\mathrm{d}\Delta t=\phi(z)\mathrm{d}z=\frac{1}{\sqrt{2\pi}}\mathrm{e}^{-\frac{z^2}{2}}\mathrm{d}z \tag{3.34}$$

$\phi(z)$称为正态分布函数，对它的性质已经做过大量研究。$\phi(z)$的积分是值得关注的，因为通过它可以得出 CDF 函数，定义如下：

$$\Phi(z)=\int_{-\infty}^{z}\phi(t)\mathrm{d}t=\frac{1}{\sqrt{2\pi}}\int_{-\infty}^{z}\mathrm{e}^{-\frac{t^2}{2}}\mathrm{d}t=\frac{1}{2}\left(1+\mathrm{erf}\left(\frac{z}{\sqrt{2}}\right)\right) \tag{3.35}$$

式中，erf( )表示误差函数，定义为

$$\mathrm{erf}(z)=\frac{2}{\sqrt{\pi}}\int_{0}^{z}\mathrm{e}^{-t^2}\mathrm{d}t \tag{3.36}$$

正态分布和误差函数的具体数值可以查表得出。值得注意的是，正态分布可以对随机抖动Δt的偏移量在σ值倍数区间内的情况进行概率估计。例如，随机变量满足$|\Delta t-\mu|\leqslant\sigma$时的概率可以由下式估计：

$$P(|\Delta t-\mu|\leqslant\sigma)=\Phi(1)-\Phi(-1)=0.6826 \tag{3.37}$$

对2σ和3σ进行类似的计算，可得

$$P(|\Delta t-\mu|\leqslant 2\sigma)=\Phi(2)-\Phi(-2)=0.9545 \tag{3.38}$$

和

$$P(|\Delta t-\mu|\leqslant 3\sigma)=\Phi(3)-\Phi(-3)=0.9973 \tag{3.39}$$

高斯分布的概率特性如图 3.18 所示。

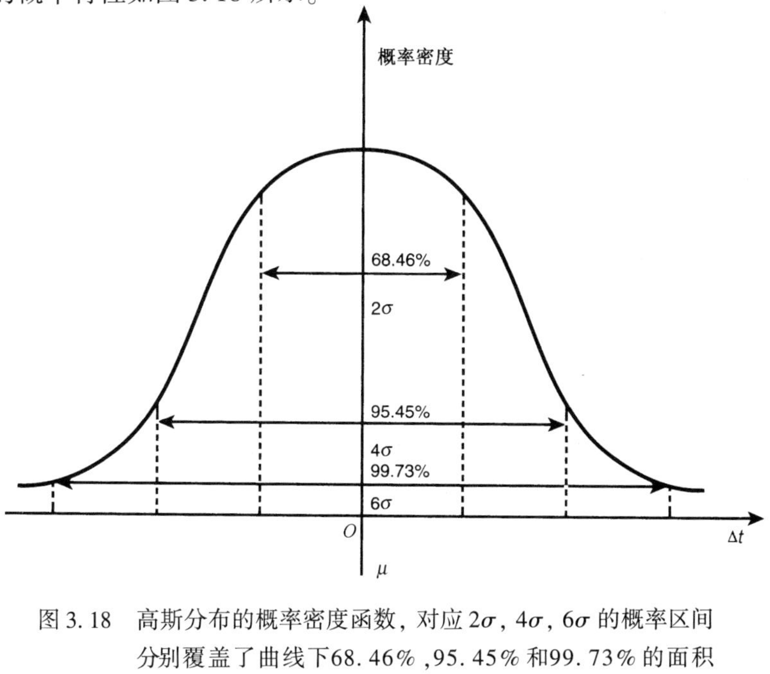

图 3.18　高斯分布的概率密度函数，对应2σ，4σ，6σ的概率区间分别覆盖了曲线下68.46%，95.45%和99.73%的面积

3.2.1.2　高斯抖动的 PSD

众所周知，高斯抖动的 PSD 是白色的，本节中并不去分析证明该结论。相反，我们将通过数值仿真，证明高斯抖动的时域序列、频谱或 PSD 以及统计域 PDF 之间的关系。

假设，$\Delta t_{GJ}(t)$为高斯抖动的时间记录。这个时间记录可以采用蒙特卡罗[6,7]方法，通过随机数发生器来模拟，结果如图 3.19 所示。通过自相关函数和式(2.112)定义的 FT 变换获得对 PSD 的估计(参见 2.2.4.2 节)。采用 Hist( )函数得出其直方图。通常，人们习惯用统计域的 PDF 和频域的 PSD 来描述高斯抖动。图 3.19 中三种不同域中的结果给出了它们之间的联系。

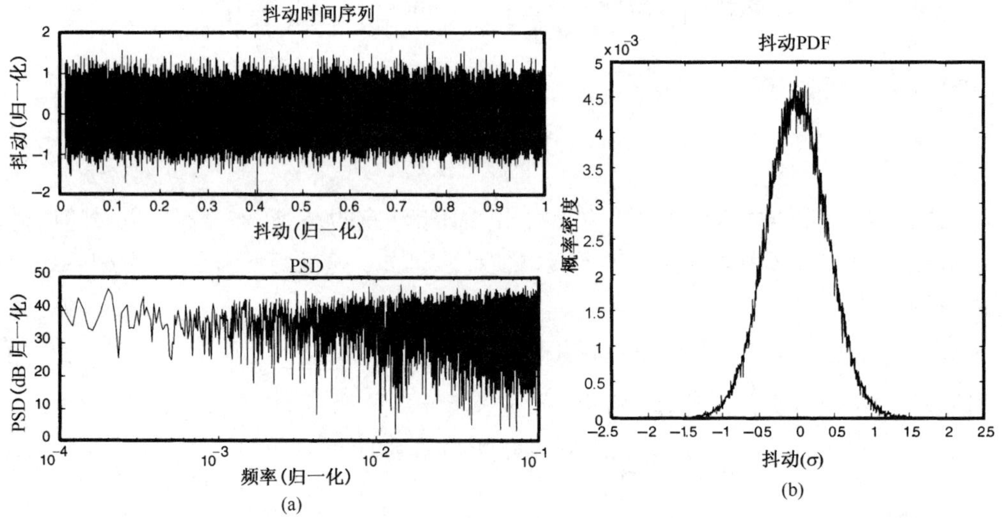

图 3.19　对同一高斯抖动源，10^6 采样条件下，(a)高斯抖动的时域记录和频域的PSD；以及(b)统计域的PDF

从分析的角度出发，可以用白噪声的 PSD 来近似表示高斯 PSD：

$$S_{GJ}(f)=\varepsilon \tag{3.40}$$

需要说明的是，白色 PSD 是考虑数学计算方便而提出的，物理上并不存在。它分布在无限的频率区间内，对应的能量无穷大，这与任何物理上实际的抖动和噪声都是矛盾的。图 3.20给出了高斯抖动/噪声源的 PSD。

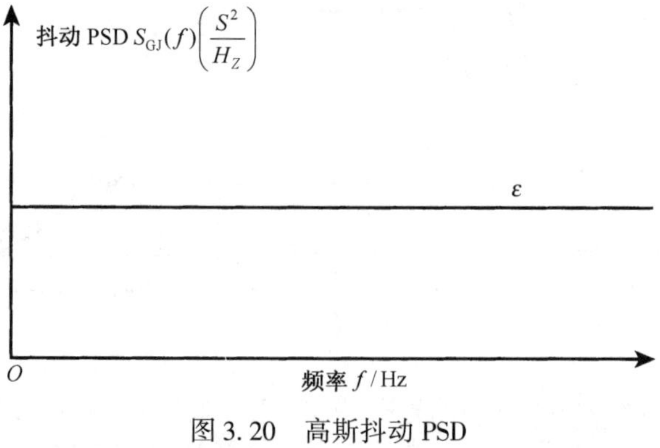

图 3.20　高斯抖动 PSD

3.2.2 高阶 $f^{-\alpha}$抖动

本节的重点是$f^{-\alpha}$类型 PSD 的高阶抖动过程。类似于高斯抖动，我们将从统计域 PDF 和频域 PSD 的角度来分析高阶的情况。

3.2.2.1 $f^{-\alpha}$抖动的 PDF

$f^{-\alpha}$是随机抖动过程的一般形式，例如，$\alpha=0$ 对应高斯/白抖动过程；$\alpha=1$ 对应闪烁抖动；$\alpha=2$ 对应积分白。当 IC 的特征尺寸减小到 90 nm 甚至更小时，高阶指数律的随机抖动就显得很重要。目前很少有相关文献提到高阶$f^{-\alpha}$抖动 PDF，通常都误认为它与高斯 PDF 相同。基于这些原因，下面需要重点关注$f^{-\alpha}$随机抖动的 PDF。

我们首先从f^{-2}入手，它的推导相对比较简单。设 $\Delta t_G(t)$ 表示时域的高斯随机抖动，相应的 PSD 为 $S_G(f)$，傅里叶频谱为 $\Delta t_G(f)$，于是有

$$S_{GJ}(f) \sim (\Delta t_{GJ}(f))^2 \sim \varepsilon \tag{3.41}$$

高斯随机抖动的时域积分表示如下：

$$\Delta t_{IG}(t) = \int_{-\infty}^{t} \Delta t_{GJ}(\tau)\mathrm{d}\tau \tag{3.42}$$

高斯抖动积分的 PSD 和频谱分别由 $S_I(f)$ 和 $\Delta t_I(f)$ 表示：

$$S_{IG}(f) \sim (\Delta t_{IG}(f))^2 \sim \frac{(\Delta t_{IG}(f))^2}{f^2} \sim \frac{\varepsilon}{f^2} \tag{3.43}$$

又因为

$$\Delta t_{IG}(f) = \mathrm{FT}(\Delta t_{IG}(t)) = \mathrm{FT}\left(\int \Delta t_{GJ}(t)\mathrm{d}t\right) \sim \frac{\Delta t_{GJ}(f)}{f} \tag{3.44}$$

式(3.43)和式(3.44)表明f^{-2}随机抖动的时域记录函数就是高斯积分，从而称其为高斯积分抖动。

根据式(3.44)的定理，我们采用蒙特卡罗仿真来分析f^{-2}随机抖动过程的 PDF。首先，通过蒙特卡罗随机数发生器产生高斯方差 $\sigma=1$ 的高斯随机抖动的时间序列 $\Delta t_{GJ}(t_n)$，仿真中采用 10^6 抖动采样。可以由式(3.42)得出高斯积分抖动时间序列的积分 $\Delta t_{IG}(t_n)$。$\Delta t_{GJ}(t_n)$ 和 $\Delta t_{IG}(t_n)$ 的结果如图 3.21 所示。

图 3.21 给出了f^{-2}随机抖动过程无界的“醉酒路线”特点。时域记录产生之后，可以确定高斯和高斯积分抖动过程的 PDF。图 3.22 给出了相应的 PDF 曲线。

可以看出，通过产生的随机数获得的高斯抖动 PDF，确实像它名字所说那样是高斯分布。进一步分析，对比高斯型与蒙特卡罗 10^6 采样可以看出在 3σ 量级下，它们之间的匹配度为 99.7%。但是高斯积分的 PDF 肯定不是高斯的，如果以高斯为种子生成高斯积分，那么高斯积分抖动将比高斯抖动本身大很多倍。

接下来还要讨论一个类似的观点，高斯时域记录的积分生成f^{-2}幂律的高斯积分 PSD；如果对高斯积分再次积分，将产生另一个高阶随机过程时间记录，它的 PDF 肯定不再服从高斯分布，并且它的 PSD 为f^{-4}幂律的 PSD。只有高斯过程或白 PSD 才对应着高斯 PDF，其他高阶的随机过程 PDF 都不是高斯的。过去的很多文献中都忽视了这个事实。

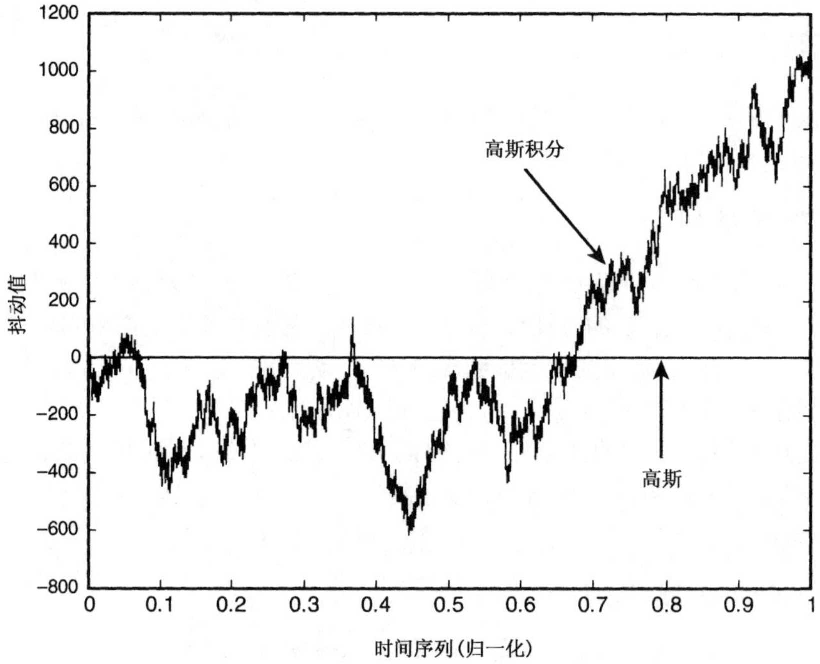

图 3.21 高斯过程 $\sigma=1$ 时的蒙特卡罗生成高斯和高斯积分抖动时间记录

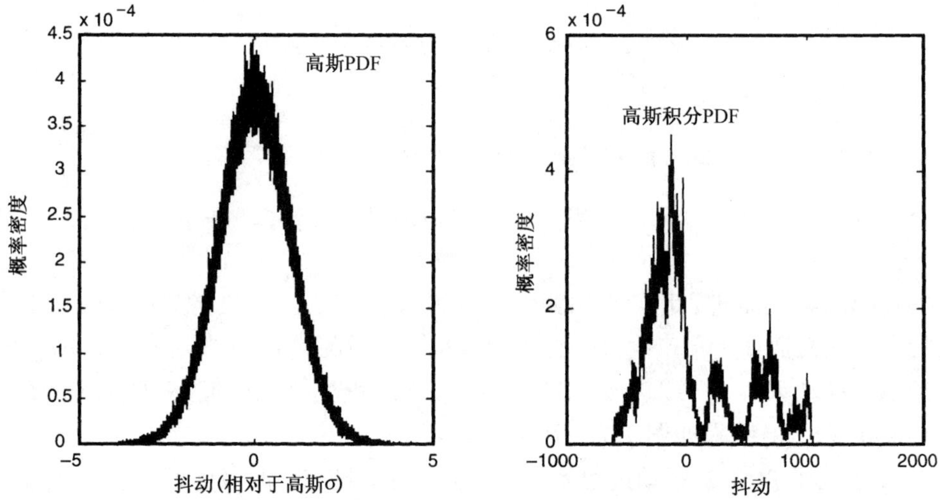

图 3.22 通过图 3.21 所示的抖动时间记录得出的高斯 PDF 和高斯积分 PDF

3.2.2.2 $f^{-\alpha}$的 PSD

众所周知，高斯的 PSD 具有“白色”的谱密度。式(3.41)~式(3.43)的结果给出了高斯积分具有 f^{-2} 幂律型的频谱。经过全面的分析，可以得出蒙特卡罗生成高斯和高斯积分的 PSD，这个过程是比较简单的。应用高斯抖动的时间记录(见图 3.21)，进行傅里叶变换就得出相应的频谱。这里采用了较长的时间记录，可以用谱的平方来逼近 PSD(见图 3.23)。

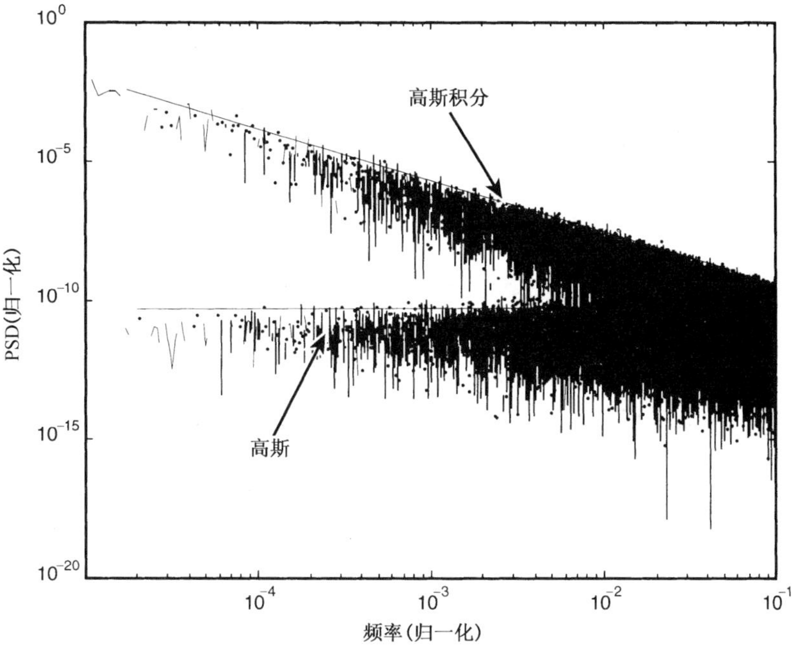

图 3.23 利用图 3.21 所示的抖动时间记录得出的高斯和高斯积分的 PSD，注意到高斯积分PSD近似遵循f^{-2}幂律型——两个量级/每十倍频程

图 3.23 中详细的分析结果表明，高斯和高斯积分的 PSD 均值或极大值分别近似于常数和f^{-2}幂律型。

通过对积分的验证可以推断，任何高阶的随机过程都是高斯白过程的积分。当然，这个“积分”是广义的，如果要产生一个奇次幂的 PSD 如f^{-1}，那么就必须调用“半”整数积分。正如前面f^{-2}幂律随机过程所证明的，高阶随机过程并不服从高斯 PDF 形式。

3.3 总抖动 PDF 与功率谱密度

本节讨论总抖动的 PDF 和各抖动分量 PDF，以及总抖动的 PSD 和各分量 PSD 之间的关系。

3.3.1 总抖动的 PDF

前面已经讨论过各种抖动分量和它们相应的 PDF 数学模型，现在一个问题就很自然地摆在我们面前：这些单个的 PDF 与实际测试和验证过程通常观察到的总抖动 PDF 之间是如何关联的。

在第 4 章中有详细的数学分析和推导，这里仅给出了最终结果，从概述的角度提出这个问题。假设所有的抖动分量是相互独立的，总抖动 PDF 是各独立的抖动分量 PDF 的卷积。在本章介绍的抖动分量基础上，表示如下：

$$f_{TJ} = f_{DDJ} * f_{PJ} * f_{BUJ} * f_{RGJ} * f_{RHJ} \tag{3.45*}$$

如果已知所有抖动分量的 PDF，则可以通过卷积唯一地确定总抖动 PDF。反之，如果其中一个分量的 PDF 未知，其他抖动的 PDF 都已知，那么可以通过反卷积来唯一确定未知抖动分量的 PDF。这个问题将在第 5 章做进一步讨论。

标 * 的公式很重要！

3.3.2 总抖动的功率谱密度

总抖动的 PSD 和各抖动分量的 PSD 之间的关系遵循能量守恒叠加定律。换句话说，就是各抖动分量的 PSD 之和等于总抖动的 PSD，公式如下：

$$S_{TJ} = S_{DDJ} + S_{PJ} + S_{BUJ} + S_{RGJ} + S_{RHJ} \tag{3.46*}$$

如果已知所有抖动分量的 PSD，那么可以通过线性相加运算唯一地确定总抖动的 PSD。反过来，如果其中一个分量的 PSD 未知，其他抖动的 PSD 都已知，那么可以通过减法运算来唯一确定未知抖动分量的 PSD。

3.4 小结

本章从时域、频域和统计域角度讨论了各自独立的抖动分量产生机理和相应的数学模型；根据时间序列记录，给出了频域 PSD 和统计域 PDF。本章还说明了总抖动的 PDF 和各抖动分量的 PDF 之间的卷积运算关系；从能量转换定理的属性证明了总抖动的 PSD 等于各抖动分量的 PSD 之和。这些总抖动与各抖动分量的 PDF 和 PSD 模型，是进行抖动和噪声分离与分析时的基础和基本构建单元。在后续章节进行抖动和噪声的分离和频谱分析时，会普遍地加以应用。

参考文献

1. J. Buckwalter, B. Analui, and A. Hajimiri, “Predicting Data-Dependent Jitter,” *IEEE Transactions on Circuits and Systems II, Analog Digital Signal Processing*, vol. 51, no. 9, pp. 450–457, 2004.
2. A. Sanders, M. Resso, and J. D’Ambrosia, “Channel Compliance Testing Utilizing Novel Statistical Eye Methodology,” IEC, DesignCon, 2004.
3. V. Stojanovic and M. Horowitz, “Modeling and Analysis of High-Speed Links,” IEEE, Customer Integrated Circuits Conference (CICC), 2003.
4. International Committee for Information Technology Standardization (INCITS), working draft of “Fibre Channel Methodologies for Jitter Specification-MJSQ,” rev. 14.0, 2004.
5. A. Kuo, T. Farahmand, N. Ou, S. Tabatabaei, and A. Ivannov, “Jitter Model and Measurement Methods for High-Speed Interconnectors,” IEEE International Test Conference (ITC), 2004.
6. R. Y. Rubinstein, *Simulation and the Monte Carlo Method*, John Wiley & Sons, Inc., 1981.
7. C. P. Robert and G. Cacsella, *Statistical Monte Carlo Method*, Springer, 2004.

第 4 章　抖动、噪声、误码率及相互关系

本章首先探讨总抖动 PDF 与各抖动分量 PDF 之间的关系，然后对于总噪声 PDF 与各噪声分量 PDF 的关系进行类似的分析。最后，讨论抖动和噪声同时存在情况下的二维联合 PDF 和 BER CDF。

本书的核心技术内涵是“抖动＋噪声”PDF。首先，它们分别构成了“眼图”的眼宽波动和眼高波动部分；其次，它们的优劣状况决定着一个更重要的统计量，这个统计量就是表征数据传输质量的“误码率(BER)”CDF；最后，本章的分析结论成为后续各章内容论述的基础和必要铺垫。

4.1　眼图和 BER 要点

本节将从更高的角度来介绍 BER、眼图以及它们与时序抖动和幅度噪声之间的关系。

串行数据通信系统出现误码，可能有下面一些原因：

- 时序抖动使得实际的边沿跳变早于或晚于理想的时序位置；
- 振幅噪声使得电压高电平低于参考阈值或者电压低电平高于参考阈值。

眼图是一种表现时序抖动和幅度噪声的方法，在眼图中将多个数据电平和边沿跳变叠加在一个 UI 范围内。眼图对被测信号的质量提供了总体定性的统计描述。图 4.1 显示了眼图及其相应的时序抖动和幅度 PDF。

在接下来的章节，将定量分析它们之间的关系。

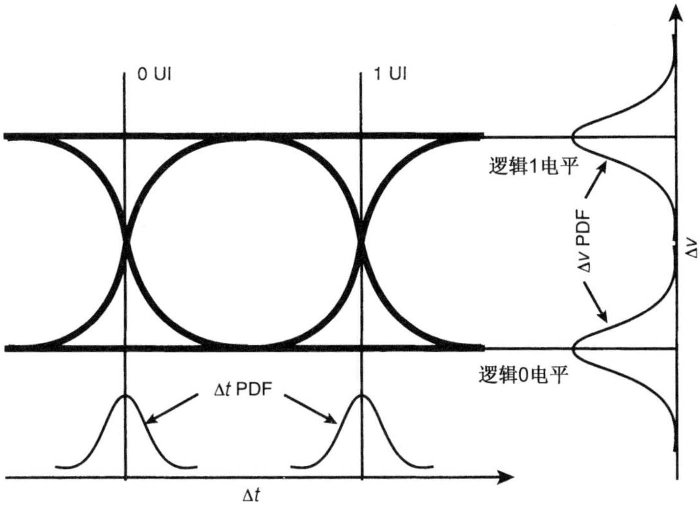

图 4.1　眼图及其相应的时序抖动 PDF(横轴)和幅度噪声 PDF(纵轴)

4.2 总抖动 PDF 与各分量 PDF 的关系

本节详细讨论总抖动 PDF 与其分量 PDF 之间的数学关系。

4.2.1 总抖动的 PDF

正如图 1.11 所示，抖动首先可以被分为确定性抖动(DJ)和随机抖动(RJ)。因为 DJ 和 RJ 由不同的独立源和机理造成，所以可以假设它们是相互独立的。回顾第 2 章中介绍的定理，两个独立变量之和的联合 PDF 是它们各自 PDF 的卷积，参见式(2.36)。通过这一定理，可以在已知 DJ 和 RJ 的 PDF 时求出总抖动的 PDF：

$$f_{TJ} = f_{DJ} * f_{RJ} \tag{4.1}$$

如图 4.1 所示，这里采用的状态变量是时序抖动 Δt，PDF 位于第一个过零点的 0 UI 处，或者位于第二个过零点的 1 UI 处。第二层划分进一步将 DJ 分为 DDJ，PJ 和 BUJ，如下式所示：

$$f_{DJ} = f_{DDJ} * f_{PJ} * f_{BUJ} \tag{4.2}$$

同样地，RJ 可以分为随机高斯抖动(RGJ)和随机高阶抖动(RHJ)，表示如下：

$$f_{RJ} = f_{RGJ} * f_{RHJ} \tag{4.3}$$

如果用第二层分类的分量来表示总抖动的 PDF，则可以得到下式：

$$f_{TJ} = f_{DJ} * f_{RJ} = f_{DDJ} * f_{PJ} * f_{BUJ} * f_{RGJ} * f_{RHJ} \tag{4.4}$$

式(4.4)的形式和式(3.45)一样，这里没有给出推导过程，直接给出最终的结论。式(4.4)表示总抖动 PDF 等于它所有分量的 PDF 进行卷积。这就提供了在已知所有抖动分量的 PDF 条件下，进行总抖动 PDF 估计的数学工具。反之，如果已知总抖动的 PDF 和部分分量的 PDF，就可以通过卷积的逆运算或反卷积来求得另一些分量的 PDF，我们用 $*^{-1}$ 来表示反卷积。如果已知总抖动的 PDF f_{TJ}，并且 5 个抖动分量中 4 个分量的 PDF 也已知，那么就可以通过反卷积运算唯一地确定第 5 个分量的 PDF。以式(4.1)为例，如果总抖动 PDF 和随机抖动 PDF 已知，那么可通过下式来求得确定性抖动的 PDF：

$$f_{DJ} = f_{TJ} *^{-1} f_{RJ} \tag{4.5}$$

如果已知总抖动的 PDF 和确定性抖动的 PDF，那么可以通过类似的公式求得随机抖动的 PDF：

$$f_{RJ} = f_{TJ} *^{-1} f_{DJ} \tag{4.6}$$

4.2.2 抖动 PDF 的卷积

下面给出如何利用抖动 PDF 的卷积来获得总抖动 PDF 的过程。在进行卷积运算之前，必须知道第一层抖动分类的 DJ 和 RJ 的 PDF f_{DJ} 和 f_{RJ}。

如式(3.33)所定义的，本节中假设 RJ 是高斯的或白色的，并且忽略高阶随机抖动的影响。同第 2 章所讨论的一样，由于造成 DJ 各分量的源和激励有多种可能，因此 DJ PDF 并没有固定的形式。在第 3 章中讨论过，采用式(3.7)定义的双狄拉克函数可以很好地近似 DCD PDF。此外，单频 PJ PDF 也可以通过双狄拉克模型来近似。从数学简化和证明的角度出发，考虑到实际的 DCD 和 PJ 分量的 PDF 非常接近双狄拉克模型，我们将假设 DJ PDF 为双狄拉克函数。

应用任意函数和双狄拉克函数的卷积等于其自身的线性移位这一性质，可以分析得出 DJ 的双狄拉克 PDF 和 RJ 高斯 PDF 的卷积[1]。式(4.7)表示了 TJ PDF。

$$f_{\mathrm{TJ}}(t)=\frac{1}{2\sqrt{2\pi}\sigma_{\mathrm{t}}}\left[\mathrm{e}^{-\frac{\left(t-\frac{D_{\mathrm{t}}}{2}\right)^{2}}{2\sigma_{\mathrm{t}}^{2}}}+\mathrm{e}^{-\frac{\left(t+\frac{D_{\mathrm{t}}}{2}\right)^{2}}{2\sigma_{\mathrm{t}}^{2}}}\right] \tag{4.7}$$

式中，D_{t} 为 DJ PDF 的峰–峰值；σ_{t} 为 RJ 的 σ 值。图 4.2 描绘了这个卷积过程。

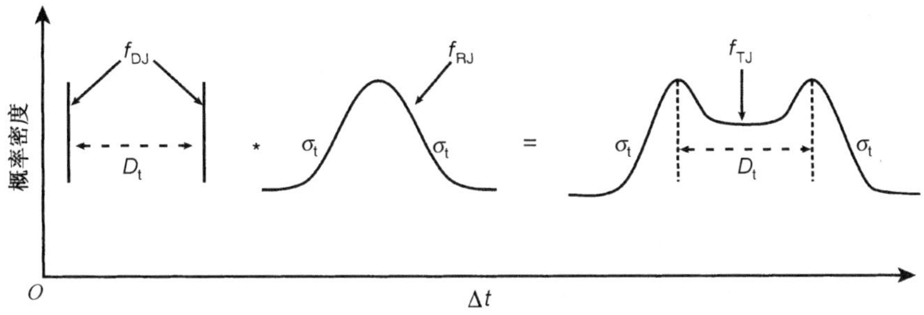

图 4.2　通过 DJ 和 RJ 的 PDF 卷积运算得出 TJ PDF 的过程

注意，TJ PDF 是具有相同峰值的双峰分布。两个峰值之间的距离和 DJ PDF 的峰–峰值是相同的。TJ PDF 的尾部区域形状和 RJ 高斯分布的尾部是相同的。显然，在这个例子中，TJ PDF 的某些特性源于 DJ 和 RJ 的 PDF。在已知 TJ PDF 的情况下，第 5 章对“反向”求解 DJ PDF 和 RJ PDF 的问题进行了很多深入的讨论。

4.2.3　眼图结构对应的抖动 PDF

图 4.1 中有两个 PDF：一个在时间点 0 UI 位置；另一个在时间点 1 UI 位置。它们均对应着电平交叉的位置。根据眼图构造的原理，在 0 UI 处的时序抖动 PDF 和 1 UI 处的时序抖动 PDF 是一样的。因此，总抖动的 PDF 具有两个相同的如式(4.7)所定义的 PDF，这两个 PDF 之间相隔为 1 UI 的时间差距。总抖动的 PDF 可由下式表示：

$$f_{\mathrm{TJ}}(t)=\frac{1}{4\sqrt{2\pi}\sigma_{\mathrm{t}}}\left[\mathrm{e}^{-\frac{\left(t-\frac{D_{\mathrm{t}}}{2}\right)^{2}}{2\sigma_{\mathrm{t}}^{2}}}+\mathrm{e}^{-\frac{\left(t+\frac{D_{\mathrm{t}}}{2}\right)^{2}}{2\sigma_{\mathrm{t}}^{2}}}\right]+\left[\mathrm{e}^{-\frac{\left(t-\mathrm{UI}-\frac{D_{\mathrm{t}}}{2}\right)^{2}}{2\sigma_{\mathrm{t}}^{2}}}+\mathrm{e}^{-\frac{\left(t-\mathrm{UI}+\frac{D_{\mathrm{t}}}{2}\right)^{2}}{2\sigma_{\mathrm{t}}^{2}}}\right] \tag{4.8}$$

眼图结构中所描述的 TJ PDF 形式类似于图 4.3 中的函数曲线。

显然，眼图的睁开程度主要取决于 TJ PDF 的形状和特性以及 UI 值。

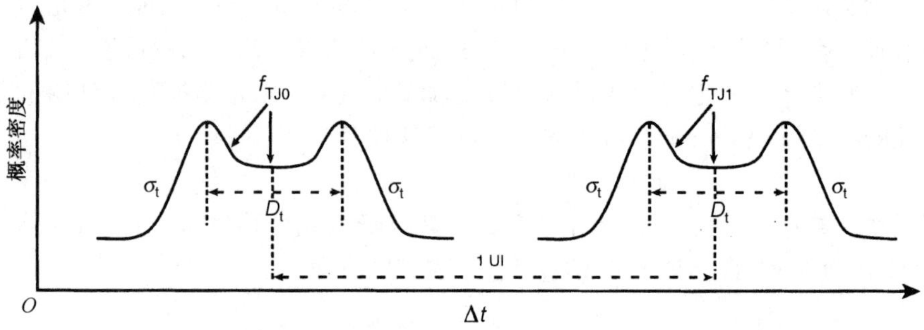

图 4.3 TJ PDF 由位于第一个过零点和第二个过零点的两个形状相同的 TJ PDF 组成

4.3 总噪声 PDF 与各分量 PDF 的关系

本节重点是分析如图 4.1 所示的在给定采样时间 $t_s(0<t_s<1\text{ UI})$ 处的幅度噪声 PDF。幅度噪声有两个 PDF：一个对应于逻辑 1 电平；另一个对应于逻辑 0 电平。我们将重点讨论其中之一，所得的数学分析结果对另一个同样适用。

本书有关幅度噪声的论述亮点是以类推归纳手法体现了噪声＋抖动→BER 框架的完备性和有效性。在此基础上，读者可以进一步对反射与串扰、SSN(同时开关噪声)等电源噪声，以及 EMI(电磁干扰)等问题进行深入分析研究。

4.3.1 总幅度噪声的 PDF

时序抖动的分量分类方案也同样适用于幅度噪声的分析，如图 1.12 所示。总噪声(TN)的第一层分类为确定性噪声(DN)和随机噪声(RN)。与式(4.1)类似，总幅度噪声的 PDF 可表示如下：

$$f_{TN}=f_{DN}*f_{RN} \tag{4.9}$$

这里考察的状态变量是幅度噪声 Δv，PDF 可以是逻辑 1 或高电平的，也可以是逻辑 0 或低电平的。在第二层分类中，DN 可分为 DDN，PN 及 BUN，如下式所示：

$$f_{DN}=f_{DDN}*f_{PN}*f_{BUN} \tag{4.10}$$

与此类似，RN 也可分为随机高斯噪声(RGN)和随机高阶噪声(RHN)，如下式所示：

$$f_{RN}=f_{RGN}*f_{RHN} \tag{4.11}$$

如果通过第二层分类的分量来表示总噪声的 PDF，那么可得

$$f_{TN}=f_{DN}*f_{RN}=f_{DDN}*f_{PN}*f_{BUN}*f_{RGN}*f_{RHN} \tag{4.12}$$

式(4.12)与时序抖动所对应的式(4.4)相类似。如果已知公式中三个变量中的两个时，就可以求出未知分量的 PDF。如果已知总噪声和随机噪声的 PDF 时，则可以通过下式来估计确定性噪声的 PDF：

$$f_{DN}=f_{TN}*^{-1}f_{RN} \tag{4.13}$$

在已知总噪声和确定性噪声的 PDF 时，也可以通过类似的公式来推导随机噪声 PDF：

$$f_{RN} = f_{TN} *^{-1} f_{DN} \tag{4.14}$$

4.3.2 噪声 PDF 的卷积

如果假设 DN PDF 是双狄拉克函数，RN PDF 是高斯函数，那么总噪声的 PDF 是 DN PDF 和 RN PDF 的卷积，可由下式表示

$$f_{TN}(v)=\frac{1}{2\sqrt{2\pi}\sigma_n}\left[e^{-\frac{\left(v-\frac{D_n}{2}\right)^2}{2\sigma_n^2}}+e^{-\frac{\left(v+\frac{D_n}{2}\right)^2}{2\sigma_n^2}}\right] \tag{4.15}$$

式中，D_n 为 DN PDF 的峰-峰值；σ_n 为 RN 的 σ 值。如图 4.4 所示，式(4.15)所定义的 PDF 形状类似于式(4.7)中定义的时序抖动 PDF。

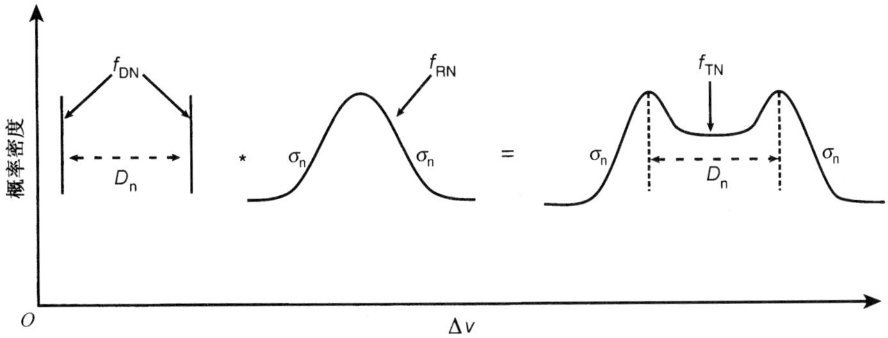

图 4.4　通过 DN 和 RN 的 PDF 卷积运算确定 TN PDF

正如前面所讨论过的，TN PDF 的性质与 TJ PDF 的类似。

4.3.3 眼图结构对应的噪声 PDF

与时序抖动的 PDF 不同，图 4.1 所示的眼图中幅度噪声的 PDF 在逻辑 1 电平和逻辑 0 电平时不一定是对称的。光纤通信的情况更是如此，由于其逻辑电平正比于光功率，从而造成逻辑高、低电平时不同的噪声量级和分布。当对称性被破坏时，必须为逻辑 1 和逻辑 0 引入两个不同的噪声 PDF。

我们假设 DN PDF 为双狄拉克函数，RN PDF 为高斯函数。于是，对于逻辑 1 电平，总幅度噪声 PDF 表示如下：

$$f_{TN1}(v)=\frac{1}{2\sqrt{2\pi}\sigma_{n1}}\left[e^{-\frac{\left(v-\frac{D_{n1}}{2}\right)^2}{2\sigma_{n1}^2}}+e^{-\frac{\left(v+\frac{D_{n1}}{2}\right)^2}{2\sigma_{n1}^2}}\right] \tag{4.16}$$

式中，D_{n1}表示 DN PDF 的峰-峰值；σ_{n1}表示 RN 的 σ 值。

与此类似，逻辑 0 的噪声 PDF 表示如下：

$$f_{\mathrm{TN0}}(v)=\frac{1}{2\sqrt{2\pi}\sigma_{\mathrm{n0}}}\left[\mathrm{e}^{-\frac{\left(v-\frac{D_{\mathrm{n0}}}{2}\right)^2}{2\sigma_{\mathrm{n0}}^2}}+\mathrm{e}^{-\frac{\left(v+\frac{D_{\mathrm{n0}}}{2}\right)^2}{2\sigma_{\mathrm{n0}}^2}}\right] \tag{4.17}$$

D_{n0}为逻辑 0 条件下的 DN PDF 峰–峰值，σ_{n0}为逻辑 0 条件下 RN 的 σ 值。

将逻辑 1 和逻辑 0 的情况同时考虑在内，此时总噪声的 PDF 为

$$f_{\mathrm{TN}}(v)=\frac{1}{4\sqrt{2\pi}\sigma_{\mathrm{n1}}}\left[\mathrm{e}^{-\frac{\left(v-V_{\mathrm{M}}-\frac{v_{\mathrm{n1}}}{2}\right)^2}{2\sigma_{\mathrm{n1}}^2}}+\mathrm{e}^{-\frac{\left(v-V_{\mathrm{M}}+\frac{D_{\mathrm{n1}}}{2}\right)^2}{2\sigma_{\mathrm{n1}}^2}}\right]+\frac{1}{4\sqrt{2\pi}\sigma_{\mathrm{n0}}}\left[\mathrm{e}^{-\frac{\left(v-\frac{D_{\mathrm{n0}}}{2}\right)^2}{2\sigma_{\mathrm{n0}}^2}}+\mathrm{e}^{-\frac{\left(v+\frac{D_{\mathrm{n0}}}{2}\right)^2}{2\sigma_{\mathrm{n0}}^2}}\right] \tag{4.18}$$

V_{M} 表示逻辑 1 和逻辑 0 之间的电压均值之差。

图 4.5 显示了眼图结构所对应的 TN PDF。

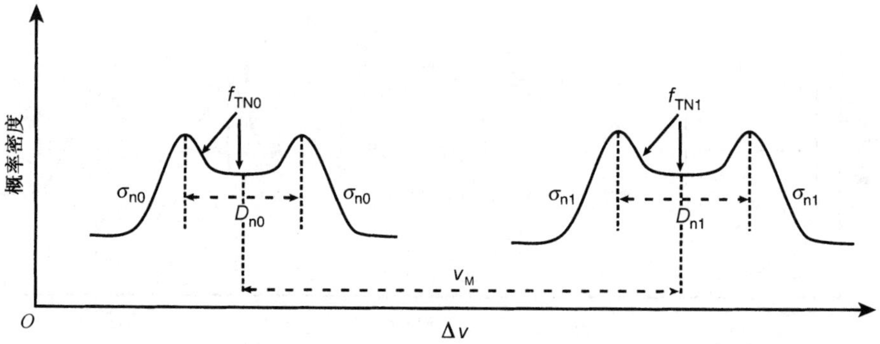

图 4.5　TN PDF 由对应于逻辑 0 和逻辑 1 的两个 PDF 组成

显然，电压眼图睁开程度主要取决于 TN PDF 的形状和特性以及 V_{M} 值。此外，过大的 σ_{n1}和 σ_{n0}不仅会引起电压内眼闭合，而且会造成外眼过大，表明对器件的驱动已经过度。

4.4　时序抖动和幅度噪声的联合 PDF

4.2 节和 4.3 节中分别讨论了时序抖动的 PDF 和幅度噪声的 PDF，但是忽略了时序抖动和幅度噪声的 PDF 之间可能存在的相关性。本节将把讨论拓展到时序抖动和幅度噪声相关时的一般情况。

4.4.1　通用二维 PDF

在串行数据通信中，时序抖动或幅度噪声，或者两者同时存在时都会影响系统的 BER。因此，在给定幅度或电压阈值条件下的时序抖动 PDF，或在给定采样时间处的幅度噪声 PDF 都只是对整个统计问题进行了局部的数学描述。BER PDF 的完整描述是二维的或两变量的问题，应当采用多变量统计 PDF 来描述。此外，时序抖动和幅度噪声通常并不是完全相互独立的，特别是在边沿跳变时刻。我们需要将时序抖动 Δt 和幅度噪声 Δv 综合起来，用$f(\Delta v,\ \Delta t)$

来描述 PDF。估计$f(\Delta v, \Delta t)$的方法之一是利用条件概率 PDF 和相互独立的 PDF，其关系式如下：

$$f(\Delta v,\Delta t)=f_{\Delta v|\Delta t}(\Delta v\mid \Delta t)f_{\Delta t}(\Delta t)=f_{\Delta t|\Delta v}(\Delta t\mid \Delta v)f_{\Delta v}(\Delta v) \tag{4.19}$$

式(4.19)将二维 PDF 转换成一个条件 PDF 和一个独立 PDF 的乘积形式。如果形成抖动的机理是给定边沿速率下的幅度调制，同时又已知电压沿时间的压摆率，此时就可以通过式(4.19)来计算联合 PDF。

4.4.2　二维高斯分布

实际中经常遇到的一种情况是时序抖动和幅度噪声都是随机高斯分布，并且它们之间是相关的，此时的联合分布是什么样的呢？接下来的公式表示了这样的联合分布，又称为二变量高斯分布[2]：

$$f_{\mathrm{GG}}(\Delta v,\Delta t)=\frac{1}{2\pi\sigma_{\mathrm t}\sigma_{\mathrm n}\sqrt{1-\rho^2}}\mathrm e^{\frac{-1}{2(1-\rho^2)}\frac{(\Delta t-\mu_{\mathrm t})^2}{\sigma_{\mathrm n}^2}-2\rho\frac{(\Delta t-\mu_{\mathrm t})(\Delta v-\mu_{\mathrm n})}{\sigma_{\mathrm t}\sigma_{\mathrm n}}+\frac{(\Delta v-\mu_{\mathrm n})^2}{\sigma_{\mathrm n}^2}} \tag{4.20}$$

式中，$\mu_{\mathrm t}$ 和 $\sigma_{\mathrm t}$ 分别为时序抖动的均值和方差；$\mu_{\mathrm n}$ 和 $\sigma_{\mathrm n}$ 分别为幅度噪声的均值和方差；ρ表示时序抖动和幅度噪声的相关系数。如第 2 章中所述，当$\rho=\pm1$ 时，时序抖动和幅度噪声是线性相关的。当$\rho=0$时，它们是不相关又是相互独立的。

式(4.20)所示的二维高斯分布并不能简单直接地应用到解决二进制串行通信的问题上，尤其是用于所谓的“眼图”PDF 轮廓上。使问题复杂的原因是，由于均值和方差未必总是常数，尤其是在边沿跳变时。

4.5　BER 与抖动/噪声的关系

时序抖动和幅度噪声影响误码率的机理是相似的，但也并非完全相同。当抖动值和采样时刻的相对时序关系超出预期的范围，就会导致误码。当幅度噪声和采样电压的相对电位超过预期的范围，幅度噪声和误码的关系也会有同样的结论。但是，也有不同之处，时序抖动只有在边沿跳变时才会导致误码，但是幅度噪声在任何时刻都可能导致误码。换句话说，振幅噪声是个固定的函数。这里将首先分析时序抖动 PDF 和 BER CDF 的关系，然后再考虑幅度噪声和 BER CDF 的关系。在完成上述两步之后，我们将讨论时序抖动和幅度噪声同时影响下的BER CDF。

关于 BER 浴盆曲线的论述很重要，很实用！值得精读。

4.5.1　时序抖动和 BER

时序抖动 PDF 和 BER CDF 之间的关系可以很容易地用图 4.6 解释，该图表示二进制数字传输系统中的情况。它表示了一个逻辑“1”比特与两个“0”比特之间进行 0 – 1 和 1 – 0 跳变。我们首先研究 0 – 1 边沿跳变处的 BER CDF。如图 4.6 所示，抖动和 BER 的因果关系

与采样时刻位置 t_s 密切相关。对于 0 - 1 跳变的抖动 PDF，任意发生在采样时刻 t_s 右侧的边沿跳变都会导致一个比特出错。BER CDF 函数表示所有的边沿跳变抖动值大于采样时间 t_s 的情况。从图形上看，BER CDF 是抖动 PDF 曲线下抖动大于采样时刻 t_s 的区域，如图 4.6 中的阴影部分所示。从数学描述的角度看，它相当于 0 - 1 跳变时的 PDF 在 t_s 到∞区间的积分。

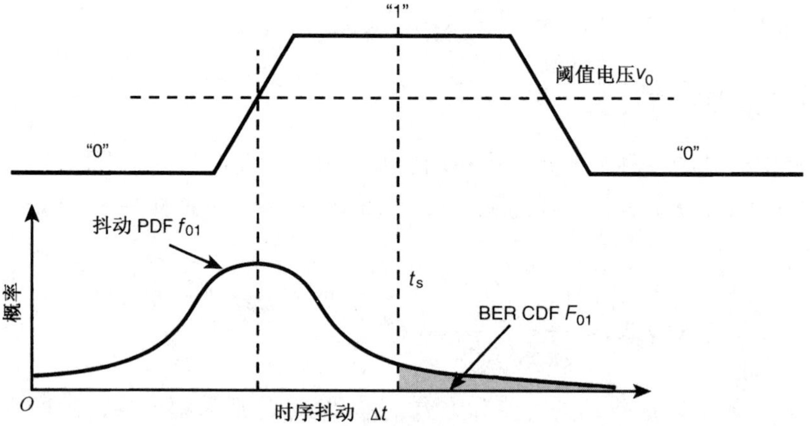

图 4.6 数字 0 和 1 比特以及抖动 PDF 和以采样时刻 t_s 为自变量的 BER CDF 的图示关系

在指定阈值电压 v_0 处 0 - 1 跳变时刻发生时序抖动的 PDF 记为 $f_{01}(\Delta t)$。若 0 - 1 跳变的整体概率或跳变密度为 P_{01}，则 0 - 1 边沿跳变处抖动的 PDF 对应的 BER CDF 如下所示：

$$F_{01}(t_s) = P_{01}\int_{t_s}^{\infty} f_{01}(\Delta t)\mathrm{d}\Delta t \tag{4.21}$$

显然，这个 0 - 1 边沿跳变所对应的 BER CDF，即 $F_{01}(t_s)$，是采样时刻 t_s 从比特 UI 中心处向边沿跳变时刻位移时的非减函数。

以此类推，还可以很容易求得逻辑 1 - 0 边沿跳变的抖动 PDF 所对应的 BER CDF。在这种情况下，所有发生在采样时刻 t_s 之前的边沿跳变都会造成误码，BER CDF 是这些边沿跳变的积分。如果我们定义在指定阈值电压 v_0 处 1 - 0 跳变时刻发生的抖动 PDF 为 $f_{10}(\Delta t)$，1 - 0 边沿跳变的整体概率是 P_{10}，那么 1 - 0 边沿跳变的抖动 PDF 对应的 BER CDF 如下所示：

$$F_{10}(t_s) = P_{10}\int_{-\infty}^{t_s} f_{10}(\Delta t)\mathrm{d}\Delta t \tag{4.22}$$

总体的 BER CDF 由 0 - 1 和 1 - 0 边沿跳变情况共同组成。也即式(4.21)和式(4.22)相加，如下式所示：

$$F_{v0}(t_s) = P_{01}\int_{t_s}^{\infty} f_{01}(\Delta t)\mathrm{d}\Delta t + P_{10}\int_{-\infty}^{t_s} f_{10}(\Delta t)\mathrm{d}\Delta t \tag{4.23}$$

因为 BER CDF 是采样时刻 t_s 的非减函数，它的形状通常如图 4.7 所示。

因为 BER CDF 的形状像个浴盆，所以有时也把它称为 BER 浴盆曲线。

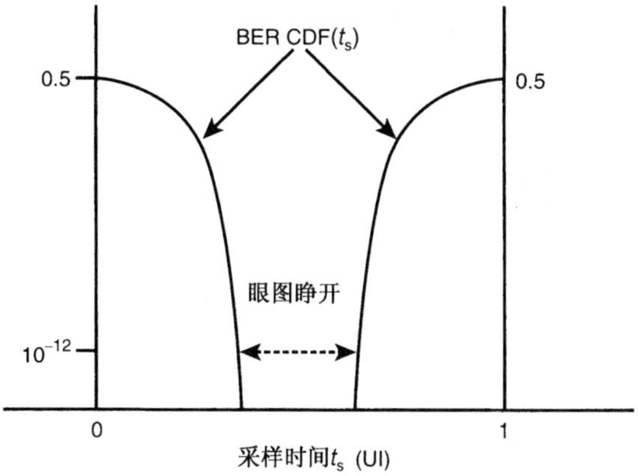

图 4.7　抖动对应的以采样时刻 t_s 为自变量的 BER CDF 函数

4.5.2　幅度噪声和 BER

与时序抖动相类似，可用图 4.8 解释幅度噪声与 BER 之间的关系。除了这里讨论的是幅度噪声 PDF 以外，其他和图 4.6 都是类似的。如图 4.8 所示，幅度噪声和 BER 之间的因果关系与采样电压电平 v_s 密切相关。对于逻辑“1”的噪声 PDF，任何出现在低于采样电压电平 v_s 区域内的逻辑 1 电平都将导致比特 1 被误检测为比特 0，从而造成误码。在指定的采样时刻和阈值电压条件下，幅度噪声对应的 BER CDF 表示所有受噪声干扰的逻辑 1 电位值低于采样电压 v_s 的情况。从图形上来看，BER CDF 表示幅度噪声 PDF 曲线下幅度噪声小于采样电压 v_s 的区域，如图中阴影部分所示。从数学角度来看，对应于 PDF 函数从 $-\infty$ 到 v_s 的积分。

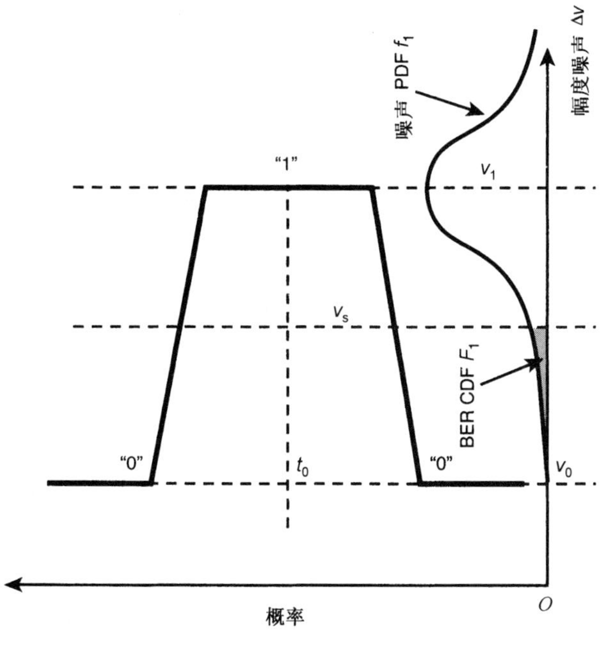

图 4.8　数字 0 和 1 比特以及逻辑 1 幅度噪声 PDF 和以采样阈值电压 v_s 为自变量的 BER CDF 图示关系

在指定时刻 t_0 处的逻辑 1 幅度噪声 PDF 被定义为 $f_1(\Delta v)$。比特 1 跳变的概率为 P_1。对应于逻辑 1 电位幅度噪声 PDF 的 BER CDF 表示为

$$F_1(v_s) = P_1 \int_{-\infty}^{v_s} f_1(\Delta v) \mathrm{d}\Delta v \tag{4.24}$$

幅度噪声 PDF 对应的 BER CDF 是采样电压 v_s 沿幅度方向或纵轴方向、朝比特数据单元中心位置的采样时刻 t_0 所对应的逻辑 1 或逻辑 0 的均值位移时的非减函数。

以此类推，也可以估计出与逻辑 0 相应的噪声 PDF 所对应的 BER CDF。在这种情况下，所有发生在采样电压 v_s 电位之上的比特 0 将会被误检测为比特 1，导致误码。此时 BER CDF 是对所有这些区间的积分。如果我们定义在给定时刻 t_0 处逻辑 0 所对应的噪声 PDF 为 $f_0(\Delta v)$，比特 0 的概率为 P_0，则相应的 BER CDF 如下所示：

$$F_0(v_s) = P_0 \int_{v_s}^{\infty} f_0(\Delta v) \mathrm{d}\Delta v \tag{4.25}$$

此时，比特 0 和比特 1 所对应的噪声对总的 BER CDF 都有影响。如式(4.26)所示，其值等于式(4.24)和式(4.25)的相加：

$$F_{t0}(v_s) = P_0 \int_{v_s}^{\infty} f_0(\Delta v) \mathrm{d}\Delta v + P_1 \int_{-\infty}^{v_s} f_1(\Delta v) \mathrm{d}\Delta v \tag{4.26}$$

与时序抖动对应的 BER CDF 一样，幅度噪声对应的 BER CDF 是关于采样电压 v_s 的非减函数。其形状通常如图 4.9 所示。

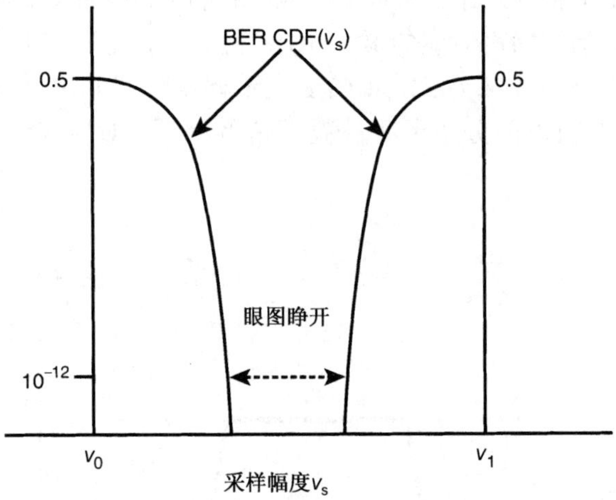

图 4.9 幅度噪声对应的以采样阈值电压幅度为自变量的 BER CDF 函数

4.5.3 抖动和噪声共同作用下的 BER

在实际通信系统中，时序抖动和幅度噪声两者都是影响 BER 的因素。因此，为了准确完整地估计 BER CDF，必须将时序抖动和幅度噪声加以统一考虑。换句话说，完整的 BER CDF 至少应该是一个两变量的函数。进一步，这两个变量可能不是相互独立的，特别是在边沿跳变的时间-幅度区域之内。在边沿跳变时间窗内，幅度噪声和时序抖动的相关程度要看它们精确的相关性表征。例如在第 1 章中所提到的，由于“压摆率”的扰动效应，随机幅度噪声可以造成随机时序抖动。相反，在时序逻辑系统(触发器)中时钟的时序抖动只会引起数据的时

序抖动，它不会引起比特中心逻辑 1 或逻辑 0 电平的幅度噪声。在比特中心位置，边沿跳变要么已经完成，要么还没有开始，只有幅度噪声是影响 BER 的主要因素。在这个区域中，幅度噪声和抖动的相关性比较弱或者接近零。图 4.10 显示了眼图不同区域内的相关性。

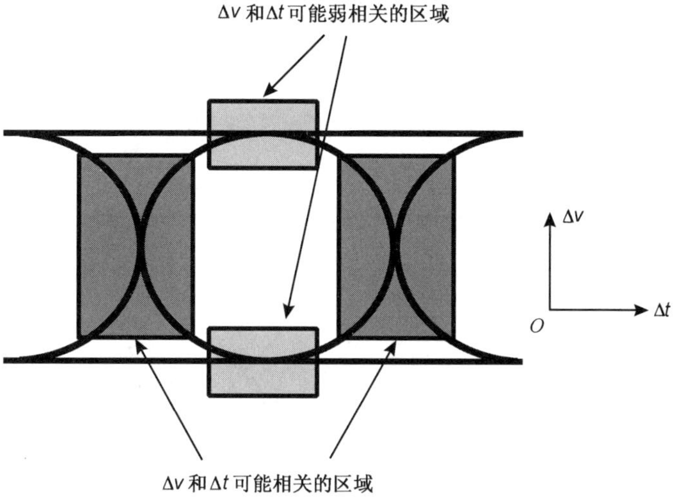

图 4.10　时序抖动和幅度噪声相关性的图形化和定性表示

如果定义幅度噪声 Δv 和时序抖动 Δt 的联合概率密度函数为 $f(\Delta t, \Delta v)$，则正如图 4.10 所示，在部分区域 Δv 和 Δt 两者之间没有相关性，但通常情况下它们是相关的。合并式(4.23)和式(4.26)，用幅度噪声和时序抖动的联合概率密度函数来代替它们的单变量概率密度函数，此时以采样时刻 t_s 和采样电压 v_s 为自变量的 BER CDF 表示为

$$F_{\mathrm{BER}}(t_s, v_s) = P_{01}\int_{t_s}^{\infty} f(\Delta t, \Delta v)\Big|_{v=v_s} \mathrm{d}\Delta v + P_{10}\int_{-\infty}^{t_s} f(\Delta t, \Delta v)\Big|_{v=v_s} \mathrm{d}\Delta v + P_1\int_{v_s}^{\infty} f(\Delta t, \Delta v)\Big|_{t=t_s} \mathrm{d}\Delta t + P_0\int_{-\infty}^{v_s} f(\Delta t, \Delta v)\Big|_{t=t_s} \mathrm{d}\Delta t \tag{4.27}$$

注意，这里给出的二维 BER 函数，实际上它的维数可以多于二维。例如，BER CDF 可能还与位流模式或者编码方案有关。它与跳变密度和逻辑 1 或逻辑 0 的概率等参数密切相关。为了验证这种情况，表 4.1 列出了数据通信中常用的测试波形模式的参数。

表 4.1　测试波形及相应概率

模　式	P_0	P_1	P_{01}	P_{10}
K25.5	50%	50%	26.3%	21.1%
K28.7	50%	50%	10.0%	5.0%
PRBS 2^7-1	50%	50%	24.4%	25.2%
极端游程模式	90%	10%	10.0%	5.0%

表 4.1 说明了以下几个关键点：

- P_{01} 和 P_{10} 可以不同。
- P_{01} 和 P_{10} 通常小于 25%。
- P_0 和 P_1 不一定是 50%。

这个例子反映了假设50%的跳变密度并假设逻辑1和逻辑0各为50%的发生概率的传统方法中关于信号模式的假设是不合适的

式(4.27)解决了大多数BER分析方法中的不足。当通信系统中同时存在时序抖动和幅度噪声时，式(4.27)提供的BER估计精确度最高。

为了说明二维BER等高线和三维BER视图中的BER CDF，假设Δt和Δv是相互独立的。图4.11演示了BER量级所对应的眼图等高线。较小的BER等高线表示了接收器的最佳采样区域。同样，BER等高线也快速地给出了在给定BER量级，例如10^{-12}情况下总抖动和总噪声的容限。

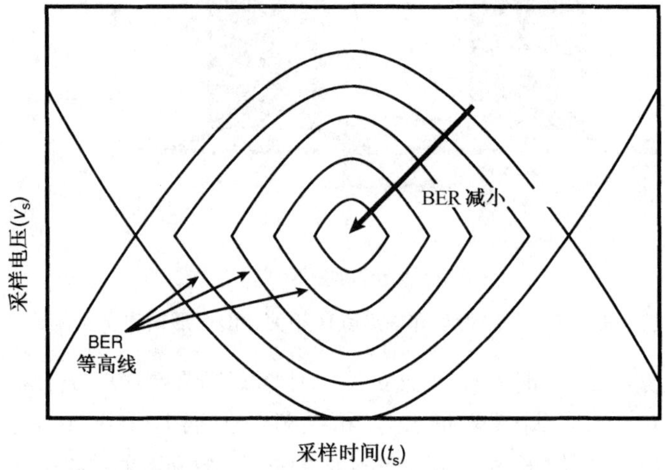

图4.11　二维等高线标出各种BER区域

图4.12演示了三维BER函数或者"浴盆曲表面"图。它比传统的时序抖动"剖切"的浴盆曲线视图包含的信息量更多。利用这样的图形，可以确定在给定电压和BER量级条件下的总时序抖动。同样地，也可以确定在给定时间点的总幅度噪声和BER量级。

前面以时序抖动/采样时刻、幅度噪声/采样幅度、时间和波形模式特征等为高阶变量维数，论证了大于二维的PDF函数$f(\Delta t, \Delta v)$和BER函数$F_{BER}(t_s, v_s)$。当然，PDF和BER(或者累积PDF)的n维特性也可以从下述这些低维数角度加以观察：

- 某特定的一个或多个模式跳变时的PDF/BER，或者模式无特定跳变时的PDF/BER CDF；
- 发送/接收信号的数据速率；
- 测试用波形模式的跳变密度或者最大游程；
- 基线漂移，环境变化/漂移；
- 各种时序抖动/幅度噪声分量，包括占空失真(DCD)、符号间干扰(ISI)、数据相关性分量、周期性分量、确定性分量、热分量、$1/f^n$分量、散弹噪声分量、随机分量；
- 反射、串扰、振铃、地弹、非故意调制、干扰；
- 光纤通信中的色散(CD)、极化模式色散(PMD)、波长偏移/展宽、非线性散射、四波混频、线性调频、串扰等。

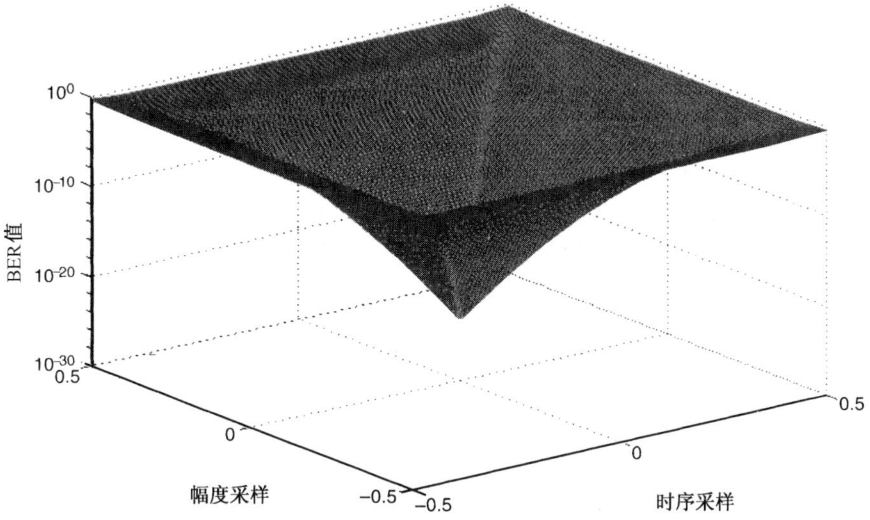

图4.12 以采样时序和幅度为自变量的三维 BER 函数曲表面图

这些扩展的例子表明实际的 PDF 和 BER 函数是 n 维的[3]。

上述内容属于研究 BER 的开放性专题，值得践行和体会。

由于数据率增加和相应的眼图塌陷使得多维 PDF 和 BER CDF 成为重要的研究课题。已经发表了许多关于该课题的详尽的数学分析成果。例如，Sanders，Resso 和 D'Ambrosia[4] 在链路结构、发送器、媒质和接收器的某些假设条件下，从链路信令建模的角度给出了关于多维眼图和 BER CDF 估计的一些高层次、非常抽象的数学表征。

4.6 小结

本章从较高的层次入手介绍了眼图、BER、抖动和噪声之间的关系。然后重点研究了时序抖动 PDF 和各抖动分量 PDF 之间的关系，例如第一层抖动划分的 DJ 和 RJ、第二层划分中 DJ 的分量 DDJ，PJ 和 BUJ 以及高斯及高阶高斯随机抖动。关键点是利用卷积运算从各分量的 PDF 中求解总抖动的 PDF，以及利用反卷积在已知总抖动 PDF 和部分分量 PDF 的情况下求出某未知分量的 PDF。本章将类似的方法扩展到总幅度噪声 PDF 和它的各分量 PDF 的分析中。在此基础上，进一步介绍了多维联合 PDF，包括时序抖动和幅度噪声的状态变量，以及如何利用抖动 PDF 和噪声 PDF 去估计联合 PDF。此外还探讨了时序抖动对应的 BER CDF 及它与抖动 PDF 之间的关系，同样对于幅度噪声对应的 BER CDF 及它与噪声 PDF 之间的关系也进行了类似的分析。最后，从抖动和噪声 PDF 以及它们之间的相关性入手，介绍了与它们相对应的多维 BER CDF。这些基于时序抖动和幅度噪声的 PDF 及 BER CDF 的分析结论将成为后续章节的基础知识。

参考文献

1. A. V. Oppenheim, A. S. Willsky, and S. H. Nawab, *Signals & Systems*, Prentice Hall, 1996.
2. S. Kotz, N. Balakrishnan, and N. L. Johnson, "Continuous Multivariate Distributions," vol. 1, *Models and Applications,* John Wiley & Sons, Inc., 2000.
3. M. Li, J. Wilstrup, and J. Hamre, "N-dimensional determination of Bit-error rates," a pending U.S. patent application, filed in January 2004.
4. A. Sanders, M. Resso, and J. D'Ambrosia, "Channel Compliance Testing Utilizing Novel Statistical Eye Methodology," IEC, DesignCon, 2004.

第 5 章　统计域抖动及噪声的分离与分析

这一章重点探讨统计域中的抖动分离技术。首先，在理解抖动和实际应用的基础上，从价值与效益的角度出发探讨为什么必须进行抖动分离。然后，讨论在给定抖动过程的 PDF 和 CDF 观测量的前提下抖动的分离方法，详细介绍众所周知目前应用比较广泛的尾部拟合方法[1]。最后，讨论 DJ PDF 的双狄拉克模型及其精度。

> 本章只介绍统计域的抖动分离技术。读者可以作为知识性内容加以了解和学习。

5.1　抖动分离的原因和目的

这一节讨论将抖动分离成各个子分量的动机和原因。首先，从理解、实际分析和测试的角度讨论进行抖动分离的必要性；然后，再从诊断、表征和调试的角度讨论对抖进行动分离的需求。

5.1.1　实际抖动分析及测试中的直接观测量

第 3 章和第 4 章讨论了 DDJ，PJ，多个 PJ 和 RJ 的抖动分量模型。然而在实际应用中，一般情况下遇到的抖动过程是包含所有分量的，在测试和测量领域尤其如此。为了了解抖动的根源，分离并识别每种抖动分量是非常必要的。

在时域测量中，可以针对某个特定的边沿跳变来测量抖动，或者是对一段时间跨度内许多边沿跳变来测量抖动。对于每一种情况，可以采样到每个边沿跳变的许多个抖动样本，这样就能够收集并分析得到的统计信息。当收集到单个边沿跳变或者一段时间跨度内多个边沿跳变的抖动样本的统计量时，也就获得了抖动的 PDF 或者直方图的直接观测值。然而，对于单个边沿抖动的 PDF 和一段时间跨度内多个边沿抖动的 PDF，两者频数的含义是不同的。当得到的是一段时间跨度内多个边沿跳变的统计样本时，频域中的抖动谱或功率谱密度（PSD）的观测值才是有效的。再者，可以通过测量得到 BER 函数或抖动 CDF 的观测值，但是却很难从抖动 CDF 中获得抖动谱信息，这是因为 CDF 是 PDF 的积分，而且它处于高熵状态。

这些原始或直接的 PDF 与 CDF 的观测量、频谱可以揭示一些信息，如总峰-峰值（pk-pk）或均方根（rms）。但是，它们并没有提供各个抖动过程所包含的线索或详细信息，或者给出有多少抖动量来自 DJ 过程或 RJ 过程。所以，如果没有进一步的分析或数据后处理，那么直接观测值对于理解抖动过程和分量量化表征将是没有用的。

5.1.2 表征、诊断和调试中的需求

抖动分量信息不仅对了解抖动过程非常有用，对器件的性能描述、诊断和调试也是很重要的。抖动分量和它的时域/频域特性为研究抖动过程中含有的抖动分量种类及其大小提供了信息。例如，RJ 一般与 IC 制造工艺、边沿速率或边沿斜率有关。如果某个器件因为它的 RJ 太大而在抖动测试中性能差，则可能是由于边沿速率慢或者不纯的制造过程工艺。又如，当 DDJ 是某个链路信道媒质性能恶化的主要机理时，这个信道媒质的带宽可能是受限的，此时需要采用信道均衡或补偿技术来提高 DDJ 性能。再如，当 PJ 为导致抖动失效的主因时，PJ 的频率和幅度信息反映了 PJ 的来源，可以以此确定是否是由于开关电源、不希望出现的串扰、干扰或者调制引起的。因此，为了表征和调试的目的，时域、频域和统计域信息都是不可或缺的重要信息。

5.1.3 统计域中抖动分离方法概述

5.1.1 节和 5.1.2 节重点讨论了通过直接观测量来进行抖动分离的原因和动机。在时域、频域、统计域中都有各自关于抖动的直接观测量。因此，这三种域中都可以进行相应的抖动分离。本章的重点是在统计域中给定抖动 PDF 或 BER CDF 时，如何进行抖动分离。而时域和频域中的抖动分离将在第 6 章中讨论。5.2 节讨论基于 PDF 的抖动分离；5.3 节讨论基于 BER CDF 的抖动分离；5.4 节讨论不做曲线拟合的简化抖动模型精度及其局限性。

5.2 基于 PDF 的抖动分离

经常遇到的抖动直接统计观测量是它的 PDF 或者直方图，这可以通过诸如时间区间分析仪(TIA)或采样示波器这些仪器获得。如前面已经指出的那样，取决于不同的 PDF 获取方式，抖动 PDF 的频率响应或包含的信息可能不同。在第 6 章中讲述频率信息或频谱。这一节假设频率信息是由所使用的测量或仿真的采样函数来决定的，但并不去详细地考虑是高频抖动的 PDF 还是低频抖动的 PDF。

5.2.1 针对 PDF 的尾部拟合法

让我们来观察一个边沿跳变时抖动的 PDF(或直方图)，这一抖动的 PDF 反映的是与该边沿跳变相关 DJ 和 RJ 的混合过程。这里，仍然假设用于获得抖动 PDF 的时序参考为理想时钟。这一假设已经一直沿用至今。但是，据我们所知，在参考文献[1]之前，还没有理论或方法提到将总抖动(TJ)分解成 DJ 和 RJ 分量。基于包括 DJ 和 RJ 分量在内的总 PDF，在以往量化表征抖动时采用简单、直观的统计峰-峰值和均方差 σ 做表征。根据第 4 章中介绍的抖动模型，可以明确地说，量化表征抖动的正确方式应当是采用正确的度量标准来分析每一种抖动分量。例如，用峰-峰值来描述 DJ，因为 DJ 是有界的，用均方差 σ 来描述 RJ，因为 RJ 是无界、随机的。我们假设 RJ 是白色的，因此高斯模型是度量 RJ 的一种很好模型。

下面的几小节中，介绍将总抖动 PDF 分解成 DJ 和 RJ PDF 的尾部拟合法。

5.2.1.1　总抖动的 PDF 及其与 DJ PDF 和 RJ PDF 的关系

DJ 与 RJ 通过卷积之后，一个明显结果就是 PDF 的尾部反映了随机抖动过程。如果随机抖动是由于半导体中电子或空穴的随机运动引起的，那么当处于平衡状态时，这些粒子的随机速度就可以用高斯分布获得最佳描述。这也是采用高斯模型描述随机抖动的另一个合理理由。因为可能是多温度粒子分布，所以需要多高斯分布函数对随机抖动过程建模。单高斯抖动的 PDF 定义如下：

$$f_{\mathrm{RJ}}(\Delta t)=\frac{1}{\sqrt{2\pi}\sigma}\mathrm{e}^{-\frac{(\Delta t-\mu)^2}{2\sigma^2}} \tag{5.1}$$

式中，Δt 表示抖动；μ和 σ 分别表示高斯分布的均值和均方差。

从观察的角度分析，测量或仿真得到的总抖动直方图表示的是有点放大的总抖动 PDF。分布图的拖尾部分很大程度上取决于随机抖动过程。一般来讲，该随机过程是高斯类型的分布。随机抖动可以通过高斯分布的均方差 σ 来量化表征，而 DJ 可以通过峰–峰值来量化表征。

当不存在 DJ 分量时，总抖动 PDF 应该服从高斯分布。在这种情况下，分布图中只有一个最大值，相当于 DJ 为零，PDF 的均方根等于 σ。当 DJ 与 RJ 过程一起作用时，最终的抖动 PDF 将被扩展，并且整体上也不再是高斯状了。但是另一方面，因为 DJ 的 PDF 是有界的，因此该分布的两端应该保持高斯型尾部。这些尾部分布可以用来推导 RJ 的分布参数。因为存在 DJ，所以各个尾部的均值不再处于同一位置，PDF 中出现了多个峰值。最左边峰值位置与最右边峰值位置之间的时间间距表示了 DJ 的峰–峰值。图 5.1 显示了同时存在 DJ 和 RJ 时扩展的总抖动 PDF。

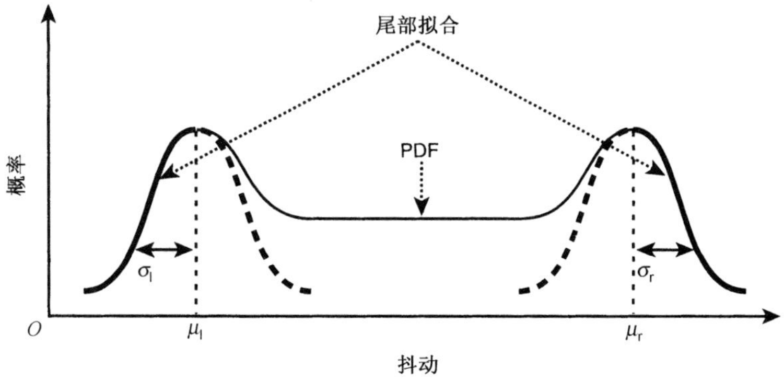

图 5.1　总抖动的 PDF 和尾部拟合

如果在测量上升边和下降边的过程中，没有偏差、统计采样噪声或者不对称性存在，那么表征随机过程的两个尾部应该是对称的。然而，完备的随机测量并且完全消除采样噪声是不可能的。而且，在实际系统中，上升边与下降边不可能完全对称，所以最左端与最右端高斯拖尾的 σ 值可能不同。总 RJ 的 σ 值应该为两者的平均，并且 DJ 的峰–峰值为最左端与最右端高斯尾部峰值间的距离：

$$\mathrm{DJ}=\mu_r-\mu_l \tag{5.2}$$

$$\sigma_t=\frac{\sigma_r+\sigma_l}{2} \tag{5.3}$$

取平均估计得出的是 RJ 的平均值或者最可能的近似值。如果想得到稳妥的 RJ 估计值，总的 RJ 应该取左、右 RJ 均方根两者中的较大值，即 $\sigma_t = \max(\sigma_r, \sigma_l)$。

5.2.1.2 算法实现

对通过测量/仿真得到的抖动 PDF 或直方图进行 DJ 和 RJ 分离的关键步骤是首先识别出 PDF 的尾部，然后用高斯函数对它们进行拟合。不研究每个数据点及它与相邻数据点的关系，就无法判断出 PDF 尾部的准确位置。识别尾部的最简单方法就是图形化显示 PDF 并通过视觉观察检测出尾部。这种方法的缺点是缺乏可重复性，而且不适用于自动测试。因此，对于尾部搜索算法应满足的要求如下：

- 可以快速、准确并且重复性地找到正确的尾部；
- 必须自动完成(不需要用户的干预或视觉观察)。

拟合程序应该能够处理统计波动并在拟合过程中将这些都考虑在内。尾部包含的事件信息量最少，而且统计不确定性较高，简单直接的最小二乘拟合算法的效果可能不太好，因为统计误差常常会传递到拟合参数中。这点会反过来在 DJ 和 RJ 估计中引起较大的误差。因此需要一种更先进的非线性拟合算法满足需求。

1. 尾部 PDF 识别

单调性是高斯尾部的一个重要特性，这意味着尾部的左边是单调递增的，尾部的右边是单调递减的。由于 DJ 分量的存在，这种单调性将被打破，反过来会在左、右尾部附近形成局部最大值。如果不存在 DJ 分量，将只有一个最大值，位于分布图的均值处。

尾部搜索算法面临的一个难题是统计波动。当存在统计波动时，高斯分布不再满足单调性，需要克服很大的困难才有可能通过原始的波动数据寻找左、右尾部的局部最大点。解决的方案应该首先滤除波动噪声，然后用平滑的 PDF 来定位最大值。通常有两种方法来实现：一种方法是通过直接的时域平均；另一种方法是通过傅里叶变换(FT)得到频谱，对其低通滤波，再进行傅里叶逆变换(IFT)。对于时域平均，需要确定运算的数据点个数，因为它决定了平滑度，也即低通滤波器的截止频率。在 FT/IFT 方法中，必须确定滤波器的带宽。要根据噪声频率与幅度的波动来调整平均运算的数据点个数和滤波器带宽。换句话说，必须利用基于规则的人工智能方法使平滑算法能够处理噪声幅度和频率中的大幅度波动。这点对于确保平滑算法只滤除不期望的波动噪声，保留抖动直方图的真实特性很重要。

通过时域平均或者时频域傅里叶变换—低通滤波—傅里叶逆变换的方法得到平滑的 PDF $\bar{f}_{RJ}(\Delta t)$后，对抖动 PDF 进行一阶和二阶偏差计算来确定最大值位置。这里所关心的是左、右尾部的最大值点所在的位置。

2. 尾部拟合

在拟合算法中，应该对记录中质量较好的数据给予较大的加权值。在将模型期望值与测量值之间的差异最小化过程中，如果数据的误差越大，则该规则所应扮演的角色越小。因此，需要用χ^2 作为标准来确定拟合的优劣。采用高斯拟合函数和非线性拟合算法，可以处理线性和非线性函数。有关χ^2 理论的具体信息，请参考文献[2]。

与最小二乘拟合采用的线性方程比较，χ^2 拟合是一个迭代的过程。通过迭代收敛得到最终的结果。在这个过程中需要拟合参数的初始值，基本的方法是通过尝试不同的初始值，观察是否能够收敛于同一个最终值。如果最初的预测值远离最终的实际值，则迭代过程可能要花费很长时间才能收敛，或者陷在某个局部 χ^2 最小值处无法收敛于最终的全局 χ^2 最小点。应当通过对 PDF 尾部进行计算来估计初始的拟合参数，使之接近最终收敛值，从而加快迭代收敛速度，并避免卡在局部最小值附近(类似于枢轴)。需要指出的是，已经证明 χ^2 方法具有很好的鲁棒性。

5.2.1.3　蒙特卡罗仿真

对于测量/仿真的 PDF 来说，另一个复杂因素是实际应用中的 PDF 附带有采样噪声。期望的目标是存在采样噪声情况下，仍然能确定出最佳的 DJ PDF 和 RJ PDF 及其相关参数。可靠的基于 PDF 的抖动分离方法应当能够免受采样噪声的影响。本节将通过蒙特卡罗仿真来评估 χ^2 尾部拟合方法针对 PDF 有噪时的精度。

1. 统计噪声的 PDF

从众所周知的双峰模型 PDF 入手，该模型由两个加性的高斯分布与随机噪声叠加组成，这种模型的总 PDF 比较接近实际情况。例如，在 PJ(近似双狄拉克函数)、RJ(高斯)和采样噪声存在时，总 PDF 就是两个分离的高斯分布与采样噪声相叠加。从数学角度来看，这样的 PDF 可以表示如下：

$$f_{\mathrm{TJ}}(\Delta t) = N_1 \mathrm{e}^{-\frac{(\Delta t-\mu_1)^2}{2\sigma_1^2}} + N_{\mathrm{r}} \mathrm{e}^{-\frac{(\Delta t-\mu_{\mathrm{r}})^2}{2\sigma_{\mathrm{r}}^2}} + N_{\mathrm{n}} \,\mathrm{ran}(\Delta t) \tag{5.4}$$

式中，N_1 和 N_{r} 表示两个高斯分布的峰值；μ_1 和 μ_{r} 表示均值；σ_1 和 σ_{r} 表示均方差。$\mathrm{ran}(t)$ 为基于蒙特卡罗方法的随机数生成函数，其均值为零，均方差为 1。N_{n} 为随机数包络的幅度。有关基于蒙特卡罗方法的随机数生成，请参考文献[3]。

一个好的搜索和拟合算法应该能够返回与仿真过程预先定义的结果相一致的拟合参数。必要的测试如下：存在明显的统计波动情况下，能否获得精确的拟合参数？从另外的角度看，N_{n} 也应当看成 N_1 和 N_{r} 的主要组成部分。否则，就不能获得准确的参数，因为所有的实际测量都很容易受到随机的波动。

2. 拟合结果

这里有两种情形需要分别进行分析。第一种情况是，当两个高斯分布明显区分时，即 $\mu_{\mathrm{r}} - \mu_1 \gg \sigma_1 + \sigma_{\mathrm{r}}$。这种情况下，两个分布之间没有混叠，延伸到第一个最大值处的尾部没有受到影响。因此，我们能够利用的左、右尾部数据范围可以从较低值到第一个最大值。这种分布充分利用了尾部数据，很好地满足高斯模型约束。这种情况可以和抖动分析中 DJ $\gg 2\sigma$ 时的情况相对应，如图 5.2 所示。

这两个图例所示的仿真结果表明：即使在统计波动达到总 PDF 峰值 15% 的情况下，经拟合得到的参数仍然与预定义参数一致，两者的偏差仅在 2.8% 以内。

第二种情况是两个高斯分布没有完全分离，即 $\mu_{\mathrm{r}} - \mu_1 < \sigma_1 + \sigma_{\mathrm{r}}$。这种情况下，两个分布的混叠部分将延伸到尾部。因此在拟合过程中，只能利用较低的尾部来降低混叠的影响。一种稳妥的方式就是采用从最低事件计数到 N_1 或 N_{r} 的一半数据范围内的尾部部分。这种方式对应于 DJ $< 2\sigma$ 时的抖动分析应用。

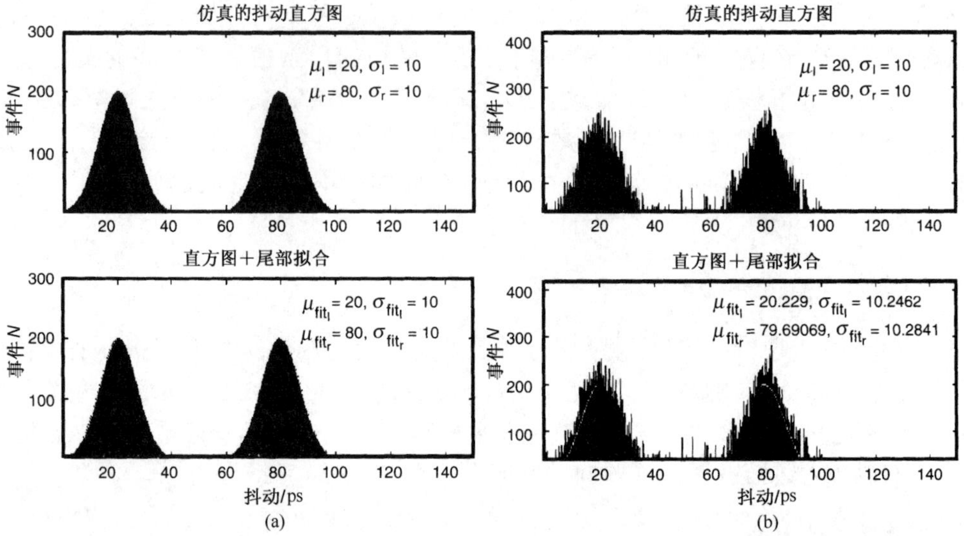

源自：*M. P. Li, J. Wilstrup, R. Jesson, and D. Petrich, "A New Method for Jitter Decomposition Through It's Distribution Tail Fitting," International Test Conference(ITC), 1999.* (*©1999, IEEE*)

图 5.2　两个明显分离的高斯分布：(a) $N_n = 0$，没有统计波动；(b) $N_n = 30$，有明显的统计波动。下方的图是将尾部拟合高斯分布曲线附加在原始PDF上

图 5.3 显示了两个混叠在一起的高斯 PDF($\mu_r - \mu_l < \sigma_l + \sigma_r$) 的结果。将有统计波动和无波动的情况都考虑在内，在这两种情况下，即使统计波动达到总 PDF 峰值的 15%，经拟合得到的参数与预定义参数的偏差仅在 4% 之内。

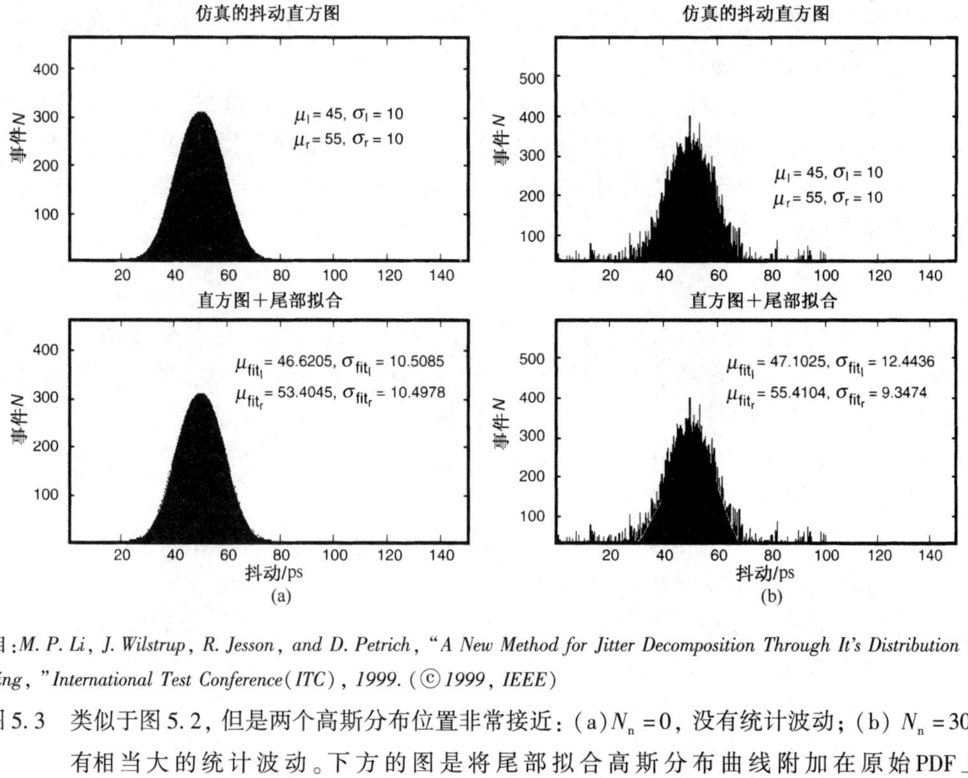

源自：*M. P. Li, J. Wilstrup, R. Jesson, and D. Petrich, "A New Method for Jitter Decomposition Through It's Distribution Tail Fitting," International Test Conference(ITC), 1999.* (*©1999, IEEE*)

图 5.3　类似于图 5.2，但是两个高斯分布位置非常接近：(a) $N_n = 0$，没有统计波动；(b) $N_n = 30$，有相当大的统计波动。下方的图是将尾部拟合高斯分布曲线附加在原始PDF上

5.2.2　通过反卷积确定 DJ 的 PDF

通过 5.2.1 节介绍的尾部拟合法可以确定总抖动 PDF 的 RJ PDF 和 DJ 峰–峰值。该方法也能够从抖动 PDF 的高概率到低概率对其进行外推。例如，如果测量的总抖动 PDF 位于概率级 10^{-8}，并且已知 RJ PDF，那么对于大多数串行数据通信要求的 BER 和 TJ 估计来说，总抖动 PDF 可以外推至 10^{-12} 或者更小。

然而，尾部拟合无法直接给出 DJ 的 PDF 函数，而 DJ PDF 对于了解和确定 DJ 过程的特性和产生机理是非常重要的。正因为如此，下一节介绍一种基于反卷积的方法来确定 DJ 的 PDF。

5.2.2.1　反卷积原理

假设 DJ 与 RJ 是独立的，利用式(4.1)推导出总抖动 PDF 与它的 DJ PDF 和 RJ PDF 之间的卷积关系。这样假设是合理的，因为 DJ 和 RJ 来自相互独立的源。在本节中，如果已知 RJ PDF，我们将设法从 TJ PDF 中提取出 DJ PDF。在已知 TJ PDF，DJ 与 RJ 都是未知的情况下，通过反卷积求解它们的过程称为“盲”反卷积。尽管从纯理论观点来看，一个“盲”反卷积过程具有可行性，但它的精度和唯一性通常很差。不过，这里它并不是我们关心的问题。

我们将从式(3.9)所示的多个双狄拉克模型入手，并把它扩展为有界 DJ PDF 的通用模型，表示如下：

$$f_{\mathrm{DJ}}(\Delta t)=D(\Delta t)=\sum_{n=1}^{N}P(\Delta t_n)\delta(\Delta t-\Delta t_n) \tag{5.5}$$

显然，Δt_n 表示 DJ PDF 的第 n 个 δ 脉冲位置，$P(\Delta t_n)$ 表示该位置抖动的概率，Δt_1 和 Δt_N 分别表示 DJ PDF 的第一个(最小)和最后一个(最大)时间位置。

TJ PDF 可以通过 DJ PDF 与 RJ PDF 的卷积得出，如下式所示：

$$f_{\mathrm{TJ}}(\Delta t)=f_{\mathrm{DJ}}(\Delta t)*f_{\mathrm{RJ}}(\Delta t)=\int_{-\infty}^{+\infty}f_{\mathrm{DJ}}(\tau)*f_{\mathrm{RJ}}(\Delta t-\tau)\mathrm{d}\tau=\int_{-\infty}^{+\infty}f_{\mathrm{RJ}}(\tau)*f_{\mathrm{DJ}}(\Delta t-\tau)\mathrm{d}\tau \tag{5.6}$$

如果给定 TJ PDF：$f_{\mathrm{TJ}}(\Delta t)$，第一步是通过尾部拟合获得 RJ PDF，如 5.2.1 节所述。

对于准确的 TJ PDF 和 RJ PDF 样本组合，一种方法是以矩阵形式表示卷积：

$$\boldsymbol{T}=\boldsymbol{R}\boldsymbol{D} \tag{5.7}$$

式中，$\boldsymbol{T}$，$\boldsymbol{R}$ 和 $\boldsymbol{D}$ 分别表示 TJ PDF，RJ PDF 和 DJ PDF 的矩阵。

显然，如果存在逆矩阵 $\boldsymbol{R}^{-1}$，就可以得到式(5.7)的解：

$$\boldsymbol{D}=\boldsymbol{R}^{-1}\boldsymbol{T} \tag{5.8}$$

更一般的方法是得到 $\boldsymbol{R}$ 的伪逆矩阵 $\boldsymbol{R}^{+}$。假设($\boldsymbol{R}'\boldsymbol{R}$)的逆存在，则 $\boldsymbol{R}^{+}$ 为

$$\boldsymbol{R}^{+}=\left(\boldsymbol{R}'\boldsymbol{R}\right)^{-1}\boldsymbol{R}' \tag{5.9}$$

式中，$\boldsymbol{R}'$ 为 $\boldsymbol{R}$ 的转置矩阵。那么，式(5.8)的最小二乘解可以写成

$$\boldsymbol{D}^{+}=\boldsymbol{R}^{+}\boldsymbol{T} \tag{5.10}$$

换句话说，$\boldsymbol{D}^{+}$ 满足下式：

$$\min_{d}\|\boldsymbol{T}-\boldsymbol{RD}\| \tag{5.11}$$

有关这个基于矩阵的反卷积法的详细讨论，可参阅参考文献[4]。

5.2.2.2 反卷积仿真

下面，用数值研究来验证前面章节中介绍的反卷积算法。仿真步骤如下：首先，在正向问题中将假设的 DJ PDF 与已知的单高斯 RJ PDF 卷积，这样就获得了用于试验的 TJ PDF。接着，用已知的 RJ PDF 构造 RJ 矩阵 $\boldsymbol{R}$，并通过前面所述基于矩阵的反卷积法来估计 DJ PDF。最后，将恢复的或反卷积得到的 DJ PDF 与最初假设的 DJ PDF 比较。此外，也要将恢复的 TJ PDF 与假设的 TJ PDF 进行比较。我们将研究两个具体的 DJ PDF：三角波形和任意形状，并给出相应的仿真结果。

1. 三角波形的 DJ PDF

我们从三角波形的 DJ PDF 开始。为了同时满足理论与实际需要，将考虑两种情况：没有统计波动的 TJ PDF 和带有统计波动的 TJ PDF。图 5.4 显示了结果，图 5.4(a)为“无噪声”反卷积，图 5.4(b)为“有噪声”反卷积。在这两个图中，估计出的 DJ PDF 都用虚线表示。注意，图 5.4(b)中没有画出 RJ PDF，它与图 5.4(a)中的是相同的。但是，“有噪声”TJ PDF（右下图）、原始的 TJ 和“恢复的”TJ PDF（右中图）均在图中给出。

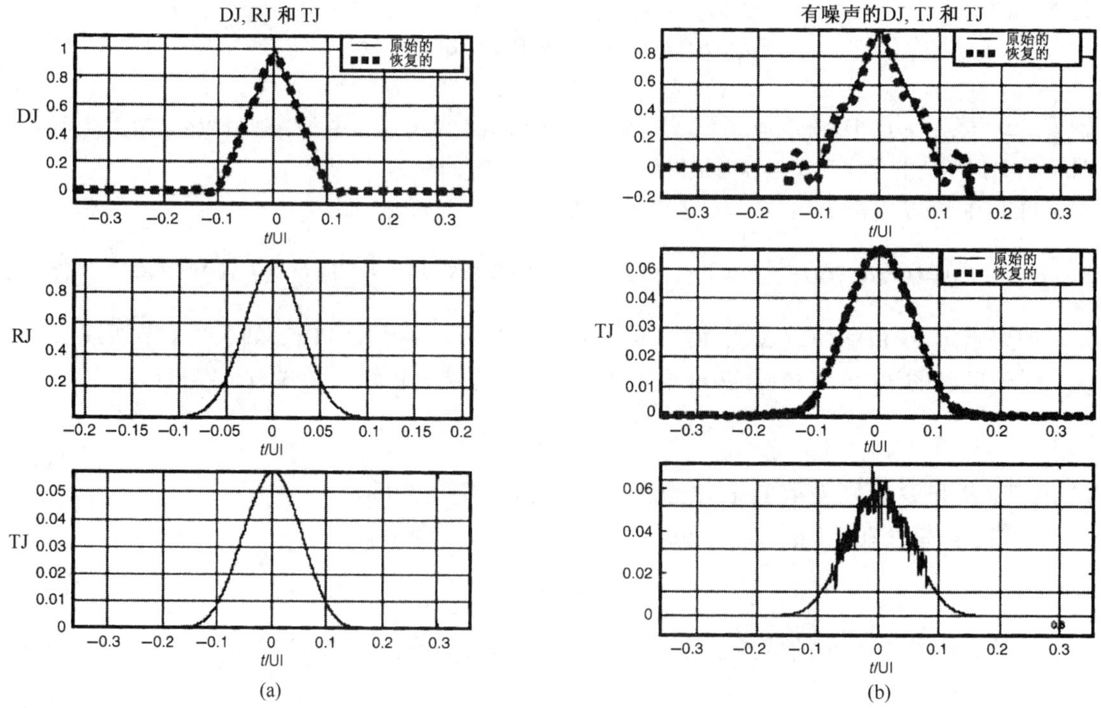

图 5.4 原始 DJ PDF 为三角波函数时的 DJ PDF 估计

在串行数据通信环境下进行该仿真，采用的 DJ PDF 峰-峰值为 0.2 UI，RJ 高斯分布的 $\sigma=0.03$ UI。在“无噪声”条件中，TJ PDF 不需要平滑处理。可以看出，估计的 DJ PDF 与原始的 DJ PDF 非常吻合。在“有噪声”情况下，运行反卷积算法之前需要对 TJ PDF 进行平滑处理。原始 DJ PDF 的大致形状仍保留在估计的 DJ PDF 中。我们发现，尽管由于统计波动在 TJ PDF 中引入了很小的“波纹”，但通过估计的 DJ PDF 与假设的 RJ PDF 相卷积得到的“恢复” TJ PDF，与原始的“无噪声”TJ PDF 之间还是很一致的。

2. 任意的 DJ PDF

图 5.5 为任意 DJ PDF 的仿真结果，其中峰-峰值与上一节中的三角波 DJ PDF 的峰-峰值相同。在这种情况下，DJ PDF 的峰-峰值和 RJ PDF 的均方根保持不变。与三角波 DJ PDF 例子相比，在该例子中，估计的与原始的 DJ PDF 之间的吻合甚至更高。这是因为我们采用的任意 PDF 没有任何的“一阶”微分不连续，而三角波 PDF 却存在这种情况。

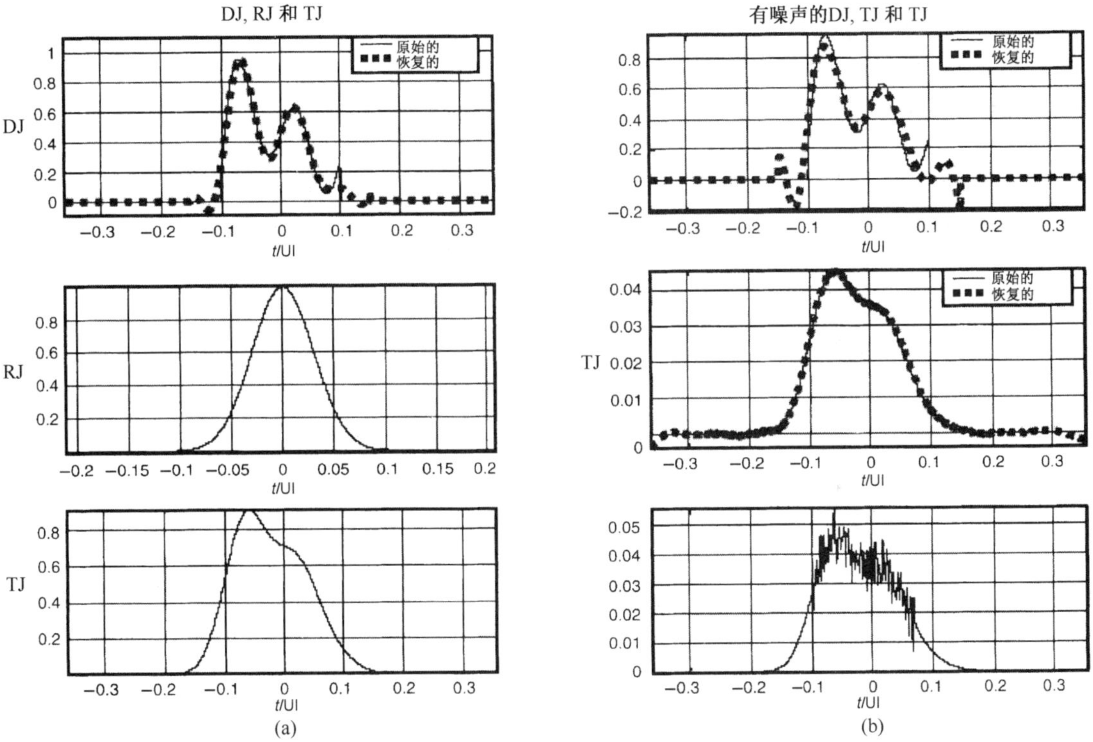

图 5.5 类似于图 5.4，但采用的是矩形 DJ PDF

三角波和任意形状的 DJ PDF 例证表明，无论是“理想的”还是“实际的”TJ PDF，5.2.2 节介绍的基于矩阵的反卷积法都能够很好地从 TJ PDF 中恢复出 DJ PDF。对于存在统计波动的实际 TJ PDF，需要采用平滑处理来得到令人满意的 DJ PDF 恢复。这种方法可以在容许 10% 统计波动的情况下，仍然恢复出几乎完美的 DJ PDF。

5.3 基于 BER CDF 的抖动分离

之前，已经证明了可以采用尾部拟合方法从 TJ PDF 中估计出高斯分布的 RJ PDF 和 DJ 峰-峰值。另一方面，只要利用尾部拟合得到 RJ，就应该可以通过反卷积得出 DJ PDF。实际上，这种方法同样可以应用于 BER CDF 函数来估计 RJ PDF 和 DJ 峰-峰值，类似于给定 TJ PDF 的情况。

5.3.1 针对 BER CDF 的尾部拟合法

回顾一下式(4.23)给出的 BER CDF：

$$F_{\mathrm{BER}}(t_s) = c_0\left[\int_{t_s}^{+\infty} f_{\mathrm{TJ}}(\Delta t)\mathrm{d}\Delta t + \int_{-\infty}^{t_s} f_{\mathrm{TJ}}(\Delta t)\mathrm{d}\Delta t\right] = F_{\mathrm{BER1}}(t_s) + F_{\mathrm{BER2}}(t_s) \tag{5.12}$$

式中，c_0 表示数据位流中的跳变密度。这里，对于第一个 CDF 分支 F_{BER1}（左侧分支）和第二个 CDF 分支 F_{BER2}（右侧分支），假设跳变密度是相同的。明显可以得出

$$F_{\mathrm{BER1}}(t_s) = c_0\int_{t_s}^{+\infty} f_{\mathrm{TJ}}(\Delta t)\mathrm{d}\Delta t, \qquad F_{\mathrm{BER2}}(t_s) = c_0\int_{-\infty}^{t_s} f_{\mathrm{TJ}}(\Delta t)\mathrm{d}\Delta t \tag{5.13}$$

由于 TJ PDF f_{TJ}的尾部分布由高斯分布主导，因此 F_{BER1} 和 F_{BER2} 的尾部可以看成“高斯积分”，它们分别对应于 σ 为 σ_1 和 σ_r 的高斯分布，正如式(5.4)所定义的。

图 5.6 示出了 BER CDF 函数。

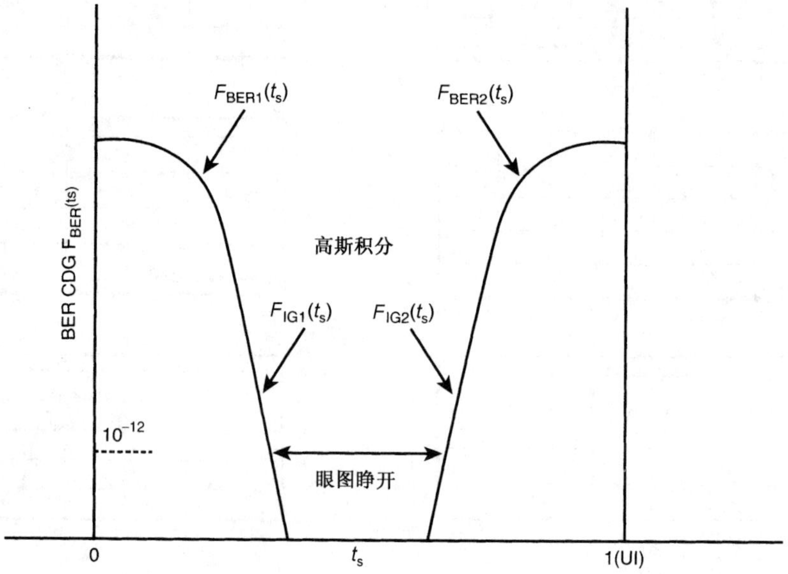

图 5.6 BER CDF 函数 F_{BER1} 和 F_{BER2}，也即尾部拟合的“高斯积分”模型F_{IG1} 和F_{IG2}，同时给出 BER = 10^{-12} 时的眼图睁开度

接下来，我们的重点是高斯积分的数学解析形式。利用式(5.1)表示的通用高斯模型，推导出高斯积分函数如下：

$$F_{\mathrm{IG}}(t_s) = \int_{t_s}^{\infty} f_{\mathrm{RJ}}(\Delta t)\mathrm{d}\Delta t \tag{5.14}$$

将归一化的高斯函数代入式(5.14)，得到

$$F_{\mathrm{IG}}(t_s) = \int_{t_s}^{\infty} \frac{1}{\sqrt{2\pi}\sigma}\mathrm{e}^{-\frac{(\Delta t-\mu)^2}{2\sigma^2}}\mathrm{d}\Delta t \tag{5.15}$$

使用不同的积分变量来简化式(5.15)，例如将指数看成一个单独的变量，令 $z = \left(\dfrac{\Delta t - \mu}{\sqrt{2}\sigma}\right)$，可得

$$F_{IG}(t_s) = \frac{1}{\sqrt{\pi}} \int_{\frac{t_s-\mu}{\sqrt{2}\sigma}}^{\infty} e^{-z^2} dz \tag{5.16}$$

根据互补误差函数的定义，式(5.16)又可以表示为

$$F_{IG}(t_s) = \frac{1}{2}\operatorname{erfc}\left(\frac{t_s-\mu}{\sqrt{2}\sigma}\right) = \frac{1}{2}\left(1-\operatorname{erf}\left(\frac{t_s-\mu}{\sqrt{2}\sigma}\right)\right) \tag{5.17}$$

式中，误差函数 erf(x)和互补误差函数 erfc(x)的定义如下：

$$\operatorname{erf}(x) = \frac{1}{\sqrt{\pi}} \int_0^x e^{-u^2} du \tag{5.18}$$

和

$$\operatorname{erfc}(x) = \frac{1}{\sqrt{\pi}} \int_x^{\infty} e^{-u^2} du = 1-\operatorname{erf}(x) \tag{5.19}$$

式(5.17)给出了高斯积分 CDF，即 $F_{IG}(t_s,\mu,\sigma)$的解析形式。显然，仅当 $t_s \geqslant \mu$ 时，它才是准确的；否则，就会发生 DJ 混叠，PDF 函数也不再是高斯形式的。

在利用式(5.17)推导通用高斯积分函数的基础上，我们可以推导出第一个、第二个这类函数，用以拟合 BER CDF 尾部的第一个、第二个分支，从而确定出 DJ 和 RJ 的参数。这种方法的基本思想与基于 PDF 的尾部拟合是一样的，只是这里的数据或者要拟合的基本函数是 BER CDF，而且解析模型是高斯积分函数的形式，该函数可以表示为互补误差函数或误差函数。为了使抖动 PDF 的参数与 3.1 节中基于 PDF 的尾部拟合结果相一致，我们把图 5.6 中 BER CDF 的第一个、第二个分支对应的高斯积分函数写成如下形式：

$$F_{IG1}(t_s) = \frac{1}{2}\operatorname{erfc}\left(\frac{t_s-\mu_r}{\sqrt{2}\sigma_r}\right) = \frac{1}{2}\left(1-\operatorname{erf}\left(\frac{t_s-\mu_r}{\sqrt{2}\sigma_r}\right)\right) \tag{5.20}$$

和

$$F_{IG2}(t_s) = \frac{1}{2}\operatorname{erfc}\left(\frac{T_0-t_s-\mu_l}{\sqrt{2}\sigma_l}\right) = \frac{1}{2}\left[1-\operatorname{erf}\left(\frac{T_0-t_s-\mu_l}{\sqrt{2}\sigma l}\right)\right] \tag{5.21}$$

式中，T_0 为数据流的单位间隔(UI)度量。仅当采样时间 t_s 处于高斯过程或高斯积分主导的 BER CDF 时间范围内时，式(5.20)和式(5.21)才成立。可以用两个约束状态来表示，对于第一个高斯积分函数，有

$$\mu_r \leqslant t_s \leqslant T_0 \tag{5.22}$$

对于第二个高斯积分函数，有

$$0 \leqslant t_s \leqslant T_0 - \mu_l \tag{5.23}$$

注意，这里 μ_l，μ_r，σ_l，σ_r 均为正值参数。我们将 PDF 的原点移到分布的中间位置，因此左边的均值为负。只要通过诸如 χ^2 方法的拟合过程确定了这些参数，整个 CDF 的 DJ 峰-峰值和 RJ 的 σ 值就可以通过式(5.2)和式(5.3)估计得出，这与基于 PDF 的尾部拟合方法很类似。

5.3.2 “变换的” BER CDF 的尾部拟合法

从 5.3.2 节中可知，如果测量或仿真的基本分布是 BER CDF 的话，那么通过尾部拟合可

以确定 DJ 峰-峰值和 RJ 均方根。主要的不同点是拟合模型需要是高斯积分，实质上就是一个互补误差函数 erfc(x)。

从数学角度讲，尾部拟合的基本含义是通过对基本数据（抖动 PDF 或 BER CDF）和基本 RJ 模型（高斯和高斯积分形式）进行变换运算。这里，可以采用很多种方法来确定 DJ 峰-峰值和 RJ 均方根。例如，可以对测量的抖动 PDF 进行对数运算。相应地，也要对基本高斯模型进行同样的运算以便把它变成正交函数。另一个例子，可以对基本 BER CDF 进行互补误差函数逆运算[$\text{erfc}^{-1}(x)$]，同时也要对高斯积分模型进行同样的运算以便把它变成线性函数。当然，还可以穷举很多的例子。这些基于“变换的数据”和“变形的高斯模型”的尾部拟合方法，面临的一个共同问题就是与数学变换运算有关的数值误差。所有基于非原始数据的尾部拟合方法，都不能忽略由于额外的变换运算而引起的精度下降。

本节将通过互补误差函数逆变换 $\text{erf}^{-1}(x)$ 或 $\text{erfc}^{-1}(x)$ 的例子来说明尾部拟合法在前面提到的变换数据和模型条件下是如何实现的[5]。回顾式(5.20)，引入β来表示 BER，对 F_{BER} 也如此。然后，对式(5.20)进行 $\text{erfc}^{-1}(\,)$ 运算，其中针对的是一般项而不考虑下标。结果如下：

$$\text{erfc}^{-1}(2\beta(t_s)) = \text{erfc}^{-1}\left(\text{erfc}\left(\frac{t_s-\mu}{\sqrt{2}\sigma}\right)\right) = \left(\frac{t_s-\mu}{\sqrt{2}\sigma}\right) \tag{5.24}$$

定义 $Q=\dfrac{t_s-\mu}{\sigma}$，$Q$ 通常被称为 Q 因子，在光通信中用它来研究光功率噪声。此外，对于数据和模型、左侧及右侧分支，$\beta(t_s)=F_{\text{BER}}(t_s)$ 表示 BER 函数的通用形式。式(5.24)可表示为

$$Q(t_s) \equiv \sqrt{2}\,\text{erfc}^{-1}(2\beta(t_s)) \tag{5.25}$$

式(5.25)通过互补误差函数逆变换将 BER 函数转换成了 Q 函数。根据 erf(x)函数与 erfc(x)函数的关系，也可以用误差函数逆变换 $\text{erf}^{-1}(x)$ 或 $\text{erfc}^{-1}(x)$ 来替换。

如果将原始或基本数据的 BER 函数 $F_{\text{BER1}}(t_s)$ 和 $F_{\text{BER2}}(t_s)$ 代入式(5.25)，那么可得

$$Q_1(t_s) = \sqrt{2}\,\text{erfc}^{-1}(2F_{\text{BER1}}(t_s)) \tag{5.26}$$

和

$$Q_2(t_s) = \sqrt{2}\,\text{erfc}^{-1}(2F_{\text{BER2}}(t_s)) \tag{5.27}$$

如果将式(5.20)和式(5.21)定义的两个高斯积分形式的 BER CDF 模型 $F_{\text{IG1}}(t_s)$ 和 $F_{\text{IG2}}(t_s)$ 代入式(5.25)中，则可以得到

$$Q_{\text{M1}}(t_s) = \sqrt{2}\,\text{erfc}^{-1}(2F_{\text{IG1}}(t_s)) = \frac{t_s-\mu_r}{\sigma_r} \tag{5.28}$$

和

$$Q_{\text{M2}}(t_s) = \sqrt{2}\,\text{erfc}^{-1}(2F_{\text{IG2}}(t_s)) = \frac{T_0-t_s-\mu_1}{\sigma_1} \tag{5.29}$$

通过互补误差函数逆变换 $\text{erfc}^{-1}(x)$，我们把 BER 空间的高斯积分模型变换为 Q 空间的线性模型。这两个线性模型表示高斯 RJ 及其均值与采样时间的函数。

Q 空间中尾部拟合的机理与 BER CDF 空间或 PDF 空间中相似。只要从相应的 BER CDF 函数 $F_{\text{IG1}}(t_s)$ 和 $F_{\text{IG2}}(t_s)$ 中获得测量的或仿真的 $Q_1(t_s)$ 和 $Q_2(t_s)$，就可以用 Q 空间的线性模型 $Q_{\text{M1}}(t_s)$ 和 $Q_{\text{M2}}(t_s)$ 对 $Q_1(t_s)$ 和 $Q_2(t_s)$ 数据的尾部进行拟合，从而得到最优拟合的高斯参数

μ_1, μ_r, σ_1, σ_r。因此，利用式(5.2)和式(5.3)，可以估计出整个抖动过程的 DJ 峰–峰值和 RJ 方差，该过程与基于 PDF 或 BER CDF 的尾部拟合相类似。

图 5.7 示意的是 Q 空间的尾部拟合。

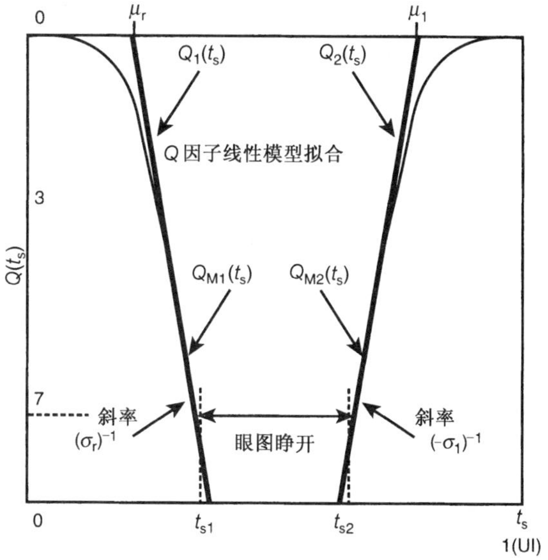

图 5.7　Q 空间的函数、最优尾部拟合的 Q 因子线性模型和相关的高斯参数。同时也给出了 $Q=7.0345$ 处（相当于 $\mathrm{BER}=10^{-12}$）的眼图睁开

这里要说明的是，Q 空间的尾部拟合也是一种在变换的数据和模型的基础上实现的方法。如果通用的计算机语言，如 C 和 C ++ 的库函数不支持 erfc( ) 和 erfc^{-1}( )，则这种方法的实现可能就不是那么简单便捷，并且其精度也很容易受到数值误差的影响。

5.3.3　从 BER CDF 或 Q 因子中估计 DJ PDF

前面已经阐述了将抖动分离成 DJ 峰–峰值和 RJ 均方根的方法：基于 BER CDF 函数、高斯积分模型的尾部拟合；或者基于 Q 因子、线性模型的尾部拟合。除了采用的模型为高斯模型以外，这两种方法与基于抖动 PDF 的尾部拟合法非常相似。虽然采用的是不同的基函数，但是从三种方法中推导出的参数在一定程度上还是一致的。

然而，从总 BER CDF 或 Q 因子函数中找出 DJ 的 PDF 或 CDF 并不是容易的事。与抖动的 PDF 相比，CDF 是一个高“熵（不确定）”状态，CDF 中 DJ 和 RJ 分量之间的混叠相当严重。Q 因子函数的“熵”状态甚至更高，DJ 与 RJ PDF 中的确切结构更加难以发现。从抖动 BER CDF 或 Q 函数中确定 DJ PDF 或 CDF 的一般方法不在本书的讨论范围内。

5.3.4　从 BER CDF 中估计总抖动 TJ

通常，可以从 BER CDF 中定义 TJ。参照图 5.6，图中 BER 就是 $F_{\mathrm{BER}}=\beta$，眼图的睁开大小为 T_{eye}。T_{eye}是以 β 为自变量的函数，在已知 BER 即 $\beta=F_{\mathrm{BER}}$的条件下，TJ 根据下式得到：

$$\mathrm{TJ}(\beta)=T_0-T_{\mathrm{eye}}(\beta) \tag{5.30}$$

无论抖动 PDF 或 BER CDF 的形状如何，式(5.30)中 TJ 的定义始终成立。可以看出，该定义不依赖于 DJ 和 RJ 的精确值。TJ 可以通过直接测量获得，或者通过高斯模型的外推(从较高的 BER 值到较低的 BER 值)得到。DJ 和 RJ 的参数可以在直接的 PDF 空间、BER CDF 空间、经变换的空间如 Q 空间或对数空间中通过尾部拟合方法来确定。

另一方面，如果可以确定尾部的全部高斯参数，那么就能推导出一个闭合形式的公式来估计 TJ。参考图 5.7，对于给定的 BER 值 β 或 Q 因子 $Q(\beta)$，左右两侧分支的采样时间分别为 t_{s1} 和 t_{s2}，根据式(5.28)和式(5.29)，这两个采样时间表示如下：

$$t_{s1} = Q\sigma_r + \mu_r \tag{5.31}$$

和

$$t_{s2} = T_0 - (Q\sigma_l + \mu_l) \tag{5.32}$$

此时，眼图睁开大小 T_{eye} 可以表示为

$$T_{eye} = t_{s2} - t_{s1} \tag{5.33}$$

将式(5.31)和式(5.32)代入式(5.33)中，得到

$$T_{eye} = T_0 - \left[(Q\sigma_l + \mu_l) + (Q\sigma_r + \mu_r)\right] \tag{5.34}$$

将式(5.34)代入式(5.30)中，得到

$$\mathrm{TJ} = Q(\sigma_l + \sigma_r) + (\mu_l + \mu_r) \tag{5.35}$$

回顾式(5.2)和式(5.3)中关于 DJ 和 RJ 的定义，注意公式中的左边高斯函数均值前的符号为负。式(5.35)也可以用 DJ 峰-峰值和总 RJ 的方差 σ_t 来表示：

$$\mathrm{TJ}(\beta) = \mathrm{DJ} + 2Q(\beta)\sigma_t \tag{5.36}$$

式(5.36)是采用尾部拟合得到的 DJ 和 RJ 值来估计 TJ 的闭合形式表达式。如果尾部特性不能很好地满足高斯分布，那么对于任何形式的 PDF 来调用这个公式都必须小心。在这种情况下，可以利用式(5.36)进行粗略的快速估计，但不适用于精确的 TJ 估计。

根据式(5.25)，可以对 BER β 的函数 Q 因子进行估计。表 5.1 列出了与 BER 值对应的 Q 值。对于给定的 BER，当通过尾部拟合确定 DJ 和 RJ 之后，这些 Q 因子就可以代入到式(5.36)中进行 TJ 的估计。

表 5.1 BERβ 的函数 Q 因子

BER β	10^{-6}	10^{-7}	10^{-8}	10^{-9}	10^{-10}	10^{-11}	10^{-12}	10^{-13}	10^{-14}
$Q(\beta)$	4.753	5.199	5.612	5.998	6.361	6.706	7.035	7.349	7.651

5.4 直接型双狄拉克抖动分离法

直接型双狄拉克方法假设 DJ PDF 是双狄拉克函数，无论是利用 PDF 还是 CDF 来确定 DJ 和 RJ 参数，这种方法都不涉及分布函数的尾部拟合过程。

由于存在多种不同的 DJ 机理，对 DJ PDF 或 CDF 来说，还没有一个统一的数学模型。这使得 DJ PDF 的建模充满了挑战性。DJ 是有界的，描述 DJ PDF 的最简单解析模型可以采用双狄拉克或双 δ 函数。值得一提的是，狄拉克函数使得卷积运算得以简化。如第 2 章所述，

任何函数与一个 δ 函数卷积的结果都等于这个函数本身。由于 δ 函数在数学意义上的简易性，一些文献中已经采用双狄拉克函数来表示 DJ PDF[6]。接下来的几节中将对 TJ PDF 进行推导，其中假设 DJ PDF 和 RJ PDF 的解析模型分别为双狄拉克函数和高斯函数。对于大多数 DJ PDF 而言，双狄拉克函数并不是精确模型。因此，我们将讨论该模型的精度，以便了解这种简单模型的局限性与不足，从而在实际应用中可以对结果中的问题采取适当的措施。

5.4.1 总抖动 PDF

双狄拉克型的 DJ PDF 有如下形式：

$$f_{DD}(\Delta t) = P_p\delta(\Delta t - D_p) + P_n\delta(\Delta t + D_n) \tag{5.37}$$

式中，$\delta(t)$ 为狄拉克函数；D_n 为负方向上的抖动（较早位置的边沿跳变）；D_p 为正方向上的抖动（较晚位置上的边沿跳变）。P_p 为正狄拉克函数的概率，P_n 为负狄拉克函数的概率。显然，$P_p + P_n = 1$。总 DJ 峰-峰值为 $D = D_p + D_n$，其中 D_p 与 D_n 均为正值。当 $D_p = D_n$ 时，f_{DD} 是对称函数，反之，它是非对称的。双狄拉克的名字就是源于它有两个狄拉克函数形式。

如式(5.1)中的定义，RJ PDF 仍是高斯函数。根据式(5.6)的定义，TJ PDF 为 DJ PDF 与 RJ PDF 的卷积。将式(5.1)与式(5.37)代入式(5.6)中，得到

$$f_{TJ}(t) = \frac{1}{\sqrt{2\pi}\sigma}\left[P_p\,\mathrm{e}^{-\frac{(t-D_p)^2}{2\sigma^2}} + P_n\,\mathrm{e}^{-\frac{(t+D_n)^2}{2\sigma^2}}\right] \tag{5.38}$$

上述 TJ PDF 的形状如图 5.8 所示。

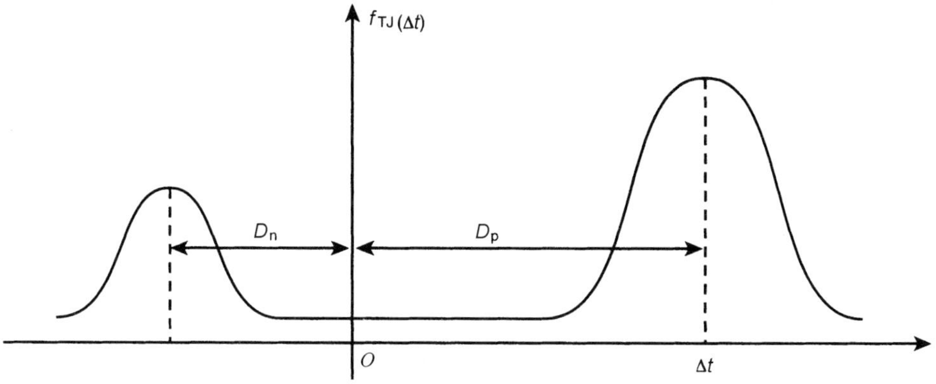

图 5.8 当 DJ PDF 为双狄拉克函数且 RJ PDF 为高斯函数时的 TJ PDF 曲线

图 5.8 所示的 TJ PDF 是一种典型的抖动 PDF。许多实际的 TJ PDF 与这类“双峰值”特征的 PDF 并不吻合。比起那些精确的、完备的模型，双狄拉克模型的主要优点就是从数学角度理解概念时，它易于理解，并且直观。

5.4.2 总 BER CDF

根据式(5.38)中 TJ PDF 的解析式和式(5.12)，可以估计 BER CDF 函数。将式(5.38)代入式(5.12)中，得到如下的 BER CDF 函数：

$$f_{\mathrm{BER}}(t_s)=\frac{C_0}{\sqrt{2\pi}\sigma}\int_{t_s}^{+\infty}\left[P_\mathrm{p}\mathrm{e}^{-\frac{(t-D_\mathrm{p})^2}{2\sigma^2}}+P_\mathrm{n}\mathrm{e}^{-\frac{(t+D_\mathrm{n})^2}{2\sigma^2}}\right]\mathrm{d}t+\cdots$$

$$\frac{C_0}{\sqrt{2\pi}\sigma}\int_{-\infty}^{t_s}\left[P_\mathrm{p}\mathrm{e}^{-\frac{(t-T_0-D_\mathrm{p})^2}{2\sigma^2}}+P_\mathrm{n}\mathrm{e}^{-\frac{(t-T_0+D_\mathrm{n})^2}{2\sigma^2}}\right]\mathrm{d}t \tag{5.39}$$

通过5.3.1节介绍的误差函数定义，式(5.39)可以表示如下：

$$f_{\mathrm{BER}}(t_s)=\frac{1}{2}C_0\left\{\left[P_\mathrm{p}\mathrm{erfc}\left(\frac{t_s-D_\mathrm{p}}{\sqrt{2}\sigma}\right)+P_\mathrm{n}\mathrm{erfc}\left(\frac{t_s+D_\mathrm{n}}{\sqrt{2}\sigma}\right)\right]+\cdots\right.$$

$$\left.\left[P_\mathrm{p}\mathrm{erfc}\left(\frac{T_0-t_s+D_\mathrm{p}}{\sqrt{2}\sigma}\right)+P_\mathrm{n}\mathrm{erfc}\left(\frac{T_0-t_s-D_\mathrm{n}}{\sqrt{2}\sigma}\right)\right]\right\} \tag{5.40}$$

显然，采用简单的双狄拉克 DJ PDF 模型和高斯 RJ PDF 模型使得 TJ PDF 和 BER CDF 存在解析解成为可能，并且可以得到直观的解释和快速的定性评估。然而，尽管这里可用双狄拉克模型，但在解决实际问题时，还必须了解该模型的局限性和精度。

图5.9显示了利用式(5.40)的解析形式表示的 BER CDF 函数。仿真中，跳变密度 C_0 = 50%，DJ PDF 的左、右 δ 函数的概率分别为 $P_\mathrm{n}=0.2$，$P_\mathrm{p}=0.8$。DJ 峰-峰值为 $D_\mathrm{n}=0.1$ UI 和 $D_\mathrm{p}=0.1$ UI；RJ 的方差 $\sigma=0.05$ UI。仅从 BER CDF 中很难直观看出 DJ PDF 的不对称性，但是这一点从图5.8所示的抖动 PDF 曲线中可以明显观察到。因为从抖动 PDF 到 BER CDF 的积分过程中，PDF 中的细微结构特征往往会被平滑或者被滤除掉，这就造成了通过 BER CDF 很难观察到这些特征。

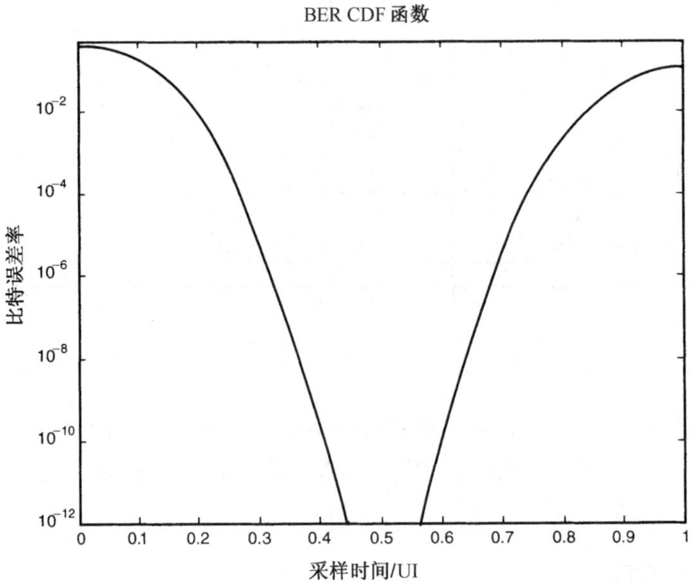

图5.9　根据式(5.40)所示的 BER CDF 仿真结果，其中 DJ PDF 为双狄拉克函数，RJ PDF 为高斯函数

5.4.3 直接型“双 δ” DJ 模型的精度

前面已经提到，DJ 的分布可能是任意形式的 PDF，这与实际的产生根源有关。而且，就生成 BER 来说，双狄拉克模型表示的是“最坏”情况下的 DJ PDF，因为对于双狄拉克 DJ PDF，边沿跳变总是发生在最大的抖动值位置。相应的精度评估方法分为如下两步。首先，对于具有相同峰-峰值的各种 DJ PDF 函数，评估 TJ 的估计误差。其次，如果对于不同的 DJ PDF，在某个 BER(如 10^{-12})标准上对应的 TJ 都是相同的，那么就逆向假设和考虑由双狄拉克 DJ PDF 导致的误差情况。

5.4.3.1 对应 DJ PDF 变化范围的 BER CDF 误差

为了研究 DJ PDF 的变化范围(variation)及其所对应的误差，我们来考虑三种特殊的 DJ PDF。第一种是双狄拉克函数；第二种是三角函数，作为双狄拉克函数的“互补”函数；第三种是矩形函数，表示均匀分布。其中三角形 PDF 表示系统受到“较少损伤”的情况，因为多数情况下，边沿跳变都发生在理想时刻(零抖动)附近，但是发生的概率随着抖动增大而降低。参照对系统 BER 的影响大小，矩形抖动 PDF 位于双狄拉克 PDF 和三角形 PDF 两者之间。随后的仿真表明这些定性预测的结果。

图 5.10 中显示了双狄拉克型、矩形和三角形 PDF。峰-峰值均为 0.2 UI，这是链路预算中常用的典型值(例如在光纤信道 1 Gbps 的抖动测试中，DJ 预算为 0.2 UI)。假定所有的 DJ PDF 分布都是对称的，随机抖动的 PDF 为式(5.1)所示的高斯形式，$\sigma = 0.05$ UI。根据式(5.6)可以得出 TJ PDF，如图 5.11 所示。注意到，对于双狄拉克 DJ，TJ PDF 的解析式已经通过式(5.38)给出，其中 $D_p = D_n = 0.1$ UI，$P_p = P_n = 0.5$。

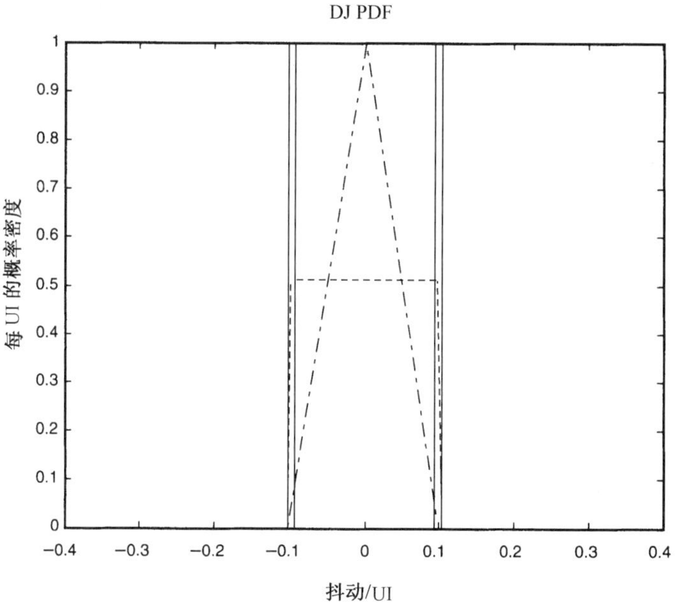

源自：*M. P. Li, J. Wilstrup, R. Jesson, and D. Petrich, “A New Method for Jitter Decomposition Through It’s Distribution Tail Fitting,” International Test Conference(ITC), 1999. (©1999, IEEE)*

图 5.10　双狄拉克(实线)、矩形(虚线)和三角形(点划线)的 DJ PDF，它们的峰-峰值均为 0.2 UI

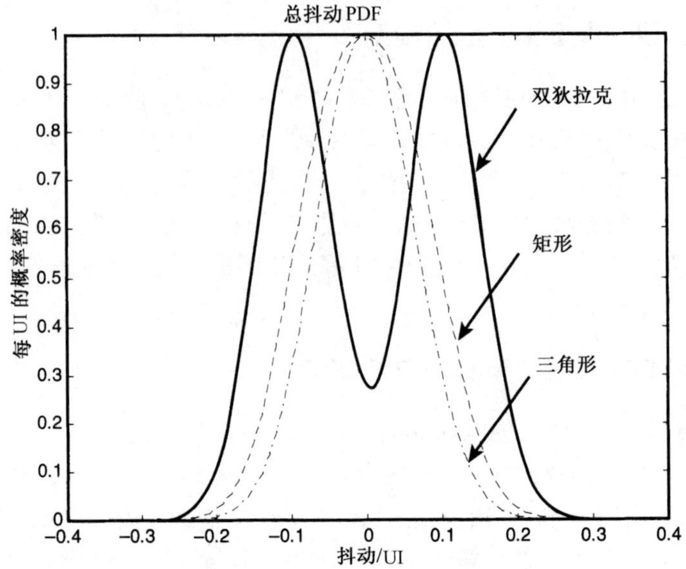

源自:*M. P. Li, J. Wilstrup, R. Jesson, and D. Petrich, "A New Method for Jitter Decomposition Through It's Distribution Tail Fitting," International Test Conference(ITC), 1999. (ⓒ1999, IEEE)*

图5.11　三种不同的DJ PDF和一种简单的RJ高斯所对应的TJ PDF

在已知TJ PDF的情况下，可以根据式(5.12)估计出BER CDF，结果如图5.12所示。这里，依然假设跳变密度为50%。注意，对于双狄拉克DJ PDF，相应的BER CDF解析式为式(5.40)。

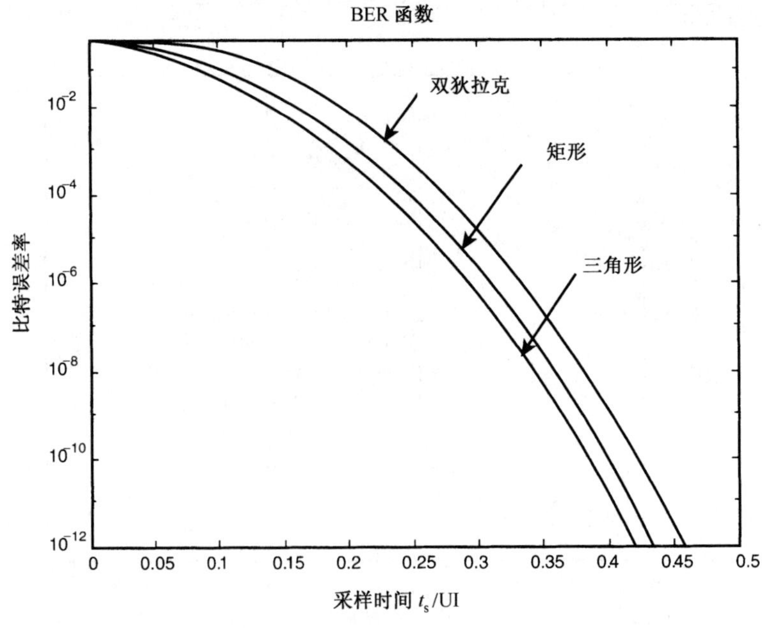

源自:*M. P. Li, J. Wilstrup, R. Jesson, and D. Petrich, "A New Method for Jitter Decomposition Through It's Distribution Tail Fitting," International Test Conference(ITC), 1999. (ⓒ1999, IEEE)*

图5.12　三种不同的DJ PDF对应的BER CDF估计。这里只显示了BER CDF的左侧部分，并且进行了归一化，以使得在采样时刻t_s = 0 UI处，BER CDF等于0.5

可以看出，在给定的 BER 值处，双狄拉克 DJ PDF 对应的 TJ 最大，三角形 DJ PDF 对应的 TJ 最小。换句话说，对于特定的 TJ 值，双狄拉克 DJ PDF 对应的 BER CDF 最高，而三角形 DJ PDF 对应的 BER CDF 最低。表 5.2 列出了 $BER = 10^{-12}$ 时 TJ 的对比结果。

表 5.2　$BER = 10^{-12}$ 时 TJ 的对比结果(抖动单位为 UI)

DJ PDF	DJ 峰-峰值	RJ σ	10^{-12} 时的 TJ	偏　差	偏差%
三角形	0.2	0.05	0.844	0	0
矩形	0.2	0.05	0.866	+0.022	2.6%
双狄拉克	0.2	0.05	0.926	+0.082	9.7%

源自：*M. P. Li, J. Wilstrup, R. Jesson, and D. Petrich, "A New Method for Jitter Decomposition Through It's Distribution Tail Fitting," International Test Conference (ITC), 1999.* (ⓒ*1999, IEEE*)

将三角形 PDF 对应的 TJ 作为误差估计的参考值，那么"最坏情况下"TJ 的偏差为 0.082 UI，即 9.7%。

5.4.3.2　对应 BER CDF 值变化范围的 DJ 误差

本节的目标是对于这三种 DJ PDF，当已知 $BER = 10^{-12}$ 对应的 TJ 时，研究 DJ 峰-峰值估计的偏差大小。这样做是为了模拟如下情况：当 DJ PDF 的确切形式未知时，通过测量的 BER CDF 函数来估计 DJ。

可以看出，不同的 DJ PDF 对应着不同的 BER CDF 函数，但是在给定的 BER 量级处，它们形成的 TJ 值却是相同的。当获得相同的 TJ 值时，对于不同的 DJ PDF 形式，DJ 峰-峰值之间存在相当大的差别。图 5.13 给出了有关结果；表 5.3 则列出了不同的 DJ 值。

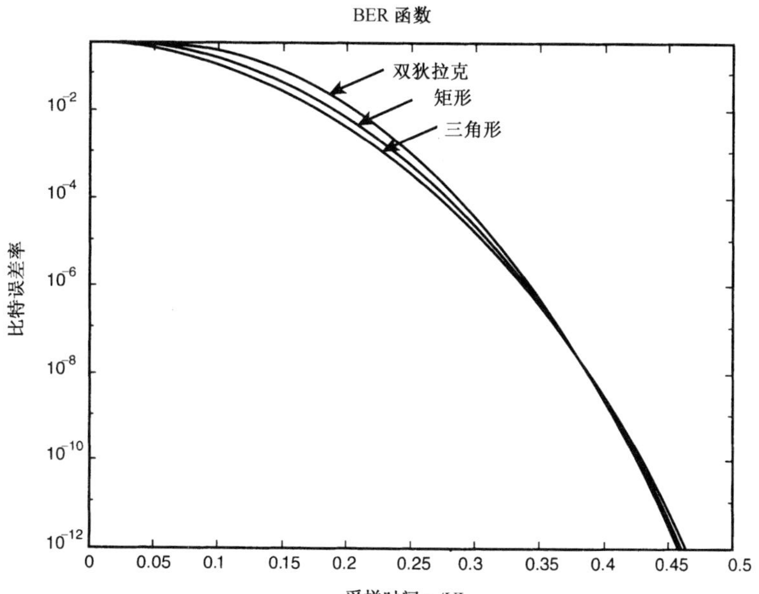

源自：*M. P. Li, J. Wilstrup, R. Jesson, and D. Petrich, "A New Method for Jitter Decomposition Through It's Distribution Tail Fitting," International Test Conference (ITC), 1999.* (ⓒ*1999, IEEE*)

图 5.13　当 $BER = 10^{-12}$ 时，不同的 DJ PDF 得到的 BER CDF 对应的 TJ 值是相同的，其中 RJ 的方差采用固定值：$\sigma = 0.05$ UI

表 5.3 由不同的 DJ PDF 得到相同的 TJ 值

DJ PDF	10^{-12}时的 TJ	RJ σ	DJ 峰-峰值	DJ 偏差	DJ 偏差%
三角形	0.926	0.05	0.31	0	0
矩形	0.929	0.05	0.27	-0.04	-12.9%
双狄拉克	0.926	0.05	0.20	-0.11	-35.5%

源自：*M. P. Li, J. Wilstrup, R. Jesson, and D. Petrich, "A New Method for Jitter Decomposition Through It's Distribution Tail Fitting," International Test Conference(ITC), 1999.* (© *1999, IEEE*)

从表 5.3 可以看出，DJ 峰-峰值间的差异高达 35% 或 0.11 UI。但是当 BER = 10^{-12} 时，它们却具有相同(或近似)的 TJ 值。由此表明，从采用了直接的双狄拉克模型测量或仿真得出的 BER CDF 中对 DJ 进行估计(即没有通过拟合)，并不能很好地约束 DJ 值的范围。并且，表 5.3 中的结果也清楚地表明，当 BER = 10^{-12} 时获得了相同的 TJ，但双狄拉克型 PDF 对应的 DJ 值最小，而三角形 DJ PDF 却对应最大的 DJ 值。这就告诉我们，如果用双狄拉克模型从测量的 BER CDF 中估计 DJ，则可能会错估实际的 DJ 峰-峰值。尽管清楚地解释所有的 DJ PDF 情况是很耗时的，但可以直观地证明上述的陈述通常都是成立的，特别是实际的 DJ PDF 不是双狄拉克函数类型时。

在实际的 DJ PDF 并不是双狄拉克函数情况下，采用双狄拉克模型并且不经过尾部拟合，此时可以得出几个重要的事实和结论：

- 对于相同的 DJ 峰-峰值和相同的 RJ 方差 σ，与其他常用的 DJ PDF 相比，双狄拉克模型对应的 TJ 估计最高。
- 对于相同的 RJ 方差 σ，要在特定的 BER 值处得到相同的 TJ 值，与其他常用的 DJ PDF 相比，由双狄拉克模型估计出的 DJ 峰-峰值是最小的。
- 对于给定的 BER CDF，双狄拉克模型会高估实际的 RJ 方差 σ 并且低估 DJ 峰-峰值。
- DJ，RJ 和 TJ 的估计误差是不同的，这与实际的应用有关。通过一定条件下的仿真可以很清楚地看出，DJ 和 DJ 估计的误差高达 35% ，从文献[6]的实验中观察到的误差则高达 50% 。

这些结果有力地表明了，除非已知 DJ PDF 的确是双狄拉克函数，否则在实际的抖动 PDF 和 BER CDF 分析中采用双狄拉克模型时必须谨慎。

5.5 小结

本章中，首先从理解抖动的过程，以及实际抖动值中存在诸如 DJ 和 RJ 这些抖动分量的角度，描述了进行抖动分离的必要性。接下来，5.2 节中详细讨论了在基于抖动 PDF 的条件下将抖动分离成各分量的问题，介绍了尾部拟合法，包括实现原理、仿真和实验结果。问题的关键在于，PDF 尾部取决于随机抖动过程，并且可以用高斯分布对其进行很好地建模。尾部拟合法给出了对尾部的高斯分布进行定义的参数，包括均值和方差 σ，反过来又衍生了 DJ 峰-峰值的估计和 RJ 方差 σ 的估计。同时，这一节中还讨论了确定 DJ PDF 的反卷积法。5.3 节中，介绍了采用 BER CDF 作为基函数时尾部拟合算法的应用和实现。考虑了两种情况：基于原始的 BER CDF 和基于 Q 空间，内容包括了基本数据函数和基本模型从 BER CDF 空间到

Q 空间的变换。在 BER CDF 空间中，高斯函数变换为高斯积分形式，本质上它是互补误差函数；在 Q 空间中，高斯函数变换为线性函数。本节中也总结了尾部拟合法在各个空间上的优缺点。在所关注的 DJ，RJ 和 BER 条件下，推导出一种有条件的快速准确线性方程来估计 TJ。5.4 节讨论了在不通过尾部拟合的实际应用中，双狄拉克函数作为 DJ PDF 模型的精度。结果表明，确实存在较大的误差。因此对任意的 DJ PDF 建模时，必须谨慎地使用双狄拉克模型。

参考文献

1. M. P. Li, J. Wilstrup, R. Jesson, and D. Petrich, "A New Method for Jitter Decomposition Through Its Distribution Tail Fitting," IEEE International Test Conference (ITC), 1999.
2. P. R. Bevington and D. K. Robinson, *Data Reduction and Error Analysis for the Physical Sciences*, McGraw-Hill, Inc., 1992.
3. Knuth, D. E., *Seminumerical Algorithm*, Second Edition, Addison-Wesley, 1981.
4. J. Sun, M. Li, and J. Wilstrup, "A Demonstration of Deterministic Jitter (DJ)," IEEE Instrumentation and Measurement Technology Conference (IMTC), 2002.
5. G. Arfken, *Mathematical Methods for Physicists*, Third Edition, Academic Press, Inc., 1985.
6. M. P. Li and J. Wilstrup, "On the Accuracy of Jitter Separation from Bit Error Rate Function," IEEE International Test Conference (ITC), 2002.

第6章　时域、频域抖动及噪声分离与分析

第5章介绍了统计域中基于PDF或BER CDF函数的抖动分离和分析方法。本章将重点介绍时域和频域中基于抖动时间记录、频谱或功率谱的抖动分离。其内容涵盖了第一层抖动分量DJ和RJ，第二层、第三层抖动分量，如DDJ，DCD，ISI，BUJ和PJ。同时，对各种时域及频域中的分离方法也进行了对比。

本章是扩展和加深理解的内容！

6.1　抖动的时域及频域表征

第5章介绍了统计域中基于抖动PDF和CDF函数的抖动分离，从本质上来看，抖动是一个统计信号过程，也可以在时域或频域中对其进行处理。本章的重点就是时域－频域中的抖动分离。

6.1.1　抖动的时域表示

第1章中提到，抖动是指偏离理想时序信号的时间偏差Δt。这里所谓理想时序信号的一个例子是数字通信中理想的比特位时钟。Δt中可能包含着全部的抖动分量，并且，只有在边沿跳变的时刻才可以测量或观察抖动。这意味着，抖动也是采样时间的函数，即$\Delta t(t_n)$。因为对于给定的时间位置t_n，可以对$\Delta t(t_n)$进行m次测量，通常情况下可以用$\Delta t_m(t_n)$来表示抖动。根据这个概念，我们可以通过数据相关性抖动(DDJ)、周期性抖动(PJ)、有界不相关抖动(BUJ)和随机抖动(RJ)这样的分量形式来表示瞬时抖动，如下式所示：

$$\Delta t_m(t_n) = \Delta t_{\mathrm{DDJ\_}m}(t_n) + \Delta t_{\mathrm{PJ\_}m}(t_n) + \Delta t_{\mathrm{BUJ\_}m}(t_n) + \Delta t_{\mathrm{RJ\_}m}(t_n) \tag{6.1}$$

针对时域式(6.1)，可以采用多种数学运算方法来估计各种抖动分量。

6.1.2　抖动的频域表示

如果对式(6.1)进行时域到频域的运算或变换，就可以得到抖动的频域表示。采用的变换运算可以是傅里叶变换(FT)、离散傅里叶变换(DFT)或者拉普拉斯变换(LT)等。如果采用实频域状态变量，那么频域参量表示就包含单独的幅度和相位。如果状态变量采用例如LT变换中的复频率s，那么通过一个整体参量表示就足够了，此时幅度和相位信息全部包含在s域中。为了简单起见，我们采用FT运算，只考虑频域中的幅度部分。在实际应用中，可以通过快速运算来进行时域到频域的变换，例如FFT。

6.1.2.1　直接傅里叶变换频谱

对式(6.1)两边同时进行傅里叶变换，得到抖动及其分量的频域表示：

$$\mathrm{FT}[\Delta t_m(t_n)] = \mathrm{FT}[\Delta t_{\mathrm{DDJ}\_m}(t_n)] + \mathrm{FT}[\Delta t_{\mathrm{PJ}\_m}(t_n)] + \mathrm{FT}[\Delta t_{\mathrm{BUJ}\_m}(t_n)] + \mathrm{FT}[\Delta t_{\mathrm{RJ}\_m}(t_n)] \tag{6.2}$$

式(6.2)中的各项表示相应抖动的(一阶)频谱。用大写字母来表示频域中的抖动谱，则式(6.2)可以写成

$$\Delta T_m(f_l) = \Delta T_{\mathrm{DDJ}\_m}(f_l) + \Delta T_{\mathrm{PJ}\_m}(f_l) + \Delta T_{\mathrm{BUJ}\_m}(f_l) + \Delta T_{\mathrm{RJ}\_m}(f_l) \tag{6.3}$$

式中，l 是离散频率下标。尽管总抖动的属性和特征比较复杂，但是它的分量却具有特定和唯一的特征。例如，周期性抖动在频域中表现为尖峰或谱线，相对于时域分析，根据这个特征可以更容易地识别和量化表征这种抖动分量。再如，当 DDJ 是一种重复模式时，DDJ 也表现为尖峰或谱线，而且它们的频率是模式频率 f_{patt} 的整数倍，其中 $f_{\mathrm{patt}} = 1/N_{\mathrm{patt}}$，$N_{\mathrm{patt}}$ 是以 UI 为单位的模式长度。BUJ 和 RJ 表现为宽带有界的背景噪声。图 6.1 示出了包含所有抖动分量的抖动谱。

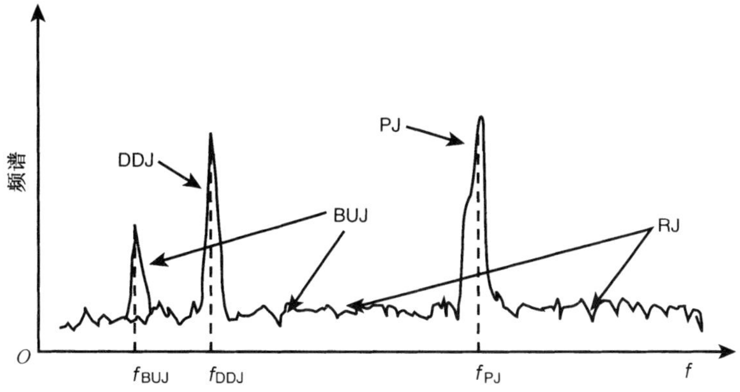

图 6.1　包含了所有分量的抖动傅里叶频谱幅度。DDJ 频率满足 $f_{\mathrm{DDJ}} = n \cdot f_{\mathrm{patt}}$，其中 n 为整数，f_{patt} 是模式频率值

很显然，DDJ 和 PJ 属于所谓的“窄带类型”。DDJ 和 PJ 之间最主要的区别就是 DDJ 频率满足 $f_{\mathrm{DDJ}} = n \cdot f_{\mathrm{patt}}$，而 PJ 通常不满足这个关系。然而，当 $f_{\mathrm{DDJ}} = f_{\mathrm{PJ}}$ 时，DDJ 和 PJ 就无法通过这种基于抖动谱的分离方法进行分离。BUJ 有两种类型：高幅度的“窄带”型和低幅度的“宽带”型。显而易见，“窄带”BUJ 与规则的 PJ 区别不明显，除非已经事先知道这种 BUJ 的产生根源。而一般情况下“宽带”BUJ 与 RJ 不容易被区分，除非事先知道 BUJ 的幅度和频率范围，或者是已知 RJ 频谱的形状和幅度。

要估计一定频率范围内的抖动能量，就需要用到 PSD，它与傅里叶频谱不同。实际中，可以通过傅里叶频谱来估计时间周期 T 内的 PSD：

$$S(f_l, T) = \frac{|\Delta T_{\mathrm{m}}(f_l)|^2}{T} \tag{6.4}$$

然而，文献[1]中已证明，无论 T 取多大值，即使是趋向于无穷大，通过式(6.4)也得不出很准确的功率谱密度 $S(f)$。因此，对于随机过程，傅里叶频谱与 PSD 之间并没有一个合理的关

联。利用式(6.4)只能近似地估计 PSD 以及相应的抖动能量：因为它没有足够的理论基础支持或缺乏必要的准确性保证。

6.1.2.2 抖动 PSD

对于随机过程，我们所关心的是它的能量随频率的分布情况，而不是和相位有关的频谱。在 2.5.5 节中已经建立了广义平稳随机过程 PSD 估计的数学基础。这里，我们需要从自相关函数的估计入手来计算 PSD。对式(6.1)进行自相关函数运算，可得

$$R_{\Delta t}(\tau_n) = R_{\mathrm{DDJ}}(\tau_n) + R_{\mathrm{PJ}}(\tau_n) + R_{\mathrm{BUJ}}(\tau_n) + R_{\mathrm{RJ}}(\tau_n) + \sum_{i,j} R_{i\mathrm{J}\_j\mathrm{J}}(\tau_n) \tag{6.5}$$

式中，$R_{i\mathrm{J}_j\mathrm{J}}$表示不同的抖动类型之间的互相关函数。由于不同种类的抖动来源是截然不同的，所以假设它们之间是独立或者不相关在一定程度上是合理的。这意味着，PJ，BUJ 和 RJ 之间的互相关定义为零，所以互相关函数表达式值为零，即 $\sum_{i,j} R_{i\mathrm{J}\_j\mathrm{J}}(\tau) = 0$。根据这个性质，式(6.5)可表示为

$$R_{\Delta t}(\tau_n) = R_{\mathrm{DDJ}}(\tau_n) + R_{\mathrm{PJ}}(\tau_n) + R_{\mathrm{UBJ}}(\tau_n) + R_{\mathrm{RJ}}(\tau_n) \tag{6.6}$$

然后对式(6.6)两边进行 FT 变换，可得

$$\mathrm{FT}[R_{\Delta t}(\tau_n)] = \mathrm{FT}[R_{\mathrm{DDJ}}(\tau_n)] + \mathrm{FT}[R_{\mathrm{PJ}}(\tau_n)] + \mathrm{FT}[R_{\mathrm{BUJ}}(\tau_n)] + \mathrm{FT}[R_{\mathrm{RJ}}(\tau_n)] \tag{6.7}$$

由于对自相关函数进行 FT 变换后得到的是 PSD，因此有

$$S_{\Delta t}(f_l) = S_{\mathrm{DDJ}}(f_l) + S_{\mathrm{PJ}}(f_l) + S_{\mathrm{BUJ}}(f_l) + S_{\mathrm{RJ}}(f_l) \tag{6.8}$$

式(6.8)说明，总抖动的 PSD 等于各个抖动分量的 PSD 之和。这种情况下的叠加是因为假设这些抖动分量都是独立不相关的，所有的互谱密度均不存在。

6.2 DDJ 分离

本节讨论基于抖动时域记录、频域频谱和 PSD 的 DDJ 分离方法。最后还将讨论如何将 DDJ 分离成它的 DCD 和 ISI 分量。

6.2.1 基于抖动时间函数的分离法

对于式(6.1)中各项，将所有采样时间(以 n 为下标)对应的 m 次测量进行平均运算，得到

$$\frac{1}{M}\sum_{m=1}^{M}\Delta t_m(t_n) = \frac{1}{M}\left[\sum_{m=1}^{M}\Delta t_{\mathrm{DDJ}\_m}(t_n) + \sum_{m=1}^{M}\Delta t_{\mathrm{PJ}\_m}(t_n) + \sum_{m=1}^{M}\Delta t_{\mathrm{BUJ}\_m}(t_n) + \sum_{m=1}^{M}\Delta t_{\mathrm{RJ}\_m}(t_n)\right] \tag{6.9}$$

如果样本大小和记录点足够多，则所有的 PJ，BUJ 和 RJ 的平均值为零，这是因为它们与数据模式是不相关的。DDJ 是静态的，并且取平均不会改变它的值。因此，式(6.9)变为

$$\frac{1}{M}\sum_{m=1}^{M}\Delta t_m(t_n) = \Delta t_{\mathrm{DDJ}\_m}(t_n) \tag{6.10}$$

式(6.10)给出了通过时域中抖动 Δt 的时间记录来估计 DDJ 的一种量化表征方法。在数据通信中，抖动测试或估计一般是采用特定重复的、具有固定边沿跳变次数的数据测试模式来进行的。

为了理解式(6.9)和式(6.10)，图 6.2 显示了一个数字波形(这是高速测试中常用的长度为20 比特的 K28.5 数据模式)，其中包含了抖动分量 DDJ，PJ 和 RJ。DDJ 是由于高速信号经过的媒质是带宽有限的而引起的；PJ 和 RJ 是由于周期性噪声和随机噪声对信号的幅度调制而引起的。

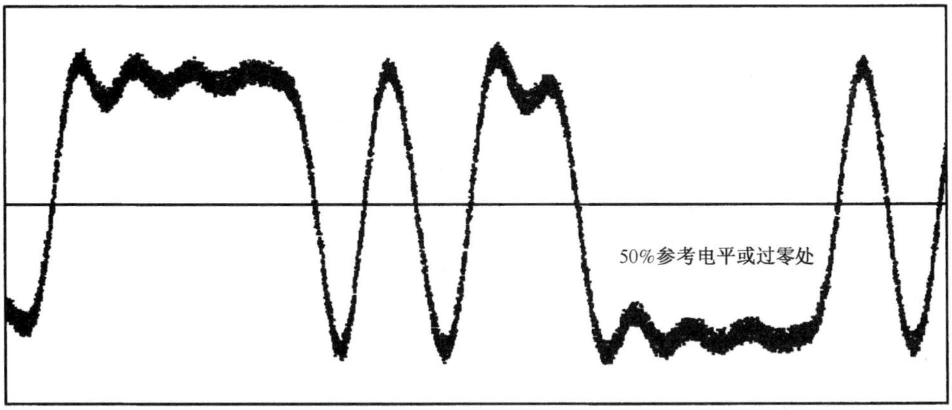

图 6.2　包含了 DDJ，PJ 和 RJ 抖动的数字波形，其中参考阈值在幅度的 50% 处

对图 6.2 中的波形进行平均运算，可以得到图 6.3 所示的波形，其中与模式不相关的 PJ 和 RJ 抖动都通过平均运算去除了。因此，相对于理想比特位时钟，边沿跳变偏差展现的就是 DDJ 估计。

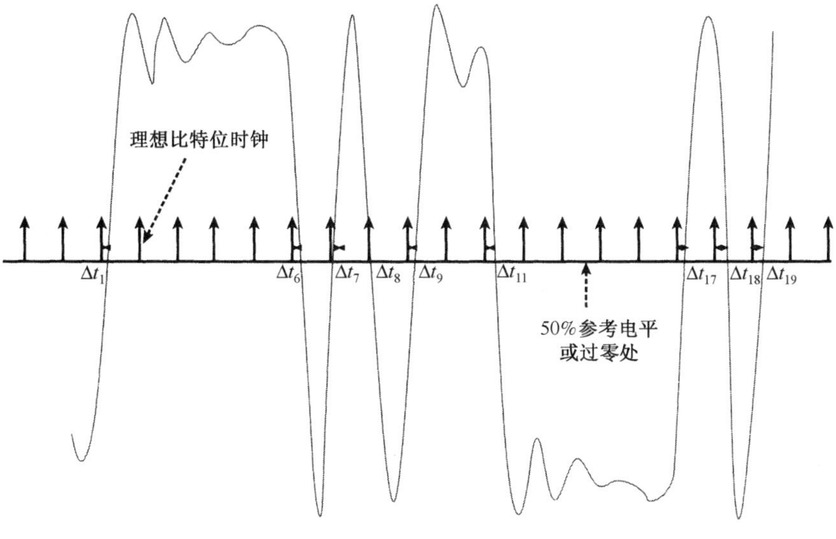

图 6.3　将图 6.2 加以平均后的波形。PJ 和 RJ 被平均掉了，相对于理想时钟，边沿跳变偏差只包含了DDJ

根据式(6.10)所示的 DDJ 时间记录，通过直方图分级，可以建立 DDJ PDF：

$$f_{\mathrm{DDJ}}(\Delta t) = \mathrm{Hist}(\Delta t_{\mathrm{DDJ\_}m}(t_n)) \tag{6.11}$$

式中，Hist 表示直方图分级函数。

文献[2]中最先提到了时域 DDJ。

6.2.2 基于傅里叶频谱或 PSD 的分离法

DDJ 可以在频域中通过傅里叶频谱(FS)或 PSD 来估计。估计条件为：DDJ 的频域幅度要比背景 RJ 和 BUJ 的频谱高出几个 σ，而且 DDJ 频率必须为模式重复频率的整数倍。换句话说，当满足以下条件时，才能识别出 DDJ。对于基于傅里叶频谱的识别，该条件如下：

$$\Delta T(f_l) \geqslant N\sigma_{\mathrm{FS}} \quad 和 \quad f_l = n \cdot f_{\mathrm{patt}} \tag{6.12}$$

式中，σ_{FS}为傅里叶频谱中背景噪声的均方根；N 是门限量级。一般来说，N 满足 $N \geqslant 3$。当 $N=3$ 时，可以保证 99.97% 统计置信度(见 3.2.1.1 节)。基于傅里叶频谱的 DDJ 分离也可以在文献[3]中查询。

基于 PSD 的识别，该条件如下：

$$S_{\Delta t}(f_l) \geqslant N\sigma_{\mathrm{PSD}} \quad 和 \quad f_l = n \cdot f_{\mathrm{patt}} \tag{6.13}$$

式中，σ_{PSD}是 PSD 的均方根；门限量级 N 与基于傅里叶频谱的 DDJ 分离情况相似。

DDJ 尖峰的个数取决于位序模式的长度、跳变密度和游程长度等。如果 $\Delta t_{\mathrm{DDJ}}(f_l)$ 为 DDJ 在频率 f_l 处的峰值，则 DDJ PDF 为

$$f_{\mathrm{DDJ}}(\Delta t) = \mathrm{Hist}(\Delta t_{\mathrm{DDJ}}(f_l)) \tag{6.14}$$

这与式(6.11)非常相似，那里是通过时域平均来确定 DDJ。

6.2.3 从 DDJ 中分离 DCD 和 ISI

在开始讨论从 DDJ 中分离 DCD 和 ISI 之前，首先回忆一下它们的定义。

DCD 是占空失真。它可能是由于用于确定脉冲宽度的参考电压值发生偏离而引起的。DCD 也可能是由于正、负数据跳变的传播时延不同而导致的。

ISI 为符号间干扰。它是由于数据通路的传播延时而引起的，该传播延时是之前数据的函数，并且所有带宽有限的数据通路中都存在 ISI。

DDJ 由 DCD 和 ISI 组成。

假设 DDJ 上升边和下降边的 PDF 分别为$f_{\mathrm{DDJ_r}}$和$f_{\mathrm{DDJ_f}}$，可以得到以下的关系式：

$$f_{\mathrm{DDJ}}(\Delta t) = f_{\mathrm{DDJ\_r}}(\Delta t) + f_{\mathrm{DDJ\_f}}(\Delta t) \tag{6.15}$$

定义上升边和下降边的 PDF 最大值所对应的抖动位置分别为 $\Delta t_{\mathrm{max_r}}$和 $\Delta t_{\mathrm{max\_f}}$。当 $\Delta t_{\mathrm{max_r}}$和 $\Delta t_{\mathrm{max_f}}$相同时，ISI PDF 就是 DDJ PDF。这是因为，如果不存在 DCD，上升边和下降边的 PDF 将比较一致，通过如下数学运算就可以导出。

当 $\Delta t_{\mathrm{max_f}} \geqslant \Delta t_{\mathrm{max_r}}$时，

$$f_{\mathrm{ISI}}(\Delta t) = \frac{1}{2}\left[f_{\mathrm{DDJ\_r}}\left(\Delta t - \frac{\Delta t_{\mathrm{max\_f}} - \Delta t_{\mathrm{max\_r}}}{2}\right) + f_{\mathrm{DDJ\_f}}\left(\Delta t + \frac{\Delta t_{\mathrm{max\_f}} - \Delta t_{\mathrm{max\_r}}}{2}\right)\right] \tag{6.16}$$

当 $\Delta t_{\max_r} \geqslant \Delta t_{\max_f}$时，

$$f_{\mathrm{ISI}}(\Delta t)=\frac{1}{2}\left[f_{\mathrm{DDJ\_f}}\left(\Delta t-\frac{\Delta t_{\max\_r}-\Delta t_{\max\_f}}{2}\right)+f_{\mathrm{DDJ\_r}}\left(\Delta t+\frac{\Delta t_{\max\_r}-\Delta t_{\max\_f}}{2}\right)\right] \tag{6.17}$$

因为 DDJ 由 DCD 和 ISI 构成，它们的 PDF 是通过卷积过程关联起来的，这里 DCD PDF 可以通过下式的反卷积过程得到：

$$f_{\mathrm{DCD}}(\Delta t)=f_{\mathrm{DDJ}}(\Delta t)*^{-1} f_{\mathrm{ISI}}(\Delta t) \tag{6.18}$$

式中，$*^{-1}$表示反卷积运算。

当上升边和下降边对应的 DDJ PDF 对称，并且仅有一个峰值时，那么 DCD PDF 就是一个简单的双狄拉克函数，表示如下：

$$f_{\mathrm{DCD}}(\Delta t)=\frac{1}{2}[\delta(\Delta t-\Delta t_{\max\_f})+\delta(\Delta t+\Delta t_{\max\_r})] \tag{6.19}$$

在这种情况下，当 $\Delta t_{\max_f} \geqslant \Delta t_{\max_r}$时，它的峰-峰值为 $\Delta t_{\max\_f}-\Delta t_{\max\_r}$。

当 $\Delta t_{\max_f} \leqslant \Delta t_{\max_r}$时，有

$$f_{\mathrm{DCD}}(\Delta t)=\frac{1}{2}[\delta(\Delta t-\Delta t_{\max\_r})+\delta(\Delta t+\Delta t_{\max\_f})] \tag{6.20}$$

此时，峰-峰值为 $\Delta t_{\max\_r}-\Delta t_{\max\_f}$。

图 6.4 示出了 DDJ，DCD 和 ISI 之间的关系。为简单起见，上升边和下降边的 PDF 是相同的，并且只有单个峰值。现在考虑 $\Delta t_{\max_f} \geqslant \Delta t_{\max_r}$的情况，根据式(6.16)的定义，当上升边 PDF 和下降边 PDF 的峰值对称时，ISI PDF 为这两个 PDF 的叠加。因为上升边 PDF 和下降边 PDF 是相同的，而且都有一个峰值 a，那么从式(6.16)中推导出的 ISI PDF 有相同的 PDF 和相同的峰-峰值 a。已知 DDJ PDF 和 ISI PDF 情况下，可以通过式(6.18)的反卷积来估计 DCD PDF，得到一个双狄拉克 DCD PDF。

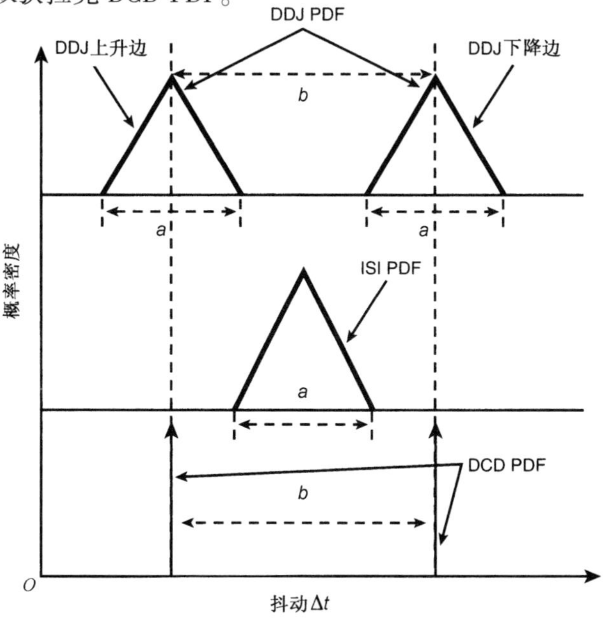

图 6.4　DDJ 及 ISI 和 DCD 分量的 PDF。DDJ 上升边 PDF 和下降边 PDF 是单峰且对称的

6.3 PJ，RJ 及 BUJ 分离

基于前面章节的理论，本节在假设已经将 DDJ 尖峰从傅里叶频谱或 PSD 函数中移除的前提下讨论 PJ 和 RJ 的频域分离。图 6.5 显示的是移除了 DDJ 尖峰的 PSD 函数。

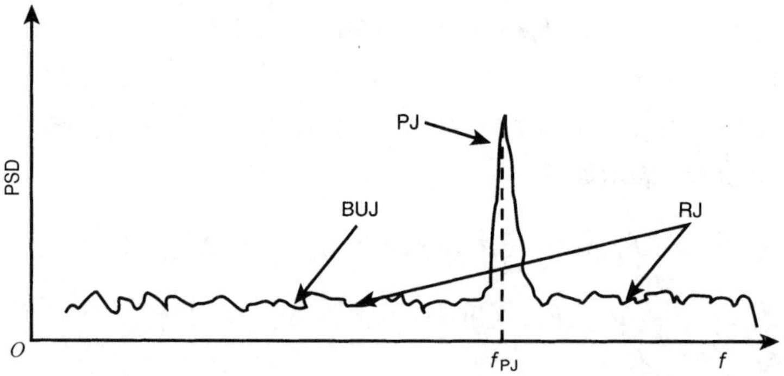

图 6.5　包括 PJ，RJ 和 BUJ 的 PSD 函数，其中的 DDJ 尖峰已被移除

6.3.1 基于傅里叶频谱

上述前提下的傅里叶频谱包含 PJ，BUJ 和 RJ 分量。PJ 是以尖峰或谱线的形式出现的，对 PJ 进行识别完全可以通过与邻近的 RJ 和 BUJ 背景进行幅度比较来实现。满足如下条件的任何谱线都被识别为 PJ：

$$\Delta T(f_l) \geqslant N\sigma_{\mathrm{FS}} \tag{6.21}$$

N 和 σ_{FS}的定义与式(6.12)中的定义类似。这样可能会识别出许多 PJ。为了通过许多单个的 PJ 得到总 PJ PDF，也需要 PJ 的相位信息。PJ 服从叠加规则，因此总 PDF 可以通过下面的关系式来建立：

$$f_{\mathrm{PJ}}(\Delta t) = \mathrm{Hist}\left[\sum_{l=1}^{L} \Delta t_{\mathrm{PJ}\_l} \sin(2\pi f_l t_n + \phi_l)\right] \qquad n = 1,2,\cdots,N \tag{6.22}$$

式中，Δt_{PJ_l}，f_l 和ϕ_l 分别表示第 l 个 PJ 峰的峰值、频率和相位。对全部的 L 个 PJ 进行求和，采样时间从 t_1 到 t_N。

当识别和估计出 PJ 之后，就可以从频谱中把它们都滤除出去。但是傅里叶频谱不同于 PSD，必须通过式(6.4)将傅里叶频谱近似转换成 PSD，正如 6.1.3.1 节中所讨论的一样，这样的转换不能保证精确的 RJ 估计。在所关心的 $f_{\mathrm{L}} \sim f_{\mathrm{H}}$ 的频率范围内，可以通过下式来估计 RJ 的均方根：

$$\sigma_{\mathrm{RJ}} = \int_{f_{\mathrm{L}}}^{f_{\mathrm{H}}} S(f,T)\mathrm{d}f \tag{6.23}$$

假设 PSD 是白色的，只要确定了 RJ 的均方根，那么它的 PDF 就是具有同样均方根或 σ 值的高斯过程。

一般情况下，在傅里叶频谱中宽带 BUJ 是很难从 RJ 中分离出来的。因此，傅里叶频谱中存在宽带 BUJ 可能会使得 RJ 估计夸大。

一个特殊的例子是当 BUJ 处于可控的实验条件或操作控制下。例如，如果 BUJ 是由于邻近信道的串扰产生的，那么可以通过两个测量来估计 BUJ。一个是将邻近的信道置于静态模式来测量 RJ PSD，另一个是将邻近信道置于动态模式来测量 RJ 和 BUJ 的 PSD。因为 PSD 服从叠加规则，所以可以通过上述测量得到的两个 PSD 之差来估计 BUJ PSD。

6.3.2　基于 PSD

基于 PSD 的抖动分离法和基于傅里叶频谱的方法有相似的地方，也有不同点。在 PJ 的识别上与基于傅里叶频谱的方法相似，任何满足如下条件的谱线都被识别成 PJ：

$$S_{\Delta t}(f_l) \geqslant N\sigma_{\mathrm{PSD}} \tag{6.24}$$

N 和 σ_{PSD}的定义与式(6.13)中的定义类似。这样会识别出许多 PJ。但是，在 PSD 中是用不到相位信息的，这是因为功率是标量而不是矢量。与基于傅里叶频谱 PJ 分离法不同的是，通过基于 PSD 的方法从许多单个的 PJ 中得到总 PJ PDF，需要对 PJ 的相位信息进行假设。如同 3.1.2 节中讨论的一样，如果存在许多独立的 PJ，那么假设它们的相位服从随机分布可能是一个不错的建议。在这种假设条件下，可以通过下式建立总 PJ PDF：

$$f_{\mathrm{PJ}}(\Delta t) = \mathrm{Hist}\left[\sum_{l=1}^{L} \Delta t_{\mathrm{PJ\_}l} \sin(2\pi f_l t_n + \phi_l)\right] \qquad n = 1,2,\cdots,N \tag{6.25}$$

式中，$\Delta t_{\mathrm{PJ\_}l}$，f_l 和 ϕ_l 的含义与式(6.22)定义的相同，但是，这里假设相位 ϕ_l 是均匀的随机分布，而不像基于傅里叶频谱分离法中相位分布是确定的。

将所有识别出的 PJ 移除之后就得到了 RJ PSD。在所关心的 $f_{\mathrm{L}} \sim f_{\mathrm{H}}$ 的频率区间内，可以通过下式来估计 RJ 的均方根：

$$\sigma_{\mathrm{PJ}} = \int_{f_{\mathrm{L}}}^{f_{\mathrm{H}}} S_{\Delta t}(f)\mathrm{d}f \tag{6.26}$$

这是在一定的频率范围内唯一可以准确估计 RJ 均方根的方法。如果 PSD 是高斯的，则只要确定了 RJ 的均方根，RJ PDF 就是具有相同均方根或 σ 值的高斯函数。

正如前面所提到的那样，通过 PSD 是很难将宽带 BUJ 从 RJ 中分离出来的。因此，PSD 中宽带 BUJ 的存在可能使得 RJ 估计被夸大。

6.3.1 节中提到，如果宽带 BUJ 的存在是可控的，那么就可以测量两个 PSD 并根据两者之差来确定宽带 BUJ。

6.3.3　基于时域方差函数

基于有效的抖动时间记录，可以在时域里对 PJ 和 RJ 进行分离。从最简单的 PJ 和 RJ 模型开始(DDJ 已经被分离出来)，对一些正弦信号(PJ)和加性高斯白噪声(RJ)进行求和：

$$\Delta t(t) = \Delta t_{\mathrm{PJ}}(t) + \Delta t_{\mathrm{RJ}}(t) = \sum_{l=1}^{L} \Delta t_{\mathrm{PJ\_}l} \sin(2\pi f_l t + \phi_l) + \Delta t_{\mathrm{RJ}}(t) \tag{6.27}$$

式中，Δt_{PJ_l}，f_l 和ϕ_l 分别表示 PJ 的幅度、频率和初始相位；$\Delta t(t)$表示抖动信号；$\Delta t_{\mathrm{RJ}}(t)$是零均值、方差为 σ_{RJ}^2的高斯白噪声。

目的是准确地估计出 PJ 的数量、PJ 的幅度和频率(Δt_{PJ_l}, f_l)以及 RJ 的方差(σ_{RJ}^2)。

$\Delta t(t)$的均值、方差和自相关函数表示如下：

$$\begin{cases} \mu_t = \lim\limits_{T\to\infty} \dfrac{1}{T}\displaystyle\int_0^T t(t)\mathrm{d}t = 0 \\ \sigma_0^2 = \lim\limits_{T\to\infty} \dfrac{1}{T}\displaystyle\int_0^T (t(t)-\mu_t)^2\mathrm{d}t = \sum_{l=1}^{L} \dfrac{t_{\mathrm{PJ}\_l}{}^2}{2} + \sigma_{\mathrm{RJ}}^2 \\ R_{\Delta t}(\tau) = \displaystyle\sum_{l=1}^{L} \dfrac{t_{\mathrm{PJ}\_l}^2}{2}\cos(2\pi f_l \tau) + \sigma_{\mathrm{RJ}}^2 \delta(\tau) \end{cases} \tag{6.28}$$

式中，δ 表示狄拉克函数；τ表示自相关函数的时差。在这种情况下，均值和方差都是常数，自相关函数是时差的函数。换句话说，它们都与时间的平移无关。

通过式(6.28)中自相关函数的表达式 $R_{\Delta t}(\tau)$可以看出，对自相关函数的积分计算平均值,就可以很容易地估计出抖动方差(RJ 方差)σ_n^2。

有几种方法可以求解式(6.28)，找出 PJ 和 RJ 参数。其中有两种方法值得一提，因为它们是数字信号处理中常用的主流方法。第一种方法将式(6.28)转换成矩阵形式，用特征值和特征函数对其进行求解，详细信息请参考文献[4]。第二种方法是通过迭代优化对式(6.28)求解。我们将深入地讨论这种方法，因为相对来说这种方法更直观。

总 PJ 和 RJ 的方差记录与其自相关函数之间的关系表示为

$$\sigma_{\Delta t}^2(\tau) = 2[\sigma_0^2 - R_{\Delta t}(\tau)] \tag{6.29}$$

式中，σ_0^2 为常数，表示随机过程的总能量，它的值由式(6.28)中第二项表示。将式(6.29)表示的方差记录改写成离散形式，表示如下：

$$\sigma_{\Delta t}^2[k] = \sum_{l=1}^{L} \Delta t_{\mathrm{PJ}\_l}^2 (1-\cos(2\pi f_l k)) + 2\sigma_{\mathrm{RJ}}^2(1-\delta[k]) \tag{6.30}$$

可以很直观地看到优化结果。考查式(6.30)，可以逐个地“分离”其中的正弦量。假设参数之间没有相互影响，那么这就是一个固定的搜索过程。在这种情况下，首先定义一个代价函数或评测函数：

$$E = \sum_{k=0}^{N} (\sigma_{\Delta t}^2[k] - \Delta t_{\mathrm{PJ}\_\mathrm{e}}^2[1-\cos(2\pi f_{\mathrm{e}} k)])^2 \tag{6.31}$$

选定任意的初始幅度，先对一个频率范围进行扫描，找出使 E 最小化的频率f_{e}。接着，搜寻一个幅度范围，找到使 E 最小化的 $\Delta t_{\mathrm{PJ}\_\mathrm{e}}$。根据已知的幅度和频率，可以从方差记录中滤除掉一个正弦量。重复这个过程，直到将所有的正弦量都滤除之后，此时剩下的就是纯粹的噪声了。

图 6.6 示例了基于时域方差函数，通过优化来分离 PJ 和 RJ 的方法。此例的方差函数中包含了 7 个 PJ 和 1 个 RJ。全部 7 个 PJ 被依次分离出来，可以唯一地确定每个 PJ 的幅度和频率。方差函数的最后剩余部分表示 RJ 分量。由此确定出来的 PJ 和 RJ 与期望值非常接近。

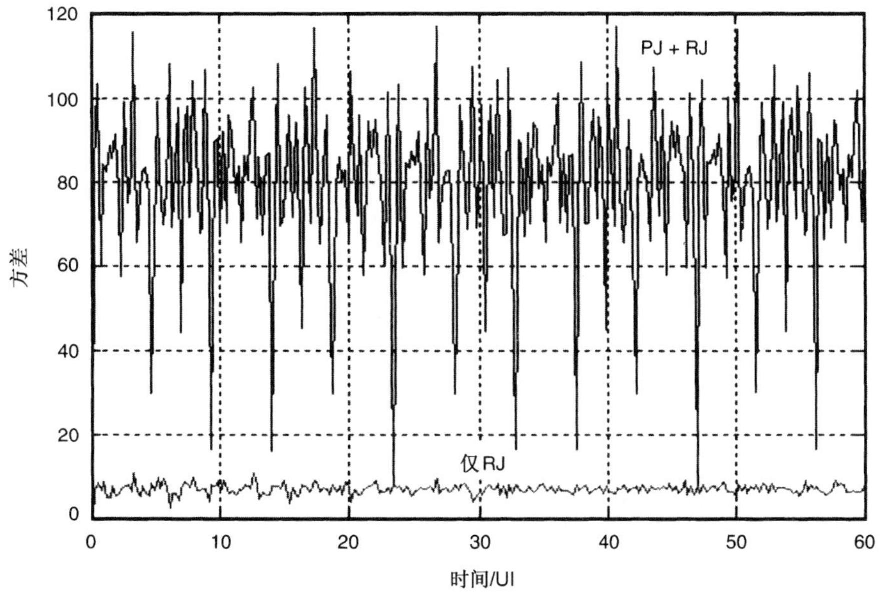

图 6.6　通过优化方法进行时域的 PJ 和 RJ 分离。图上部分表示 PJ + RJ 方差函数，图下部分为分离出的 RJ 方差函数

6.4　脉宽拉缩

首先讨论脉宽拉缩（PWS, Pulse Width Shrinkage）的定义和数学表示，其次讨论它与 DDJ 的关系。

6.4.1　PWS 的定义

新近的高速信道仿真结果表明，信道串扰和抖动的加剧程度与发送信号的 PWS 有很大的关系[5]。图 6.7 表示了广义的脉冲宽度（PW）定义。

PW 定义为两个连续的边沿跳变之间的时间间距。PWS 是指实际 PW 与理想 PW 之间的时间差。注意，PW 的长度可能是几个 UI。

假设波形的理想 UI 为 T_0，实际的 PW 为 $T_{\mathrm{PW\_}n}$，则 PWS 可以表示为

$$\Delta t_{\mathrm{PWS\_}n} = T_{\mathrm{PW\_}n} - M_n T_0 \tag{6.32}$$

式中，M_n 为第 n 个脉冲的游程长度。显然，M_n 的上限为数据模式的最大游程长度。PWS 可以为负值，即 $\Delta T_{\mathrm{PWS\_}n} < 0$。

参考图 6.3 中关于理想比特位时钟的定义，式(6.32)可以改写为

$$\Delta t_{\mathrm{PWS\_}n} = (t_{n+N_n} - t_n) - M_n T_0 = [t_{n+N_n} - (n + M_n)T_0] - [t_n - nT_0] \tag{6.33}$$

注意，$[t_{n+N_n} - (n+M_n)T_0]$ 和 $[t_{n+N_n} - nT_0]$ 分别为第 $(n+M_n)$ 个边沿和第 n 个边沿跳变瞬时抖动的定义。因此，式(6.33)可表示为

$$\Delta t_{\mathrm{PWS\_}n} = \Delta t_{n+N_n} - \Delta t_n \tag{6.34}$$

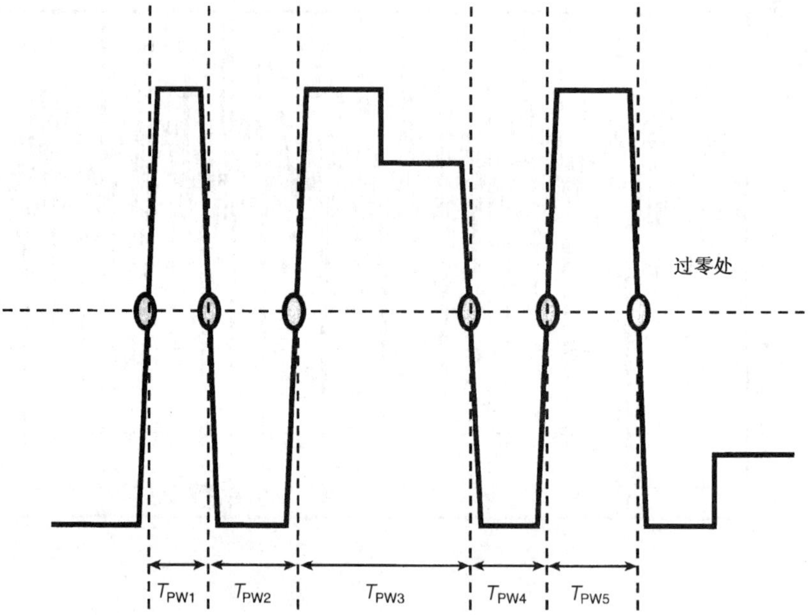

图 6.7 广义的脉冲宽度(PW)定义

式(6.34)表明 PWS 抖动是连续的边沿跳变对应的抖动之间的差值。这一差值对应于特定脉冲的游程长度 $M_n \cdot T_0$。由于差值函数本身隐含了高通滤波功能(第 7 章中将详细讨论),与瞬时边沿跳变抖动相比,PWS 抖动的低频分量较少。式(6.34)不仅使我们理解 PWS 与瞬时边沿跳变抖动的关系,而且在已知其中一个量时,可以对抖动进行定量分析。

6.4.2 PWS 的平均和 DDJ

如果图 6.6 中显示的波形类似于图 6.3 中的平均波形,那么任何与模式不相关的抖动都会被移除掉,例如 PJ, RJ 和 BUJ,只保留 DDJ。根据式(6.34),可以得出平均波形条件下 PSW 与 DDJ 的关系式:

$$\overline{\Delta t}_{\mathrm{PWS\_}n} = \Delta t_{\mathrm{DDJ\_}n+N_n} - \Delta t_{\mathrm{DDJ\_}n} \tag{6.35}$$

式(6.35)表明 PWS 的平均与 DDJ 之间是通过差值函数联系起来的。如果已知每个边沿跳变的 DDJ 时间记录,则可以采用这个关系式来估计 PWS 的平均。

6.4.3 PWS 估计

在 DDJ 时间记录的基础上,我们将给出一种利用式(6.35)来估计 PWS 的方法,可以通过时间区间分析仪(TIA)或者采样示波器(SO)获得这些时间记录。图 6.8 显示了 DDJ 作为一定时间跨度内测量数据的函数时,PWS 估计的范例。

在图 6.8 中,“+”DDJ 表示边沿跳变晚于理想时刻(无抖动)的情况,“-”DDJ 表示边沿跳变早于理想时刻(无抖动)的情况。PWS 是正值还是负值,取决于 $\Delta t_{\mathrm{DDJ\_}n}$ 与 $\Delta t_{\mathrm{DDJ\_}n+Mn}$ 的极性和幅度。尽管很难排除不会有其他情况出现,但在大多数时候,当 $\Delta t_{\mathrm{DDJ\_}n}$ 为正值而

Δt_{DDJ_n+Mn}为负值时，往往对应着最坏情况下的 PWS。在图 6.8 中，最坏情况下的 PWS 对应于由第 3 次和第 4 次边沿跳变确定的 PWS，其值为 -16.8 ps。

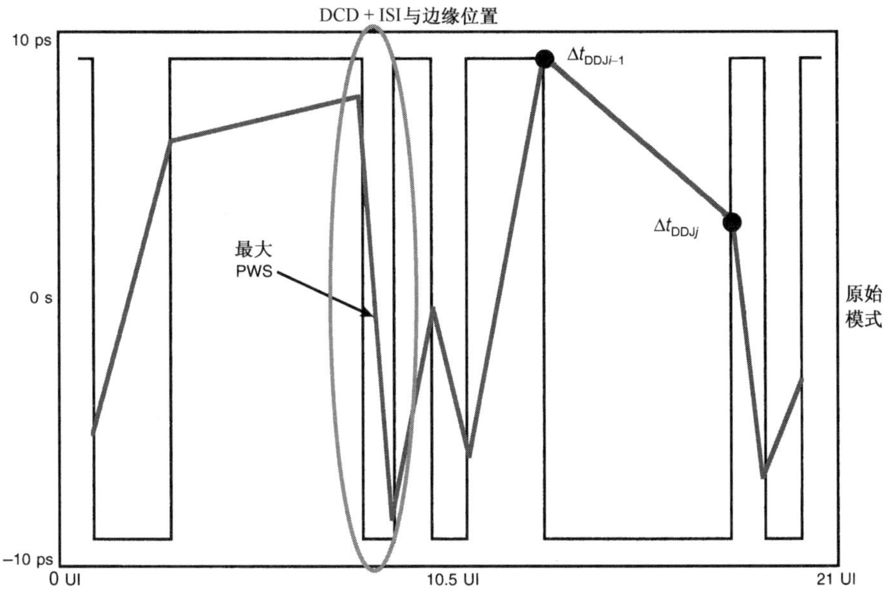

图 6.8　PWS 估计方法示例

6.5　时域、频域抖动分离法对比

本章已经介绍了 4 种时域/频域抖动分离法。每一种方法都有它自己独特的特性、优点、局限以及相应性能。表 6.1 回顾了这些方法在分离抖动分量 DDJ，DCD，ISI，PJ，RJ 和 BUJ 方面的性能和相关精度。

表 6.1　各种抖动分离的性能与性能比较

	DDJ	DCD	ISI	PJ	RJ	BUJ
1. 时域平均	是，给出最精确的 DDJ 估计	是，如果上升边和下降边能够区分开	是，如果上升边和下降边能够区分开	否	否	否
2. 频域傅里叶谱(FS)	是，在有些条件下可能能包含 PJ	是，如果上升边和下降边能够区分开	是，如果上升边和下降边能够区分开	是，有可能得出幅度、频率和相位。但是 PJ 可能会被误认为是 DDJ。需要进行 FFT 和插值运算	是，但是不够精确，因为精确的 PSD 无法通过 FS 得到。需要进行 FFT 和插值运算	可能，FS 中宽带 BUJ 一般很难与 RJ 相互分离，除非 BUJ 是可控的
3. 频域功率谱密度(PSD)	是，如果使用了方法 1	是，如果上升边和下降边能够区分开	是，如果上升边和下降边能够区分开	是，可以得到幅度和频率，但无法得到相位。需要进行 FFT 和插值运算	是，最精确的 RJ 估计。需要进行 FFT 和插值运算	可能，FS 中宽带 BUJ 一般很难与 RJ 相互分离，除非 BUJ 是可控的
4. 时域方差函数	否	否	否	是，不需要进行 FFT 和插值运算。可以得到幅度和频率，但无法得到相位	是，不需要进行 FFT 和插值运算	可能，FS 中宽带 BUJ 一般很难与 RJ 相互分离，除非 BUJ 是可控的

从表 6.1 中可以看出，没有哪种方法能够精确地分离出所有抖动分量。可以通过优化组合这些方法形成混合型方法来分离出所有的抖动分量，其总体能力和性能比单个方法优越。

任何情况下，当所有抖动分量都存在时，这些基于时域或频域的方法都不能确定准确的宽带 BUJ，除非宽带 BUJ 在估计过程中是可控的。在宽带 BUJ 不可控，并且除了测量结果外没有其他信息的情况下，分离宽带 BUJ 的最好方法仍然是第 5 章中介绍的统计域方法。

6.6 小结

本章首先介绍了时域和频域中的抖动表示。在频域中，通常采用的是抖动 FS(傅里叶频谱)和 PSD 函数。通过对抖动时间函数进行傅里叶变换得到 FS 函数，通过时域的抖动的自相关函数得到 PSD 函数。近似的抖动 PSD 可以对抖动 FS 的平方取时间平均得到。本章还介绍了时域和频域中 DDJ 分离。在时域中，DDJ 由平均后的波形与相应过零点处的时间偏差来估计。在频域中，无论是 FS 函数还是 PSD 函数，DDJ 表现为一些谱线，这些谱线的频率为模式重复频率的整数倍。6.3 节介绍了基于抖动 FS 和 PSD 函数的 PJ，RJ 和 BUJ 分离，讨论了 PJ 检测技术，例如“滑窗”。同时，还介绍了 BUJ 的分离方法，即通过两次测量，测量中控制 BUJ 的状态分别为开启或关闭。在这一节中还介绍了 PJ 和 RJ 的时域分离。6.4 节中描述了一个新的抖动参量 PWS(脉宽拉缩)，以及 PWS 与瞬时边沿跳变抖动(参考点为理想时刻)的关系；给出了 PWS 与瞬时抖动之间的“差值函数”。当把这个关系式用于平均后的波形时，PWS 的平均值等于 DDJ 的差值函数。同时，本节中讨论了基于 DDJ 时间记录的 PWS 估计法。6.5 节对各种抖动分离方法的优点和局限进行了比较，探讨了如何利用各种方法创造出新的混合方法，从而克服单个方法的不足。

参考文献

1. W. B. Davenport and W. L. Root, *An Introduction to the Theory of Random Signals and Noise*, IEEE Press, 1987.
2. J. Wilstrup, “A Method of Serial Data Jitter Analysis Using One-Shot Time Interval Measurements,” IEEE International Test Conference (ITC), 1998.
3. B. Ward, K. Tan, and M. Guenther, “Apparatus and Method for Spectrum Analysis-Based Serial Data Jitter Measurement,” U.S. patent number 6,832,172, 2004.
4. L. Scharf, *Statistical Signal Processing: Detection, Estimation, and Time Series Analysis*, Prentice Hall, 1990.
5. Information Technology Industry Council and the American National Standards Institute, Inc. (ANSI), “Fiber Channel Physical Interfaces (FC-PI-4) Rev 1.00,” 2006.

第7章 时钟抖动

本章首先介绍数据抖动和时钟抖动的定义，以及它们在同步计算机系统和异步通信系统中的重要性。然后，针对不同类型的抖动定义进行讨论，比如相位抖动、周期抖动和周期间抖动，并用均匀的时钟信号波形特性分析它们的相互关系。最后，本章涉及到时钟抖动与相位噪声之间的关系，以及相位抖动和相位噪声之间的相互转换。

第7章重点介绍引起电子系统中抖动的主体因素——时钟抖动。有很好的实用背景。

7.1 时钟抖动

时钟被广泛地应用于现代电子技术中，包括计算机、通信和消费类电子产品。在计算机系统中，时钟为系统提供时序或者同步；在通信系统中，时钟通常用来指定数据何时发生切换或者各种位状态何时发送与接收。在同步系统中，中央全局时钟被分配到各子系统。在通信系统特别是异步通信系统中，时钟可以经恢复或传送获取。显然，时钟本身的时序精确度降低会严重影响整体系统的性能。本章的重点就是分析降低时钟性能的最主要因素：时钟抖动。

我们将从时钟抖动的定义入手，定量地讨论它对同步及异步系统的影响。

7.1.1 时钟抖动的定义

从信号或者波形的角度来看，因为时钟信号具有规则的跳变分布并以最小周期重复，因此时钟信号或时钟波形可以看成一种特殊形式的数据信号或者波形。假设$f(t)$表示单个周期内的时钟信号，则

$$f(t) = f(t \pm nT) \tag{7.1}$$

式中，T表示时钟信号周期；n为整数。

正因为时钟信号是一种特殊形式的数据信号，所以大多数数据抖动的概念都适用于时钟抖动，例如DJ和RJ。但是数据信号DJ中的某些分量定义不适用于时钟抖动，并且时钟信号或波形中不会出现不均匀/不对称的跳变，因此时钟抖动中也不会出现ISI。前几章中论述的数据信号中其他抖动分量的定义可以直接应用到时钟信号中。

时钟信号一致的边沿跳变特性，决定了时钟抖动的产生机理和测量时钟抖动的标准。图7.1中给出了相对于理想时钟信号边沿跳变时刻而言的时钟抖动。

对于时钟信号来说，每个周期都发生边沿跳变。为了记录时钟抖动，只需要进行规则的采样即可。这样，就简化了抖动频谱分析中的直接傅里叶变换(FT)或者快速傅里叶变换

(FFT)过程[1]。不需要像处理一般数据模式信号那样，由于数据模式信号的边沿跳变不均匀，需要去"填充"一些空白。

通常，数据信号的抖动分析方法也可以用于时钟信号分析中，因为时钟信号是数据信号的一个特例。但是，反过来不一定成立。举例来说，FFT 可以直接应用到时钟抖动分析中，但不能直接应用到数据抖动上，除非补齐遗漏的数据点(参见第 6 章)。对时钟抖动的分析，比起对数据信号抖动的分析来说，受采样约束的影响较小。因此，时钟抖动的分析方法更直接、更多样。例如，在时域中可以利用时域测量仪器来测量和分析时钟抖动，包括时间区间分析仪(TIA)或者采样示波器(OS)等；频域中可以利用频谱分析仪(SA)分析时钟抖动[2]。然而对于数据抖动来说，主要是通过时域仪器来测量和分析。频域仪器例如频谱分析仪不太适合，主要是因为很难从频谱分析仪的数据中分离出各种抖动分量[3]。

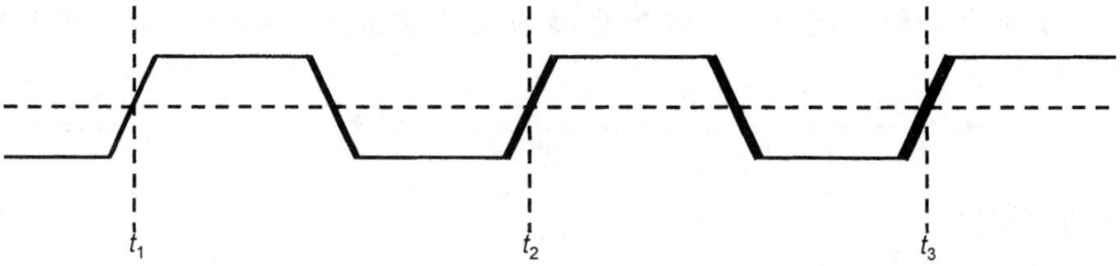

图 7.1　抖动的时钟信号，图中给出了参考电压/电源的跨越时刻

7.1.2　时钟抖动的影响

当时钟信号存在抖动时，将会影响设备和系统的性能。我们主要讨论时钟抖动对两类主要链路系统的影响：同步和异步。

7.1.2.1　同步系统

计算机类应用中使用的通常是同步系统。图 7.2 示出了一个典型的同步链路系统，该系统中全局时钟用来更新或确定驱动器、采样器或者寄存器的逻辑位[4,5]。如果时钟存在抖动，将会降低系统的功能和性能。

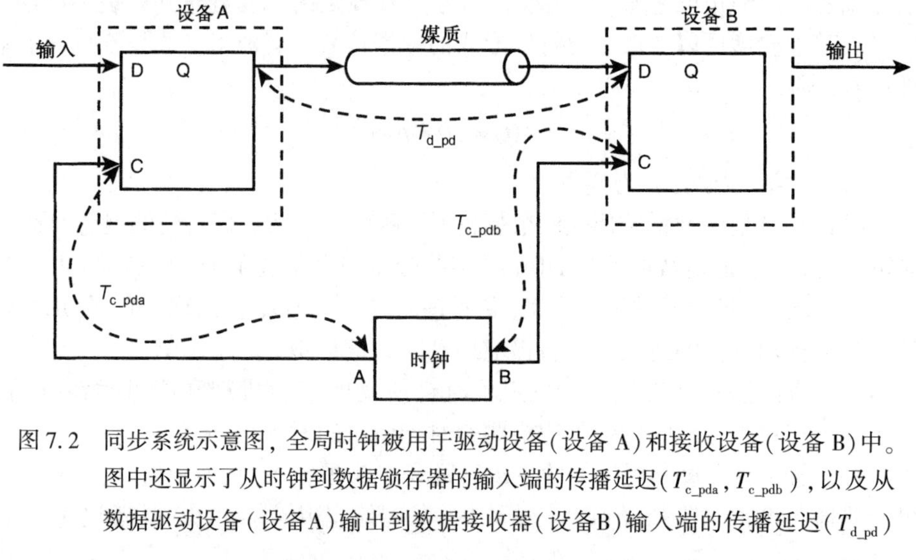

图 7.2　同步系统示意图，全局时钟被用于驱动设备(设备 A)和接收设备(设备 B)中。图中还显示了从时钟到数据锁存器的输入端的传播延迟(T_{c_pda}, T_{c_pdb})，以及从数据驱动设备(设备A)输出到数据接收器(设备B)输入端的传播延迟(T_{d_pd})

在同步系统中，初始的时钟脉冲用于控制设备 A 去锁存输入的数据并将其传送到传输媒介上，第二个时钟用于控制设备 B 锁存到来的数据。发送和接收一个数据比特的时间是 T_0。图 7.3 说明了这几个关键时序参数之间的关系。

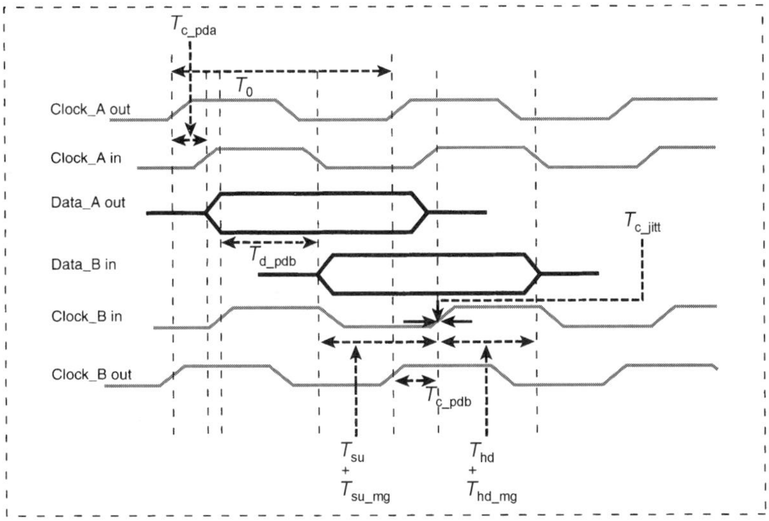

图 7.3　图 7.2 所示的不同时序参数之间的相互关系。T_{su}表示建立时间，T_{su_mg}表示建立时间容限，T_{hd}表示保持时间，T_{hd_mg}表示保持时间容限，T_0表示时钟周期

图 7.3 所示的这些时序参数的相互关系可以用下面的公式表示：

$$T_0 + T_{c\_pdb} + T_{c\_jitt} - T_{su\_mg} - T_{su} - T_{d\_pd} - T_{c\_pda} = 0 \tag{7.2}$$

$$T_{c\_pda} + T_{d\_pd} - T_{c\_jitt} - T_{hd\_mg} - T_{hd} - T_{c\_pdb} = 0 \tag{7.3}$$

这两个公式可以改写为不同的形式：

$$T_{su\_mg} = T_0 + T_{c\_jitt} - (T_{c\_pda} - T_{c\_pdb}) - T_{su} - T_{d\_pd} \tag{7.4}$$

$$T_{hd\_mg} = T_{d\_pd} - T_{c\_jitt} - T_{hd} + (T_{c\_pda} - T_{c\_pdb}) \tag{7.5}$$

定义时钟错位为 $T_{c\_skew} = T_{c\_pda} - T_{c\_pdb}$。最低的要求就是建立时间容限和保持时间容限都要大于零，这就导致下面关于建立时间和保持时间关系的条件不等式：

$$T_0 \geqslant -T_{c\_jitt} + T_{c\_skew} + T_{d\_pd} + T_{su} \tag{7.6}$$

$$T_{hd} \leqslant T_{d\_pd} + T_{c\_skew} - T_{c\_jitt} \tag{7.7}$$

式(7.6)和式(7.7)定量地描述了时钟抖动和时钟错位是如何影响同步系统的性能，系统的驱动器和接收器使用一个公共的全局时钟。

在不存在时钟抖动($T_{c\_jitt}=0$)的情况下，若 $T_{c\_skew}>0$，则最小时钟周期增大，系统性能降低。在这个条件下，最大保持时间也增大，保持时间条件很容易满足。若 $T_{c\_skew}<0$，则最小时钟周期变小，系统性能提高。在这样条件下，最大保持时间将减小，使得保持时间条件很难满足(竞争条件)。

在不存在错位($T_{c\_skew}=0$)的情况下，若 $T_{c\_jitt}>0$(长周期)，则最小时钟周期增大，系统性能降低。同时，在相同的条件下，最大保持时间减小，使得保持时间条件难以达到。一个周期内正值的抖动使得时钟周期和保持时间难以满足条件。若 $T_{c\_jitt}<0$(短周期)，则最小时钟周期变小，系统性能提高。在这个条件下，最大保持时间增大，使得保持时间条件比较容易满足并且消除竞争条件。由此可以看出，长周期对系统性能的影响更大。

在同时存在错位和抖动的情况下，系统性能可能处于上面描述的四种情况中的一种。如果错位的影响占主导地位时，对于错位影响的讨论成立。类似地，当抖动占主导地位时，关于抖动影响的讨论成立。当抖动和错位同时存在并且可比的时候，必须同时考虑和评估抖动和错位对系统性能的影响。

讨论简明到位，有参考价值！

7.1.2.2 异步系统

我们已经讨论了错位和抖动对同步系统性能的影响。以 link I/O 为例，随着数据速率提高，同步系统中的错位变得难以控制，特别是数据速率高于 1 Gbps 时。通常，在 Gbps 级数据速率时广泛采用异步系统，如图 7.4 所示。

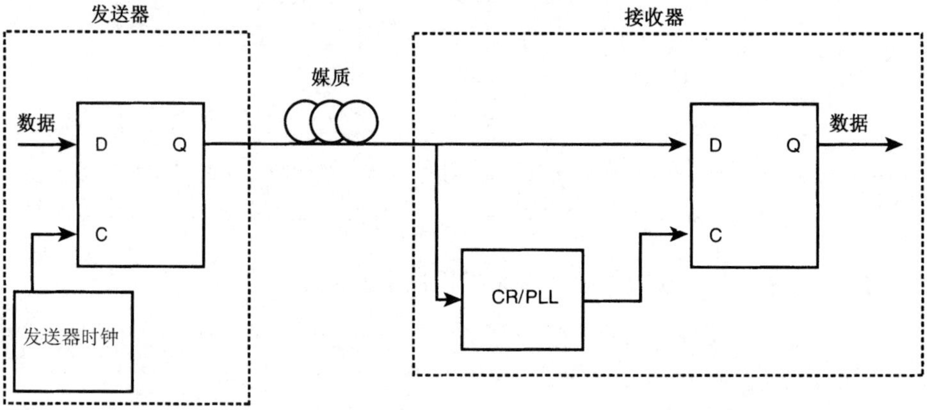

图 7.4　异步链路系统方框图。注意，图中没有类似于图 7.2 所示同步系统中的全局时钟

不同于同步系统，这种异步链路系统并不是将时钟和数据一起发送给接收器，它仅仅发送数据比特流。时钟信息被嵌入到数据信号中，接收器中再用时钟恢复(CR)单元通过提取而获得。显然，异步链路系统没有时钟错位，因为接收器中的时钟不是被分配或者发送过来的，而是恢复出来的。锁相环(PLL)的典型应用，就是从接收到的数据流中恢复出时钟。

首先假设发送器时钟和恢复出时钟信号的抖动都是由 DJ 和 RJ 组成的。进一步，假设发送器时钟信号经过时钟恢复单元抖动传递函数高通滤波[6]（见第 9 章至第 11 章）后的 DJ，RJ 参数分别是 DJ 的峰–峰值 DJ_{clk_tx}和 RJ 的高斯 σ 或 rms 值 σ_{clk_tx}。类似地，对于恢复出的时钟信号，假设 DJ 的峰–峰值为 DJ_{clk_rx}，RJ 的高斯 σ 为 σ_{clk_rx}，同时假设发送器时钟的抖动和用数据恢复出的时钟抖动是相互独立的。最坏情况下导致接收器眼图闭合的时钟抖动满足以下公式：

$$DJ_{clk\_tot} = DJ_{clk\_tx} + DJ_{clk\_rx} \tag{7.8}$$

$$\sigma^2_{clk\_tot} = \sigma^2_{clk\_tx} + \sigma^2_{clk\_rx} \tag{7.9}$$

由式(7.8)和式(7.9)可以看出，发送器时钟和恢复出的时钟抖动都会影响接收器的眼图闭合。为了提高整体系统的性能，必须尽量减小这两者。如果时钟恢复函数具有足够高的截止频率，就可以跟踪或者衰减发送器时钟信号中的低频抖动。带有低相位噪声振荡器的 PLL 时钟恢复可以产生较小的 RJ。很显然，如果不考虑成本，对于降低发送器时钟和接收器恢复时钟中的抖动，这两个设计方面很有益处。

讨论虽比较简短，仍有较好的参考价值！

7.2　几种抖动的定义和数学模型

通常，抖动定义为信号边沿跳变时序相对于理想时序的任意偏离。这也是度量大多数异步系统的较好标准，这类异步系统中常采用 PLL 或者相位内插(PI)来产生或恢复时钟信号。然而在很多同步系统中，数字电路不直接使用时钟的边沿时序。相反，更关心的是周期或者从一个周期到下个周期的周期间变化。举例来说，在全局时钟系统中，由于周期变长可能破坏保持时间而造成逻辑错误，因此周期的变化是很关键的。在其他一些例子中，周期间抖动的程度可以反映出倍频 PLL 的性能优劣，因为它会捕捉到分频电路带来的时序扰动。本节中，首先给出每种类型抖动的定义和数学描述，并指出它们各自的适用范围，然后讨论各种抖动之间的相互关系。

7.2.1　相位抖动

基本的相位抖动(也称为抖动序列)概念如图 7.5 所示。图中给出了两种波形：无抖动的理想时钟波形和带有抖动的时钟波形。相位抖动定义为实际的时钟边沿跳变时序和对应的理想时钟边沿跳变时序的偏移量。从数学角度来讲，相位抖动 Δt_n 定义为

$$\Delta t_n = t_n - T_n \tag{7.10}$$

式中，t_n 和 T_n 分别表示带有抖动的时钟和理想时钟的第 n 个边沿跳变时序。如果 T_0 表示理想时钟周期，则可以得出

$$T_n - T_{n-1} = T_{n+1} - T_n = T_0 \tag{7.11}$$

和

$$T_n = nT_0 \tag{7.12}$$

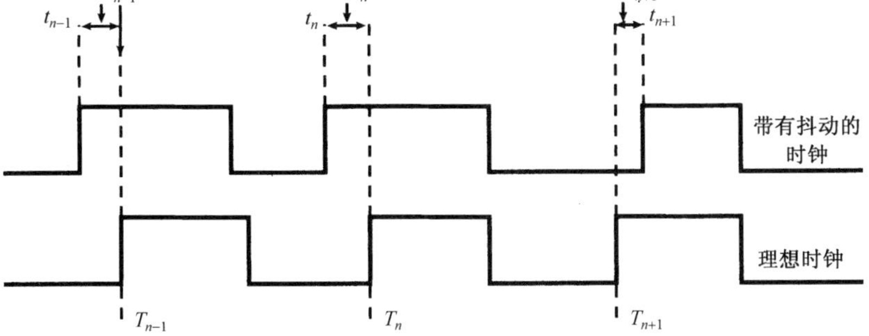

图 7.5　通过带有抖动的时钟和理想时钟的波形来定义相位抖动

在频域分析中，时序抖动通常被量化成单位为弧度的相位变化，例如相位噪声分析。时域中一个完整的周期相当于相位为 2π，因此相位抖动可以用相位的单位来表述，比如弧度。以弧度为单位的相位抖动和以秒为单位的时间关系如下所示：

$$\phi_n = \frac{t_n}{T_0} 2\pi \tag{7.13}$$

显然，相位抖动描述了每个边沿跳变相对于理想时刻的实际时序偏移。这里，参考是固定不变的。以相位抖动测量的抖动是绝对单位，并且随时间是累积的。

7.2.2 周期抖动

周期抖动定义为实际周期与理想周期之间的偏移量。从数学角度来看，第 n 个周期表示为$(t_n - t_{n-1})$。因此，周期抖动 Δt_{pn}定义为

$$\Delta t_{pn} = (t_n - t_{n-1}) - T_0 \tag{7.14}$$

根据式(7.11)：$T_0 = T_n - T_{n-1}$，将其代入式(7.14)中可得

$$\Delta t_{pn} = (t_n - t_{n-1}) - (T_n - T_{n-1}) = (t_n - T_n) - (t_{n-1} - T_{n-1}) = \Delta t_n - \Delta t_{n-1} \tag{7.15}$$

我们也可以用相位的单位弧度来表示周期抖动：

$$\phi_n' = \Phi_n - \Phi_{n-1} \tag{7.16}$$

式中，$\Phi_n = 2\pi(\Delta t_{pn}/T_0)$。式(7.15)和式(7.16)表明周期抖动实际上是相邻相位抖动之差，或者说是相位抖动的差分函数。因此，周期抖动和相位抖动不是相互独立的。准确地说，它们是不同的，但又是对同一个抖动过程的数学测量或描述。只要知道其中一个，就可以利用它们的差分函数关系得出另一个。

7.2.3 周期间抖动

周期间抖动定义为两个相邻周期的周期偏移量。从数学角度来看，第 n 个周期表示为$(t_n - t_{n-1})$，第$(n-1)$个周期表示为$(t_{n-1} - t_{n-2})$。因此，周期间抖动 Δt_{cn}定义如下：

$$\Delta t_{cn} = (t_n - t_{n-1}) - (t_{n-1} - t_{n-2}) = t_n + t_{n-2} - 2t_{n-1} \tag{7.17}$$

采用式(7.15)中周期抖动的定义，可以知道两个相邻周期抖动的差分表示为

$$\Delta t_{pn} - \Delta t_{pn-1} = (t_n - t_{n-1} - T_0) - (t_{n-1} - t_{n-2} - T_0) = t_n + t_{n-2} - 2t_{n-1} \tag{7.18}$$

比较式(7.17)和式(7.18)，可得周期间抖动和周期抖动的关系表达式为

$$\Delta t_{cn} = \Delta t_{pn} - \Delta t_{pn-1} \tag{7.19}$$

用相位抖动来表示周期间抖动，将式(7.15)中根据相位抖动表示周期抖动代入式(7.19)中，可以得到

$$\Delta t_{cn} = \Delta t_{pn} - \Delta t_{pn-1} = (\Delta t_n - \Delta t_{n-1}) - (\Delta t_{n-1} - \Delta t_{n-2}) \tag{7.20}$$

式(7.20)是很重要的，它给出了周期间抖动、周期抖动和相位抖动三者之间的关系。它表明了周期间抖动是周期抖动的一阶差分，是相位抖动的二阶差分。

周期间抖动也可以用相位的单位弧度来表示：

$$\Phi_n'' = \Phi_n' - \Phi_{n-1}' = (\Phi_n - \Phi_{n-1}) - (\Phi_{n-1} - \Phi_{n-2}) \tag{7.21}$$

式中，$\Phi_n = 2\pi(\Delta t_{pn}/T_0)$。式(7.20)和式(7.21)表明周期间抖动、周期抖动和相位抖动之间可以通过一阶和二阶差分函数相互联系起来。如果已知相位抖动，那么可以唯一地确定周期抖动和周期间抖动。相反，如果已知周期间抖动，可以通过一阶和二阶求和或者积分函数来确定周期抖动和相位抖动。如果给定周期抖动，用一阶差分可以计算出周期间抖动，用一阶积分可以计算出相位抖动。需要指出的是，积分运算要引入一个常数。因此，给定初始条件就成为确定唯一解的必要因素。

相位抖动、周期抖动和周期间抖动之间的关系就好像牛顿力学中的位移、速度和加速度。从数学上来看，还可以定义三阶差分抖动或者周期间抖动差分等。但是，实际应用中很少采用由这些更高阶差分函数定义的抖动。

很明显，这里所定义的简单数学模型，为各种抖动的定义及其相互关系提供了有用的分析手段。如果已知其中的一个，就可以确定其他未知量。更多关于相位抖动、周期抖动和周期间抖动的信息可以参考文献[7,8]。

7.2.4　相互关系

为了使读者对相位抖动、周期抖动和周期间抖动的了解更加深刻，这里将通过一些实际的例子进行说明。我们将论证它们在时域和频域中的相互关系。

7.2.4.1　时域

这里通过一个简单的例子论证相位抖动、周期抖动和周期间抖动三者之间的关系。首先给出正弦波形式的相位抖动，其表示如下：

$$\Delta t_n = \sin\left(\frac{2\pi}{T_m}t_n\right) = \sin(2\pi f_m t_n) = \sin(\omega_m t_n) \tag{7.22}$$

假定这个正弦抖动具有零初始相位和归一化的单位幅度。另外，定义 T_m 为周期，相应的频率为 f_m，角频率为 ω_m。显然可以得到 $f_m = 1/T_m$，$\omega_m = 2\pi f_m = 2\pi/T_m$。用周期为 T_0 的载波时钟对这个正弦波采样。根据式(7.22)中正弦波抖动的定义，以及式(7.15)中相位抖动和周期抖动的关系，可得

$$\Delta t_{pn} = 2\sin\left(\omega_m \frac{T_0}{2}\right)\cos\left[\omega_m\left(t_n - \frac{1}{2}T_0\right)\right] \tag{7.23}$$

比较式(7.22)和式(7.23)，可以得到相位抖动和周期抖动之间幅度峰值关系如下：

$$\frac{(\Delta t_{pn})_{pk}}{(\Delta t_n)_{pk}} = 2\left|\sin(\omega_m \frac{T_0}{2})\right| \tag{7.24}$$

相位抖动和周期抖动的峰值幅度比是一个和正弦波抖动频率相同的正弦波，当正弦波抖动的周期 T_m 远大于载波时钟周期 T_0（即低频调制）时，可以得到 $T_m \gg T_0$ 和 $\omega_m T_0 \ll 1$。此时，可以用 $\sin x \approx x$（当 $x \ll 1$ 时）来简化式(7.24)：

$$\frac{(t_{pn})_{pk}}{(t_n)_{pk}} \approx \omega_m T_0 \propto \omega_m \tag{7.25}$$

式(7.25)表明了当正弦抖动的频率远小于时钟频率或采样频率时，周期抖动和相位抖动的峰值比正比于正弦抖动的频率。式(7.25)表明，它对于周期抖动幅度峰值而言，是一个一阶高通函数。

类似地，利用式(7.22)中正弦波抖动的定义和式(7.20)中相位抖动和周期间抖动的关系，可以得到

$$t_{cn} = -4\left[\sin\left(\omega_m \frac{T_0}{2}\right)\right]^2 \sin(\omega_m t_{n-1}) \tag{7.26}$$

比较式(7.22)和式(7.26)，可以得出相位抖动和周期间抖动之间峰值幅度关系如下：

$$\frac{(t_{cn})_{pk}}{(t_n)_{pk}} = 4\left[\sin\left(\omega_m \frac{T_0}{2}\right)\right]^2 \tag{7.27}$$

周期间抖动和相位抖动之间的峰值比服从正弦的平方关系，该正弦频率与正弦抖动频率相同。与周期抖动的分析类似，当正弦抖动的周期 T_m 远大于载波时钟周期 T_0 时，可以得到 $T_m \gg T_0$ 和 $\omega_m T_n \ll 1$。可以用 $\sin x \approx x$(当 $x \ll 1$ 时)来简化式(7.27)：

$$\frac{(t_{pn})_{pk}}{(t_n)_{pk}} \approx (\omega_m T_0)^2 \propto \omega_m^2 \tag{7.28}$$

式(7.28)表明，当正弦波抖动的频率远小于时钟频率或者采样频率时，即低频调制时，周期间抖动和相位抖动的峰值比正比于正弦波抖动频率的平方。显然，式(7.28)表明周期间抖动峰值幅度是一个二阶高通函数。

图7.6中给出了相位抖动、周期抖动和周期间抖动的数值仿真结果。

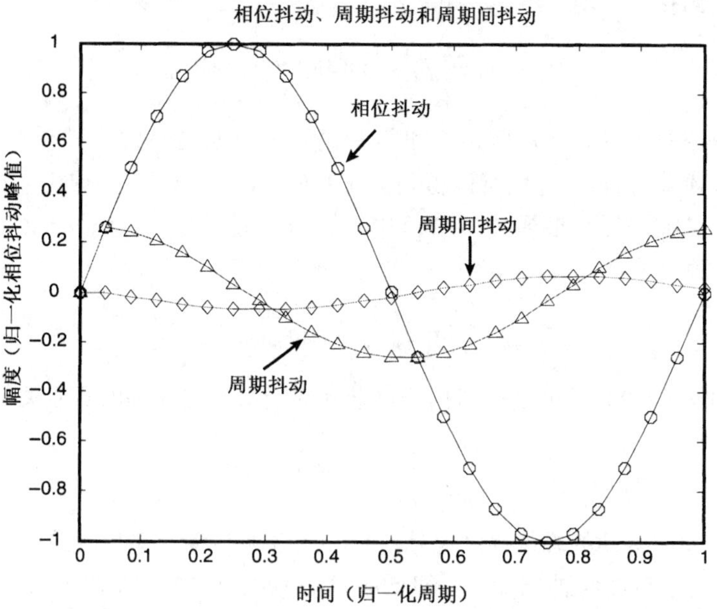

图7.6 当相位抖动是正弦波时，时域中的相位抖动、周期抖动和周期间抖动。在这个例子中，正弦周期是载波或采样时钟周期的25倍，$T_m = 25T_0$

图 7.6 给出了这个例子中几个有趣的现象。从相位抖动到周期抖动，再到周期间抖动，可以看出三种抖动的峰值幅度逐渐减小；相位抖动到周期抖动，周期抖动到周期间抖动之间有着 π 弧度的相位变化。相位抖动到周期抖动以及相位抖动到周期间抖动之间分别为一阶差分函数和二阶差分函数关系。这点也可以从式(7.24)中周期抖动和相位抖动的峰值比和式(7.27)中周期间抖动和相位抖动的峰值比看出。一般来说，差分函数的阶数越高，它的幅度越小。

需要指出的是，周期间抖动越小并不意味着系统性能好。抖动的幅度与抖动的定义关系密切。因此，需要明确地理解应该选择哪种抖动类型以及如何准确地解释抖动的含义。

7.2.4.2　频域

重点关注本节中的概念！

在频域中也可以研究相位抖动、周期抖动和周期间抖动之间的相互关系。事实上，前面在正弦波相位抖动例子推导式(7.25)和式(7.28)的时候已经接触了这个问题，这两个公式表明了这三种抖动之间的谱关系。

我们将运用式(7.16)和式(7.21)中弧度定义的抖动来研究频域中抖动关系。首先从式(7.16)开始，将其写为

$$\phi_n(t)=\Phi_n(t)-\Phi_{n-1}(t)=T_0\frac{\Phi_n(t)-\Phi_{n-1}(t)}{t_n-t_{n-1}} \tag{7.29}$$

用导数形式表示，可以将式(7.29)近似为

$$\phi_n(t)\approx T_0\frac{\mathrm{d}\Phi_n(t)}{\mathrm{d}t_n} \tag{7.30}$$

用 $\phi_n(f)=\mathrm{FT}(\Phi_n(t))$ 的形式来表示相位抖动、周期抖动和周期间抖动的频谱，这里 FT 表示傅里叶变换[1]。对式(7.30)进行傅里叶变换，可得

$$\mathrm{FT}\,(\phi_n(t))\approx \mathrm{FT}\left(T_0\frac{\mathrm{d}\Phi_n(t)}{\mathrm{d}t_n}\right)=T_0\,\mathrm{FT}\left(\frac{\mathrm{d}(\Phi_n(t))}{\mathrm{d}t_n}\right) \tag{7.31}$$

$\mathrm{FT}\left(\frac{\mathrm{d}(\Phi_n(t))}{\mathrm{d}t_n}\right)=(\mathrm{j}2\pi f)\,\mathrm{FT}(\Phi_n(t))=(\mathrm{j}2\pi f)\,\Phi_n(f)$，其中 $\mathrm{j}=\sqrt{-1}$ 是虚数单位。因此，式(7.31)可以改写为

$$|\phi_n(f)|\approx|T_0(\mathrm{j}2\pi f)\Phi_n(f)|\propto f\,|\Phi_n(f)| \tag{7.32}$$

式(7.32)表示周期抖动的频谱幅度正比于经过一阶高通函数后的相位抖动的频谱幅度。换句话说，相对于相位抖动频谱来说，周期抖动频谱中的低频抖动成分被过滤掉了，这个结果与式(7.25)中正弦相位抖动例子的研究结论一致。

同样地，采用式(7.21)中的时域关系，周期抖动和周期间抖动之间的频谱幅度关系可以表示为

$$|\phi_n(f)|\approx|T_0(\mathrm{j}2\pi f)\Phi_n'(f)|\propto f\,|\Phi_n'(f)| \tag{7.33}$$

相位抖动和周期间抖动的频谱幅度关系可以表示为

$$|\phi_n(f)|\approx\left|\left[T_0(\mathrm{j}2\pi f)\right]^2\Phi_n(f)\right|\propto f^2\,|\Phi_n(f)| \tag{7.34}$$

式(7.34)表示周期间抖动的频谱幅度正比于经过二阶高通函数的相位抖动频谱。与周期抖

动相比，周期间抖动频谱中的低频抖动成分被更多地衰减了。这个结论与式(7.28)中正弦相位抖动的研究结论一致。

假设相位抖动频谱是常数(白噪声，正如在第4章中讨论的)，可以通过式(7.32)和式(7.34)来估计相应的周期抖动和周期间抖动频谱。结果显示在图7.7中。

通过频域频谱的关系从总体上来看，从相位抖动到周期抖动，再到周期间抖动，由于它们之间相应的一阶和二阶高通函数关系使得相位抖动频谱的低频成分被衰减，因此抖动的幅度依次减小。另外，度量系统性能时需要理解抖动的正确定义和应用。

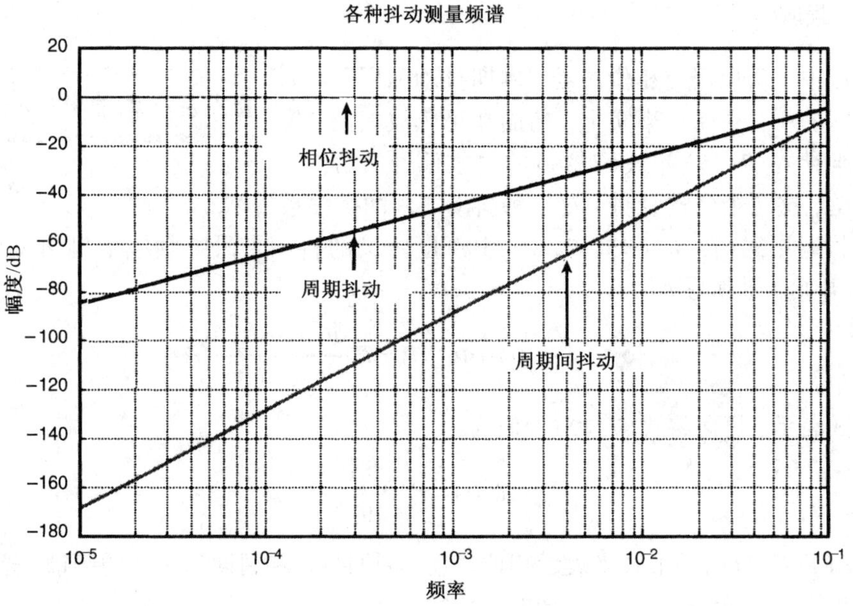

图7.7 假设相位抖动的频谱是常数或“白色的”，相位抖动、周期抖动和周期间抖动之间的频谱关系

7.3 时钟抖动与相位噪声

我们已经讨论了时域和频域中时钟信号抖动的不同类型。本节讨论的另一个重要内容是射频(RF)设计和测试中经常关注的频域相位噪声。这里首先定义相位噪声，然后讨论相位噪声和相位抖动的相互关系以及它们之间度量的转换方法。

7.3.1 相位噪声

可以通过周期信号或波形很好地描述相位噪声，例如振荡器产生的正弦波。一般的周期信号或波形可以表示如下：

$$V(t) = V_0 f(2\pi f_0 t + \Phi_0(t)) \tag{7.35}$$

式中，$V(t)$为给定时间点t上的幅度；V_0表示幅度的最大值；f_0为载波频率；$\Phi_0(t)$表示相位。如果相位发生变化，那么波形$V(t)$将沿时间轴前向或后向移动，这就导致了时序抖动，更确切地说，这里是指有确定时间参考的相位抖动(见7.2.1节的定义)。因此，相位噪声和相位抖动是对同一个噪声机理的两种不同描述或表征形式，如图7.8所示。

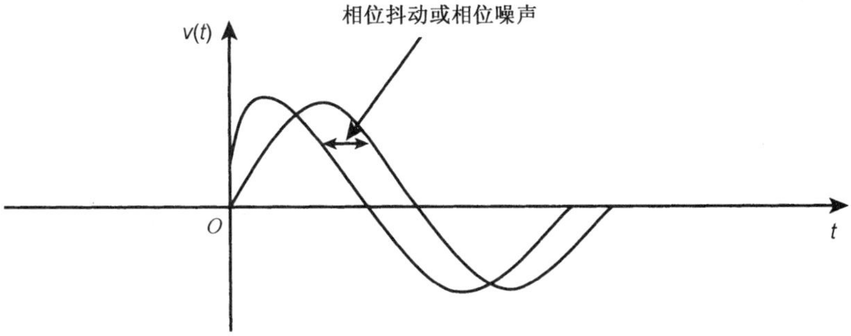

图 7.8　时域中的相位噪声或相位抖动

通常，人们在频域中研究相位噪声。相位噪声出现在以载波频率为中心的周围边带上。图 7.9 给出了频域中的相位噪声。

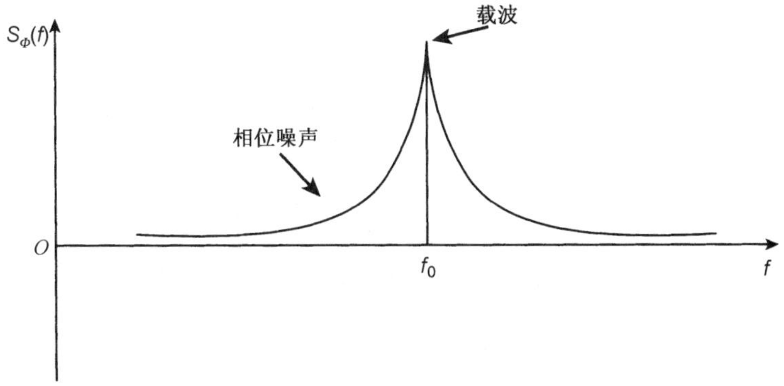

图 7.9　附加了噪声的正弦波频谱，相位噪声出现在载波频率 f_0 附近的边带上

相位噪声的频率通常被规定在载波的一个特定频率上，例如 $f=f'-f_0$，其中 f' 表示相对于以零为参考的频率或者说是绝对频率，f_0 为载波频率。相位噪声幅度通常是基于每赫兹与载波功率之比来定义的：

$$L(f)=\frac{P_n(f)}{P_0\Delta f} \tag{7.36}$$

式中，$P_n(f)$ 表示偏移频率 f 处的相位噪声功率（W）；P_0 为载波的功率（W）($f=0$)，Δf(Hz) 为相位噪声的带宽。当 $\Delta f\to 0$ 时，式(7.36)给出了相位噪声功率谱密度(PSD) $S_\Phi(f)$ 的定义。因为 $L(f)$ 表示单边带 PSD，所以它只有相位噪声 PSD $S_\Phi(f)$ 的一半：

$$L(f)\approx\frac{1}{2}S_\Phi(f) \tag{7.37}$$

这里记做近似，是因为相位噪声是按平均意义定义的，而 PSD 是定义在每个“频率点”上的（一个无穷小频率区间内的相位噪声功率）。式(7.36)和式(7.37)中定义的 $L(f)$ 和 $S_\Phi(f)$ 的物理单位是 $\mathrm{rad}^2/\mathrm{Hz}$。

通常，对式(7.36)求对数，就可以得到以分贝数为定义的相位噪声如下：

$$L(f)=10\lg\left(\frac{P_n(f)}{P_0\Delta f}\right) \tag{7.38}$$

相位噪声的单位定义为 dBc/Hz。如果已知相位噪声的 PSD $S_{\Phi}(f)$，则应当采用下面的公式来得出以 dBc/Hz 为单位的相位噪声：

$$L(f) = 10\lg\left(\frac{S_{\Phi}(f)}{2}\right) \tag{7.39}$$

当已知相位噪声功率或者 PSD 时，通过式(7.38)和式(7.39)可以计算出以 dBc/Hz 为单位的相位噪声。更多关于相位噪声和相位抖动之间的相互关系，特别是振荡器相位噪声的内容，请参考文献[9,10,11]。这里，我们的重点是相位噪声和相位抖动之间的相互关系。

7.3.2　相位抖动到相位噪声的转换

显然，相位噪声和相位抖动是对同一个噪声机理的两种不同描述或表征形式。因此，它们之间是相互关联的。相位抖动一般采用时域仪器来测量，例如 SO 或 TIA；相位噪声一般采用频域仪器来测量，例如 SA。通常它们不在同一平台上讨论。随着高速数据通信技术的广泛应用，相位抖动到相位噪声的转换已经成为一个相对较新的课题。本节将给出相位抖动到相位噪声转换的数学理论。

假设相位抖动已知，可以表示为 $\Phi(t)$，那么它的自相关函数(见 2.5.3 节)可以表示如下：

$$R_{\Phi}(\tau) = \lim_{T\to\infty}\left[\frac{1}{2T}\int_{-T}^{+T}\Phi(t)\Phi(t+\tau)\mathrm{d}t\right] \tag{7.40}$$

式中，T 是平均时间周期。相位抖动的 PSD(见 2.5.4 节)$S_{\Phi}(f)$ 可以估计为

$$S_{\Phi}(\omega) = \int_{-\infty}^{\infty} R_{\Phi}(\tau)\mathrm{e}^{-\mathrm{j}\omega\tau}\mathrm{d}\tau \tag{7.41}$$

得出 PSD 之后，可以分别通过式(7.37)和式(7.39)估计出以 $\mathrm{rad}^2/\mathrm{Hz}$ 和 dBc/Hz 为单位的相位噪声。

这里感兴趣的是，观察频域 SA 估计的相位噪声和用时域仪器例如 TIA 估计的相位噪声之间的吻合程度。图 7.10 所示的结果证实了两者具有很好的一致性。

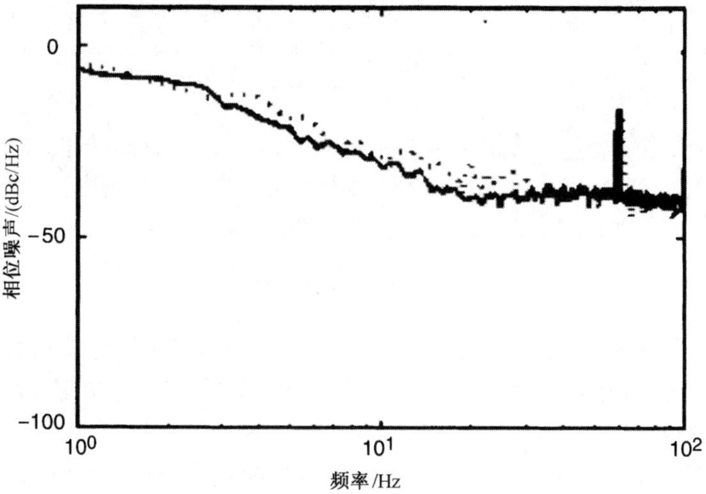

图 7.10　相位噪声的测量结果(dBc/Hz)。实线表示频域仪器 SA的测量结果，虚线表示时域仪器TIA的测量结果

7.3.3 相位噪声到相位抖动的转换

当抖动序列或相位抖动成为度量通信链路的一个重要参数时，有必要将频域中测量的相位噪声转换为链路内的 PLL、时钟或者振荡器的相位抖动。

从相位噪声的 PSD $L(f)$ 曲线上可以看出，随机抖动(RJ)可以看成背景包络；确定性抖动(DJ)可以看成 RJ 平台上的谱线(见图 7.11)。这里 DJ 可能包括 DCD, PJ 和 BUJ。如前所述，时钟信号中不包括 ISI。因为相位信息会影响总 DJ PDF 及其峰-峰值，而相位噪声的 PSD $L(f)$ 不包含相位信息，因此仅仅基于 $L(f)$ 的 DJ 部分(所有高于 RJ 背景的谱线)是无法完全准确地确定总 DJ PDF 和峰-峰值的。然而在已知 $L(f)$ 的情况下，我们依然可以确定有效的 DJ 峰值(或峰-峰值)上限。比起对 DJ PDF 及其峰-峰值的估计，RJ 的均方根估计相对容易些。

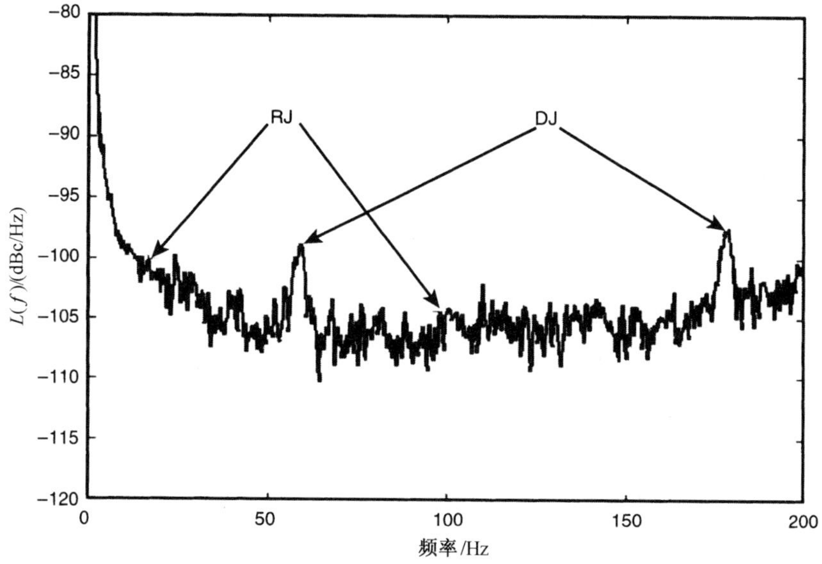

图 7.11 相位噪声 PSD $L(f)$ 的测量图中的 RJ 和 DJ

正如式(7.36)中所定义的，如果相位噪声 PSD $L(f)$ 的单位是 rad^2/Hz，那么由 RJ 连续频谱平台上方谱线组成的 DJ PSD 可以表示如下：

$$S_{\Phi\_DJ}(f)=2\left[\sum_{i=1}^{N}L_{DJ\_i}\delta(f-f_i)\right] \tag{7.42}$$

式中，L_{DJ-i}表示 $L(f)$ 域中频率 f_i 处 DJ 频谱线的幅度；$i=1, 2, \cdots, N$；$\delta(f-f_i)$表示频率 f_i 处的狄拉克函数。类似地，去掉 DJ 频谱线之后的 RJ PSD 可以描述如下：

$$S_{\Phi\_RJ}(f)=2L(f)-S_{\Phi\_DJ}(f)=2\left[L(f)-\sum_{i=1}^{N}L_{DJ\_i}\delta(f-f_i)\right] \tag{7.43}$$

下面，用 Φ_{DJ_pk}表示 DJ 的峰值，用 Φ_{RJ_rms}表示 RJ 的均方根或 σ 值，则可以很容易地估计出

$$\Phi_{DJ\_pk}\leqslant\sqrt{2\sum_{i=1}^{N}L_{DJ\_i}} \tag{7.44}$$

和

$$\Phi_{\mathrm{RJ\_rms}} = \sqrt{\int_{f_l}^{f_h} S_{\Phi\_\mathrm{RJ}}(f)\mathrm{d}f} \tag{7.45}$$

式中，f_l 和 f_h 表示 RJ 频带的下限和上限。显然，式(7.44)并没有给出准确的 DJ 峰值解。但它给出了 DJ 峰值的上限或最坏情况，这是很有用的。

但是，如果相位噪声 PSD $L(f)$ 的单位是 dBc/Hz，如式(7.39)中所定义的，那么以 $\mathrm{rad}^2/\mathrm{Hz}$ 为单位的相位抖动 PSD 可以用 $L(f)$ 表示为

$$S_{\Phi}(f) = 2 \cdot 10^{\frac{L(f)}{10}} \tag{7.46}$$

S_{Φ} 域中频率 f_i 处的 DJ 谱线幅度可以表示为 $\Phi_{\mathrm{DJ}\_i}^2 (i=1,2,\cdots,N)$。可以得到

$$S_{\Phi\_\mathrm{DJ}}(f) = \sum_{i=1}^{N} \Phi_{\mathrm{DJ}\_i}^2 \delta(f - f_i) \tag{7.47}$$

注意 $\Phi_{\mathrm{DJ}\_i} > 0$。类似地，去掉 DJ 功率谱线后的 RJ PSD 的表达式为

$$S_{\Phi\_\mathrm{RJ}}(f) = S_{\Phi}(f) - S_{\Phi\_\mathrm{DJ}}(f) = S_{\Phi}(f) - \sum_{i=1}^{N} \Phi_{\mathrm{DJ}\_i}^2 \delta(f - f_i) \tag{7.48}$$

只要确定了 DJ PSD 和 RJ PSD，DJ 的峰值 $\Phi_{\mathrm{DJ\_pk}}$ 上限就可以估计为

$$\Phi_{\mathrm{DJ\_pk}} \leqslant \sum_{i=1}^{N} \Phi_{\mathrm{DJ}\_i} \tag{7.49}$$

同样地，可以通过式(7.45)估计 RJ 的均方根 $\Phi_{\mathrm{RJ\_rms}}$。

至此，我们已经确定了完整的方程组，可以通过以 $\mathrm{rad}^2/\mathrm{Hz}$ 和 dBc/Hz 为单位的相位噪声测量值来估计一定频率范围内 DJ 的峰值(或峰-峰值，假设峰-峰值 =2 倍峰值)的上限，也可以确定 RJ 的均方根。

注意，文献中提到的大多数相位噪声转换为抖动的技术(文献[12]和[13]等)都没有涉及到在当前高速设备特征描述和测试时，量化时域抖动过程中广泛采用的相位噪声转换为 DJ 峰-峰值和 RJ 均方根参数的技术。提到的大部分技术并没有将相位噪声 PSD 中的 RJ 和 DJ 分离，只是给出了一个混合的宽带均方根值，这在实际应用中局限性很大。本节中有针对性介绍的新技术，具有容易理解、准确和数学推导严谨等优点。

这一节的重点在于理解时域的相位抖动与频域的相位噪声是有关抖动问题的两种基本表达形式。

7.4 小结

本章主要论述了在同步和异步链路系统中时钟抖动所扮演的特殊并且重要的作用。首先指出了时钟抖动为何重要的原因和理由；接着在前几章介绍的数据抖动定义基础上讨论了时钟抖动的定义，分析了时钟抖动对同步和异步这两种不同系统的影响；同时也讨论了时钟抖动和时钟错位的相互关系。由于时钟信号具有一致的边沿跳变特性，7.2 节中重点讨论了不同类型的时钟信号抖动和度量时钟抖动的标准。本章还介绍了时域和频域中的相位抖动、周

期抖动和周期间抖动的定义，以及三者之间的相互关系。需要指出的是，这些不同的抖动类型是对同一种噪声机理的不同表征形式，并且这三者之间的关系是唯一的。如果已知其中一个，就可以在适当的条件下确定其他两个量。在介绍了相位抖动的基础上，7.3 节讨论了相位抖动和相位噪声的相互关系，并且推导出相位抖动和相位噪声的数学表达式。分别针对相位噪声和相位抖动中的确定性分量和随机分量，给出了相位抖动到相位噪声转换以及相位噪声到相位抖动转换的具体步骤和数学映射公式。当前研究中的一种趋势是采用相位抖动或相位噪声表征时钟的性能，因此上述内容就变得非常有用。它们之间的相互转换也变得很常见又很必要。

参考文献

1. A. V. Oppenheim, A. S. Willsky, and S. H. Nawab, *Signals & Systems*, Prentice Hall, 1996.
2. D. Derickson, *Fiber Optic Test and Measurement*, Prentice Hall, 1998.
3. National Committee for Information Technology Standardization (NCITS), working draft for "Fibre Channel—Methodologies for Jitter Specification-MJSQ," Rev 14, 2005.
4. J. M. Rabaey, *Digital Integrated Circuits: A Design Perspective*, Englewood Cliffs, NJ: Prentice Hall, 1996.
5. W. J. Dally and J. W. Poulton, *Digital Systems Engineering*, Cambridge University Press, 1998.
6. M. Li and J. Wilstrup, "Paradigm Shift for Jitter and Noise in Design and Test > 1 Gb/s Communication Systems," IEEE International Conference on Computer Design (ICCD), 2003.
7. M. Li, A. Martwick, G. Talbot, and J. Wilstrup, "Transfer Functions for the Reference Clock Jitter in a Serial Link: Theory and Applications," IEEE International Test Conference (ITC), 2004.
8. PCI Express Jitter white paper (I), 2004: http://www.pcisig.com/specifications/pciexpress/technical_library.
9. B. Razavi, "A Study of Phase Noise in CMOS Oscillators," IEEE J. Solid-State Circuits, vol. 31, pp. 331–343, Mar. 1996.
10. J. A. McNeill, "Jitter in Ring Oscillators," IEEE J. Solid-State Circuits, vol. 32, pp. 870–879, June 1997.
11. T. H. Lee and A. Hajimiri, "Oscillator Phase Noise: A Tutorial," IEEE J. Solid-State Circuits, vol. 35, pp. 326–336, Mar. 2000.
12. Rutman, J., "Characterization of Phase and Frequency Instabilities in Precision Frequency Sources: Fifteen Years of Progress," Proceedings of the IEEE, vol. 66, no. 9, Sept. 1978.
13. Boris Drakhlis, "Calculate Oscillator Jitter by Using Phase-Noise Analysis," Microwaves & RF, pp. 82–90, Jan. 2001.

第 8 章　锁相环抖动及传递函数分析

第 7 章的核心内容是时钟抖动。锁相环(PLL)作为时钟生成子系统中常用的模块，有很多值得关注的特殊又重要的技术问题。因此，本章将重点讨论 PLL 抖动及其与 PLL 特性的关系。我们首先从 PLL 的基本原理入手，然后对它的功能、参数、抖动和噪声进行一般的定量分析。最后，从实用的角度出发对二阶和三阶 PLL 进行详细的分析。其中，包括传递函数、动态参数、抖动和噪声定量分析等相关内容。

本章介绍时序完整性中的主体时钟系统中的核心部件——锁相环。它是深究时序完整性根源时所无法回避的。

8.1　锁相环简介

现代数据通信、电信和计算机系统中广泛采用了 PLL 技术，它是一个复杂的电子反馈系统。它的目的是为系统的其他部分提供一个干净又稳定的时钟输出信号。一般来说，锁相环由 4 个基本部件组成：鉴相器(PD)、低通滤波器(LPF)、压控振荡器(VCO)和分频/倍频器。图 8.1给出了一个 PLL 系统的框图。

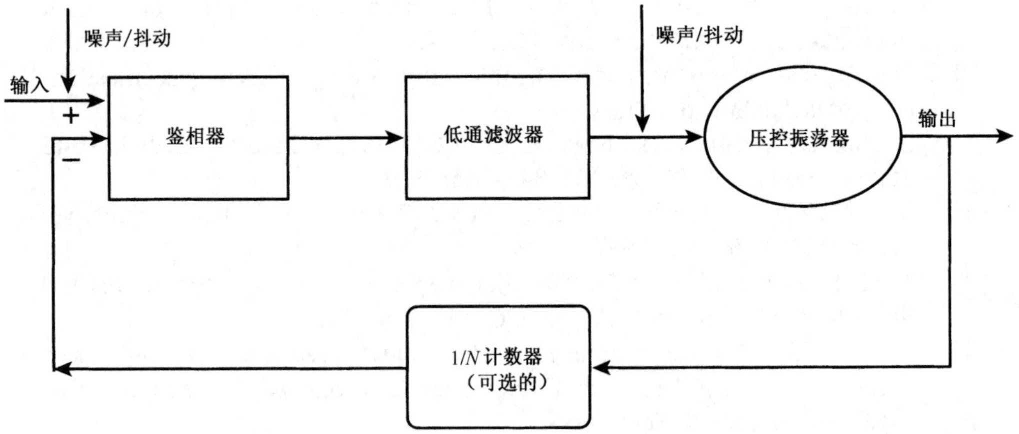

图 8.1　PLL 的方框图。噪声可以在环内和/或环外

相位噪声或抖动是评价 PLL 系统的一个重要指标。它可能来自于 PLL 内部，也可能来自外部。PLL 外部的主要抖动或噪声源是输入的参考时钟，内部的主要噪声源来自于压控振荡器(VCO)，它具有典型的 $1/f$ PSD 形式。PLL 的相关述评和相应的噪声基础教程参见文献[1, 2, 3]。

除了产生分频或倍频的输出时钟外，PLL 还广泛地应用于串行通信中，如第 1 章和第 7 章中所述。它可以从数据比特位流中恢复时钟，这个被恢复的时钟必须包含尽可能小的噪声和抖动，否则会降低接收器的性能，增大系统的误码率(BER)。

对 PLL 进行描述和量化表征，通常是用它的传递函数。它既可以在时域中进行，也可以在频域中进行(更多关于传递函数的内容见第 2 章)。频域响应函数通常是一个具有零点/极点的 N 阶分式。PLL 的输出是输入信号、抖动和噪声过程与传递函数相互作用的结果。在设计过程中，我们可以假定或者求解出：输入信号形式、噪声和抖动的时域及频谱形式、传递函数。时域和频域中输出信号的仿真是标准的正演问题。然而，在集成电路(IC)原型阶段，情况却完全不同并且困难更多。大多数情况下，可以得到的仅仅是 PLL 的输入信号和/或输出信号。如何设法测量出 PLL 的传递函数和噪声过程则显得非常重要。这样才有可能对设计需求和仿真假定条件进行检验和确认，从而找出潜在的设计缺陷和噪声源，并加以修改和完善。

8.2　PLL 时域及频域行为

正如前面所述，PLL 实质上是一个复杂的反馈系统。因此，要进行系统级建模需要了解它的物理过程。尽管通常是在频域中对 PLL 进行研究和建模，但是大多数实际应用中，时域建模可以提供一些频域中无法得到的独特信息。例如，通过采样设备或数字示波器测量信号时得到的时域相位信息，这是在频域中无法用频谱分析仪测量得到的。但是，PLL 时域的系统冲激响应很难用数学方法进行处理，特别是二阶或更高阶的 PLL。因此，为了得到完整的描述，时域和频域的分析方法都是必不可少的。

本节分别讨论时域和频域中 PLL 系统的分析以及两个域之间的相互转换。

8.2.1　时域建模与分析

图 8.2 给出的是简化的时域 PLL 框图。

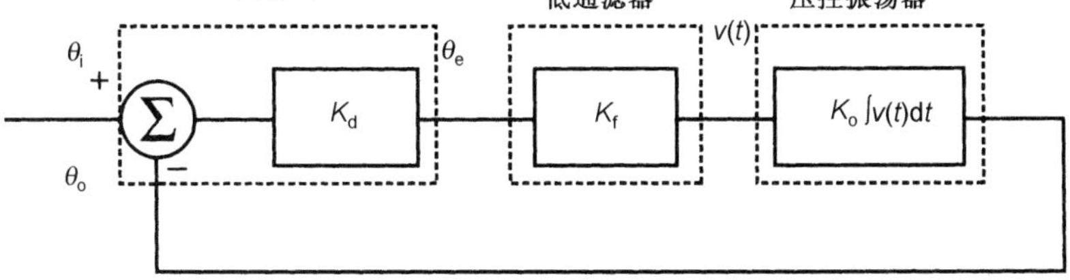

图 8.2　锁相环的时域建模

在这个例子中，低通滤波器(LPF)简化为一个常数增益因子 K_f。通过下面的公式可以确定相位差 θ_e 和输入相位 θ_i 的关系[1, 2, 3]：

$$\theta_e(t) = K_d\left(\theta_i - K_o K_f \int \theta_e \mathrm{d}t\right) \tag{8.1}$$

积分方程通常难以求解，因此对式(8.1)求导，从而得到式(8.2)：

$$\theta_e'(t) + K_d K_f K_o \theta_e = K_d \theta_i' \tag{8.2}$$

只要得出 θ_e，就可以很容易地利用关系式 $\theta_o = \theta_i - \theta_e$ 求出 PLL 的输出 θ_o。

式(8.2)有一个通解：

$$\theta_e = e^{-Kt}\left(\int e^{Kt}\theta_i(t)dt + c\right) \tag{8.3}$$

式中，$K = K_d K_f K_o$ 是总的环路增益。可以看出 θ_e 的包络呈指数衰减，相位差随时间的增加而减小。然而，最终 θ_e 是衰减到零还是一个常数相位差，取决于输入的相位差。如果 θ_i = 常数，则当 $t \to \infty$ 时，$\theta_e \to 0$。也就是说，PLL 以零误差锁定它的频率。如果相位随时间线性增加($\theta_i = \omega t$)，则当 $t \to \infty$ 时，$\theta_e \to$ 常数。也就是说，PLL 可以锁定它的频率，但是误差不为零。

PLL 的时域研究说明以下两点：

- 当 PLL 为一阶系统时(也就是说 LPF 为常量增益)，它可以通过闭合形式解来建模；
- 很难在时域中对抖动/噪声的过程以及它们与环路组件的相互关系进行建模。

接下来章节中探讨 PLL 的频域分析及其行为过程。

8.2.2 频域建模与分析

可以在复频域(s 域或拉普拉斯域)中假设为线性系统对 PLL 建模。线性系统假设是对 PLL 一个很好的近似。PLL 的 s 域数学模型如图 8.3 所示。

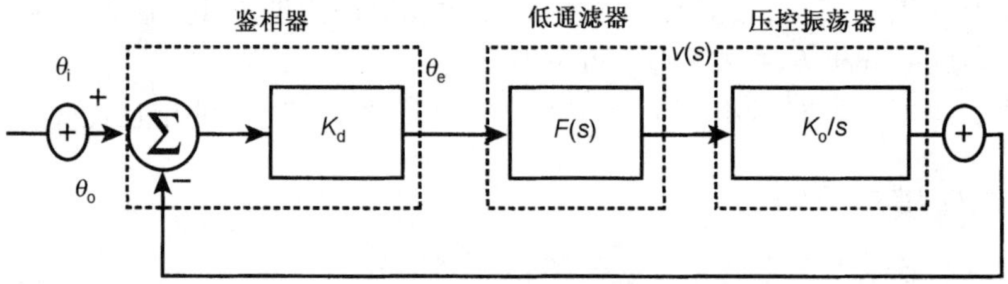

图 8.3 复 s 域的 PLL 模型。图中还给出了环路组件的增益和 s 域传递函数

由于时域的积分运算相当于 s 域的 $1/s$(见 2.5 节)，因此 VCO 的传递函数转换为 K_o/s。LPF 用 $F(s)$ 形式的函数表示。由于这是一个线性反馈系统，总的传递函数可以通过系统中单个组件的传递函数经过乘法和除法运算求出，这样就大大简化了数学运算的复杂度。PLL 系统的传递函数表示为

$$H_o = \frac{\theta_o(s)}{\theta_i(s)} = \frac{K_d K_o F(s)}{s + K_d K_o F(s)} \tag{8.4}$$

误差传递函数为

$$H_e(s) = \frac{\theta_e(s)}{\theta_i(s)} = \frac{K_d s}{s + K_d K_o F(s)} = 1 - H_o(s) \tag{8.5}$$

从式(8.4)和式(8.5)可以看出，只要已知传递函数，就可以很容易地计算出 s 域输入信号 θ_i 所对应的输出信号 θ_o。时域响应可以通过拉氏逆变换求解。

式(8.5)反映了系统输入函数 $H_o(s)$ 与误差传递函数 $H_e(s)$ 之间的互补关系[$H_o(s)+H_e(s)=1$]。意味着如果 $H_o(s)$ 是一个低通函数，这在实际 PLL 应用中是常见的情况，那么 $H_e(s)$ 就应该是高通函数。$H_o(s)$ 和 $H_e(s)$ 的准确波形取决于准确的 LPF 传递函数 $F(s)$。在后续章节中我们将讨论二阶和三阶 PLL 的 $F(s)$。

8.3　PLL 功能及参数分析

本节对 PLL 进行功能分析和参数分析。功能分析是根据传递函数导出的不同表示形式更好地表征 PLL 的不同特性。参数分析的重点是与 PLL 动态跟踪和捕捉过程相关的参数及噪声带宽。

8.3.1　功能分析

基于 PLL 的 s 域传递函数，我们可以进行一些有趣并且很重要的功能分析。包括幅度和相位、冲激或阶跃响应、伯德图和零极点分布。它们提供了很多理解 PLL 特性的重要信息。

8.3.1.1　相位响应与幅度响应

PLL 的 s 域传递函数可以表示为幅度和相位函数乘积的形式：

$$H_o(s)=H_o(\omega)e^{j\phi(\omega)} \tag{8.6}$$

式中，$H_o(\omega)$ 表示幅度频率响应；$\phi(\omega)$ 表示相位频率响应。它们与 $s=j\omega$ 的 s 域传递函数的对应关系为

$$H_o(\omega)=\left|H_o(j\omega)\right|=\left|\frac{K_d K_o F(j\omega)}{j\omega+K_d K_o F(j\omega)}\right| \tag{8.7}$$

和

$$\phi(\omega)=\mathrm{Arg}(H_o(j\omega))=\mathrm{Arg}\left[\frac{K_d K_o F(j\omega)}{j\omega+K_d K_o F(j\omega)}\right] \tag{8.8}$$

式中，$|\cdot|$ 表示幅度运算；Arg 表示复函数的相位角运算。值得一提的是，对于线性系统来说这两者是很重要的，不能相互替代，需要对其详细研究(见 2.5 节)。举例来说，通过幅度频率响应可以研究尖峰效应和 3 dB 频率，通过相位频率响应函数可以研究相位线性度和群时延。

参考式(8.7)，$F(s)$ 表示 LPF，通常情况下幅度函数是一个低通函数。图 8.4 给出了 PLL 幅度响应函数的一般形式。

> 这一结论很实用，值得深刻领会！

与 PLL 幅度响应函数有关的两个重要参数是：尖峰和 3 dB 频率。大尖峰会导致 PLL 系统不稳定，而较大的 3 dB 频率表示更快的 PLL 跟踪能力。如果 PLL 用在接收器的时钟恢复单元中，那么大的尖峰会导致抖动的放大，这样会增大接收器误码的可能性。

8.3.1.2 PLL 冲激/阶跃响应

前面的讨论表明，可以在复 s 域中通过传递函数来研究 PLL 系统。根据线性系统的性质，如果已知复 s 域的传递函数，也可以研究时域中的冲激或阶跃响应。假设 $h(t)$ 为 PLL 的冲激响应，$u(t)$ 为 PLL 的阶跃响应，可以通过拉氏变换将 $H_o(s)$，$h(t)$ 和 $u(t)$ 联系起来：

$$h(t) = \int_{c-j\infty}^{c+j\infty} H_o(s) e^{st} ds \tag{8.9}$$

$$u(t) = \int_0^t h(\tau) d\tau = \int_{c-j\omega}^{c+j\omega} \frac{H_o(s)}{s} e^{st} ds \tag{8.10}$$

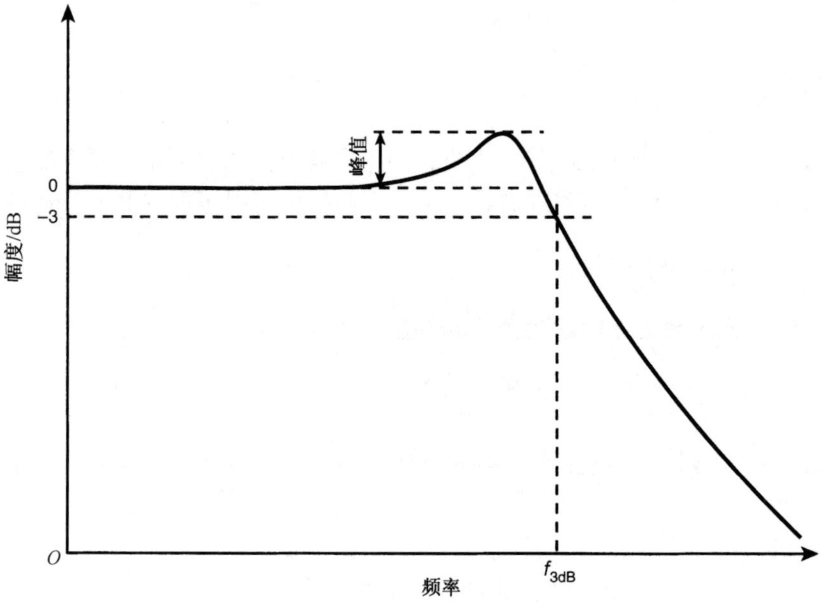

图 8.4 PLL 传递函数幅度响应及尖峰和 3 dB 带宽的定义

如果已知冲激响应，则在时域可以通过卷积由输入信号推导出输出信号。假设 $\theta_i(t)$ 是 PLL 的输入信号，则输出信号 $\theta_o(t)$ 为

$$\theta_o(t) = \int_{-\infty}^{+\infty} \theta_i(\tau) h(t-\tau) d\tau \tag{8.11}$$

8.3.1.3 伯德图

PLL 是一个反馈系统，因此稳定性分析是很重要的内容。式(8.4)可以改写为

$$H_o(s) = \frac{\theta_o(s)}{\theta_i(s)} = \frac{K_d K_o \frac{F(s)}{s}}{1 + K_d K_o \frac{F(s)}{s}} \tag{8.12}$$

如果满足奇异性条件[或者巴克豪森(Barkhausen)条件]，则 PLL 可能会不稳定。换句话说，当 $1 + K_d K_o \frac{F(s)}{s} = 0$ 时，$H_o(s) \to \infty$。奇异性条件是一个复数方程，这意味着需要同时满

足幅度和相位条件：

$$\left|K_{\mathrm{d}}K_{\mathrm{o}}\frac{F(s)}{s}\right|=1 \tag{8.13}$$

和

$$\mathrm{Arg}\left[K_{\mathrm{d}}K_{\mathrm{o}}\frac{F(s)}{s}\right]=180^{\circ} \tag{8.14}$$

注意，$s=\mathrm{j}\omega$。定义 $G(s)=K_{\mathrm{d}}K_{\mathrm{o}}\frac{F(s)}{s}$，$G(s)$ 为 PLL 的开环增益函数。式(8.13)和式(8.14)表明开环增益决定了稳定性。幅度和相位的频率函数曲线称为伯德(Bode)图。式(8.13)和式(8.14)的奇异性条件说明了要实现一个稳定的 PLL 应当满足：相位为 180°时，开环增益小于 1；或者开环增益为 1 时，相位小于 180°，如图 8.5 所示。注意，图 8.5 中标出了相位容限。

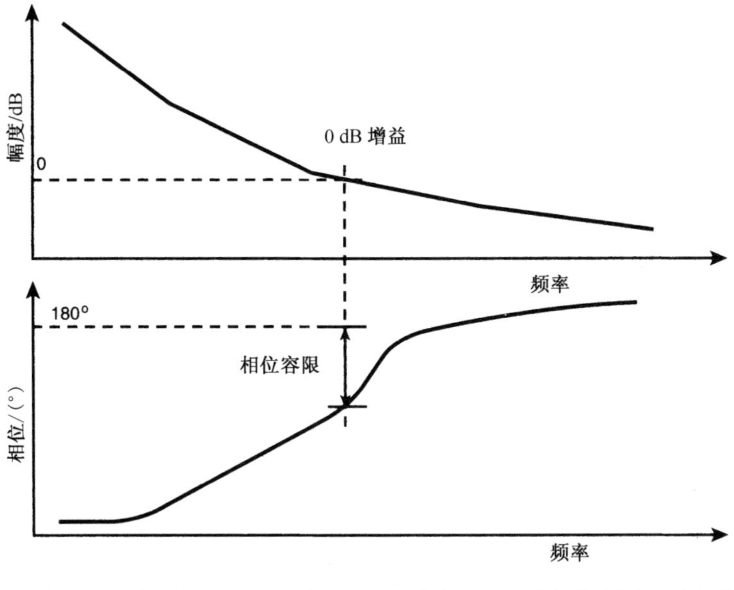

图 8.5　伯德图。图中标出了开环增益、相位响应、0 dB 或单位增益以及相位容限

8.3.1.4　极点和零点

零极点分析对于线性系统非常有用，并且它与其他的功能分析方法是互补的。通过研究零极点的数量和它们在复频域的分布，可以快速地确定系统的不稳定性、振铃和衰减特性。

极点是使系统传递函数 $H_{\mathrm{o}}(s)$ 趋于无穷大的一组复频率。它们是传递函数 $H_{\mathrm{o}}(s)$ 的分母多项式等于零时的解。零点是使系统传递函数 $H_{\mathrm{o}}(s)$ 等于零的一组复频率。它们是传递函数 $H_{\mathrm{o}}(s)$ 的分子多项式等于零时的解。

零点位置在系统出现零传输时的频率点上。极点为 PLL 的稳定性分析提供了快速判断的依据。通常情况下，极点靠近虚轴会引起时域中的振铃或振荡特征；极点靠近实轴会在时域中引起指数衰减或者频域的相位延迟；极点落在虚轴右侧的区域内会导致系统不稳定。一个稳定的 PLL，要求所有的极点都必须在 s 平面虚轴的左侧。

一个二阶 PLL 系统(两个极点，一个零点)的极零点分布如图 8.6 所示。

8.3.2 参数分析

到目前为止，我们都是假设 PLL 是一个线性系统，并且在锁定状态下。然而，当它在未锁定状态时，PLL 系统就会变成非线性的。显然，如果要进行综合易理解的建模和分析，就必须对未锁定的 PLL 进行非线性处理。当 PLL 处于未锁定状态时，常见的问题有：什么条件下 PLL 是锁定的？什么条件下 PLL 失锁？PLL 的锁定需要多长时间？这些问题在解决一般的非线性系统时可能并没有详细地研究和讨论过。

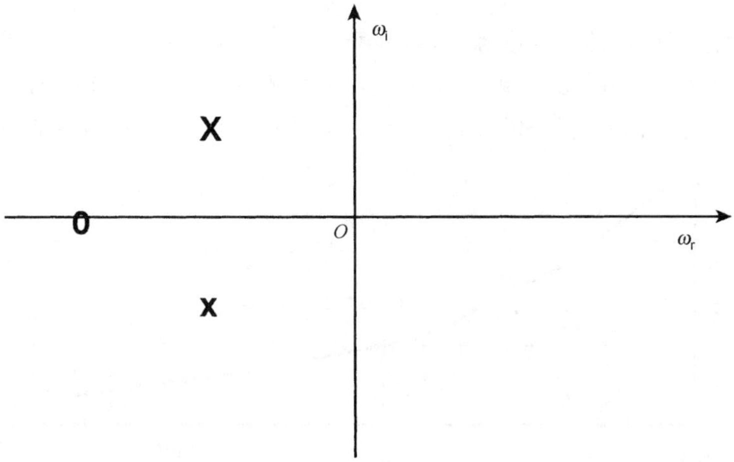

图 8.6 PLL(两个极点，一个零点)的零极点分布图。×表示极点，0 表示零点

一些关键的参数对理解和量化表征锁定(捕捉)和未锁定(跟踪)的过程是很重要的。它们是：锁定时间、锁定范围、捕捉时间、捕捉范围、捕捉同步范围和跟踪失步范围。锁定时间定义为 PLL 在一个频率差拍周期(从输入参考信号到 PLL 输出之间)内，锁定到输入参考信号频率所需的时间。它是一个快速锁定的过程。锁定范围指的是 PLL 在一个差拍周期内，锁定参考频率的频率范围。捕捉时间定义为 PLL 在比几个差拍周期更长的一段时间内，继续锁定输入参考信号所需的时间，它是缓慢锁定过程的一个度量。捕捉范围是一个比锁定范围更大的频率范围，它允许 PLL 在几个频率差拍周期内锁定输入参考信号。事实上，锁定的过程对应于一个频率差拍周期的时间段，而捕捉过程对应于几个差拍周期的时间段。很显然，锁定时间和锁定范围分别比捕捉时间和捕捉范围小。同步范围的理论意义大于其实际重要性，它定义了输入参考信号的一个频率范围，如果输入参考信号不在这个范围内，PLL 就不能锁定。同步范围要大于捕捉范围和锁定范围。如果参考信号的频偏小于同步范围但大于捕捉范围，则这个 PLL 可以认为是条件稳定的。失步范围是指可以维持 PLL 锁定状态条件时，输入参考信号所允许的最大频率突变。如果频率突变超出了失步范围，那么 PLL 将失锁。图 8.7 给出了所有与 PLL 捕捉和跟踪过程有关的时间相对比例关系。

另一方面影响 PLL 的是抖动和/或噪声。当输入参考信号中出现明显的抖动和噪声时，PLL 锁定和捕捉过程将会受到影响。这时的问题就变为：抖动、信噪比 SNR 和噪声带宽在多大的情况下能保证捕捉和锁定过程不受噪声的干扰。直觉告诉我们，较小的抖动、高信噪比和窄的噪声带宽可以获得较好的噪声特性。

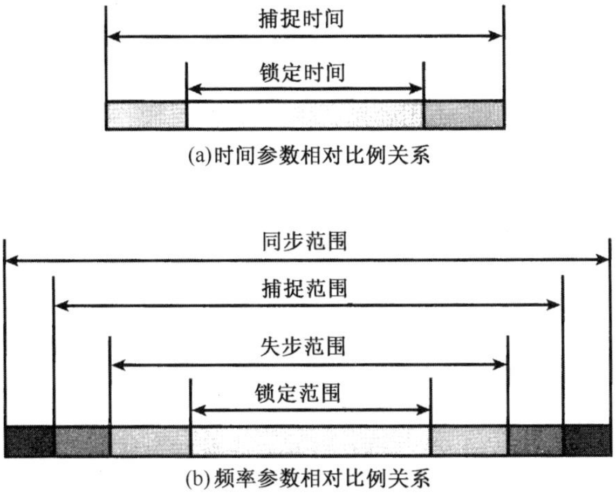

图 8.7　PLL 捕捉和跟踪时间及频率的相对比例关系

在已知精确的 PLL 传递函数情况下，后面章节中将定量地讨论二阶和三阶 PLL 的时间和噪声参数。本节中仅对这些参数做大体的介绍和概述。

8.4　PLL 抖动及噪声分析

对 PLL 来说，有三方面是很重要的：

- 总的环路传递函数由它的子系统决定；
- 噪声过程及其来源和频谱；
- 环路传递函数和噪声过程之间的相互关系和相互作用，以及它们对 PLL 整体性能的影响。

理论上讲，可以从时域和/或频域上研究上述这些方面。然而，根据复 s 域的线性运算关系，利用 PLL 组件相关的各噪声源在复 s 域中更容易对 PLL 相位噪声进行估计。

8.4.1　相位抖动功率谱密度(PSD)

传统的方法是通过总的噪声功率和噪声带宽来量化表征 PLL 的噪声过程，这种方法的主要缺陷是它无法得到 PLL 的动态行为。抖动是度量 PLL 性能的一个重要指标，但是通常很难将抖动从噪声中分离出来。特别是对于 PLL 来说，相关的噪声就是相位噪声，相关的抖动就是相位抖动。所以仅靠噪声带宽和噪声功率不能解答 PLL 噪声或抖动的时间或频率函数是如何变化的。需要一种综合的易于理解的方法来研究 PLL 噪声或抖动的动态表现。如果我们假设 PLL 中的噪声是加性的，如果已知噪声或抖动相应的分量，那么就可以像本节中所描述的一样对 PLL 的噪声或抖动 PSD 进行估计。因为相位抖动和相位噪声是通过载波频率联系起来的(见 7.3 节)，如果相位噪声已知，就可以很容易计算出相位抖动。

如图 8.8 所示，PLL 噪声或抖动可能来自于每个元件。$S_r(\omega)$ 表示与输入参考信号有关的相位噪声或抖动 PSD，它主要源于参考信号发生器的振荡器热噪声或 $1/f$ 噪声。$S_c(\omega)$ 表示电荷泵的相位噪声或抖动 PSD，它通常源于电荷泵的热噪声。电荷泵的作用是使环路滤波器能正常工作。$S_l(\omega)$ 表示与 LPF 相关的相位噪声或抖动 PSD，它通常出现在有源 LPF 中。

$S_v(\omega)$表示与 VCO 有关的相位噪声或抖动 PSD，在它的频谱中，$1/f$ 噪声占主导。注意，这些相位噪声和抖动 PSD 实质上都是相同的，只是来自于不同的相关单元。

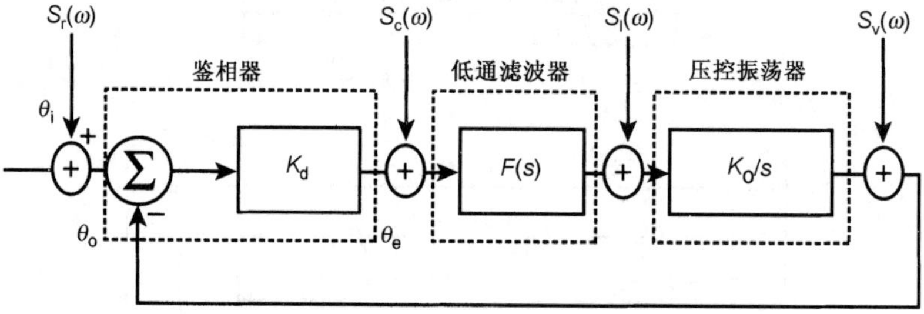

图 8.8 与传递函数相关的 PLL 元件和相位噪声源

根据 PSD 和输入–输出对间的传递函数之间的相互关系，我们可以得到 PLL 输出 PSD 与各个单元输入 PSD 之间的关系。这里，将所有单元的相位噪声或抖动都看成加性的和独立的。对于输入参考相位噪声或抖动，我们可得

$$S_{or}(\omega)=S_r(\omega)\left|\frac{K_dK_oF(s)}{s+K_dK_oF(s)}\right|^2_{s=j\omega} \tag{8.15}$$

电荷泵的相位噪声或抖动输入可以表示为

$$S_{oc}(\omega)=S_c(\omega)\left|\frac{K_oF(s)}{s+K_dK_oF(s)}\right|^2_{s=j\omega} \tag{8.16}$$

LPF 的相位噪声或抖动输入可以表示为

$$S_{ol}(\omega)=S_l(\omega)\left|\frac{K_o}{s+K_dK_oF(s)}\right|^2_{s=j\omega} \tag{8.17}$$

VCO 的相位噪声或抖动输入可以表示为

$$S_{ov}(\omega)=S_v(\omega)\left|\frac{s}{s+K_dK_oF(s)}\right|^2_{s=j\omega} \tag{8.18}$$

根据 PSD 的叠加特性，总的 PLL 输出 PSD 是所有单独的噪声或抖动源输出端的 PSD 之和：

$$\begin{aligned}S_o(\omega)&=S_{or}(\omega)+S_{oc}(\omega)+S_{ol}(\omega)+S_{ov}(\omega)\\&=\left[S_r(\omega)\left|\frac{K_dK_oF(s)}{s+K_dK_oF(s)}\right|^2+S_c(\omega)\left|\frac{K_oF(s)}{s+K_dK_oF(s)}\right|^2+S_l(\omega)\left|\frac{K_o}{s+K_dK_oF(s)}\right|^2+S_v(\omega)\left|\frac{s}{s+K_dK_oF(s)}\right|^2\right]_{s=j\omega}\end{aligned} \tag{8.19}$$

回顾 PLL 的开环增益[1, 2, 3]：

$$G_{OL}(s)=\frac{K_dK_oF(s)}{s} \tag{8.20}$$

对于 N 个独立的噪声/抖动输入，式(8.19)有如下形式：

$$S_o(\omega)=\sum_{i=1}^{N} S_i(\omega)\left|\frac{G_{FG\_i}(s)}{1+G_{OL}(s)}\right|^2_{s=j\omega} \tag{8.21}$$

式中，$S_i(\omega)$表示单个相位噪声或抖动输入 PSD；$G_{FG_i}(s)$是以相位噪声或抖动注入点为起点的正向增益函数。

式(8.19)有几层含义：首先基于传递函数，给出了 PLL 的输出相位噪声或抖动 PSD 与 PLL 内部和外部单元的 PSD 之间的解析关系。这里对单个单元的相位噪声或抖动以及传递函数进行假设，更多地对应于式(8.19)的建模和仿真应用。其次，如果已知输出相位噪声或抖动 PSD，同时又知道传递函数和内部噪声 PSD 的表达形式，就可以确定 PLL 内部或外部相位噪声或抖动 PSD 以及传递函数的参数。这意味着，当 PLL 相位噪声或抖动可以如此测量或已知时，就等于是可以对 PLL 自身相位噪声或抖动以及传递函数进行表征与测量。我们将在 8.5 节和 8.6 节中对式(8.19)的应用做更详细的讨论。尽管可能有 4 个或更多的单个相位噪声或抖动源与 PLL 有关，但在大多数的实际应用中，只有两个是起主要作用的：一个源于参考信号如参考时钟，另一个源于 VCO。

8.4.2　方差及 PSD

前面章节通过 PSD 对复频域中的 PLL 抖动或噪声进行了分析。本节将在时域中进行类似的分析，特别是自相关函数以及 PLL 是如何与自相关函数和 PSD 相关联的。

在没有确定性抖动或噪声的情况下，方差函数描述均方根(rms)是如何随时间而变化的函数。回顾式(6.29)中关于时域的方差函数和自相关函数的关系：

$$\sigma_t^2(t)=2(\sigma_0^2-R_{tt}(\Delta t_n(t),\Delta t_0)) \tag{8.22}$$

式中，$\sigma_t^2(t)$表示 t 时刻的方差；σ_0^2 表示抖动或噪声基本过程的总方差；R_{tt}是抖动或噪声在$\Delta t_n(t)$和Δt_0 间的自相关函数。自相关函数 R_{tt}与 PSD $S(f)$之间遵循傅里叶变换关系(见 2.4.4.2 节的维纳–辛钦定理)：

$$R_{tt}(\Delta t_n(t),\Delta t_0)=\Im^{-1}(S(\omega)) \tag{8.23}$$

式中，$\Im^{-1}$表示傅里叶逆变换。将式(8.23)代入式(8.22)中，可以得到方差时间序列与抖动或噪声过程的频域 PSD 的关系式：

$$\sigma_t^2(t)=2(\sigma_0^2-\Im^{-1}(S(\omega))) \tag{8.24}$$

式(8.24)是将时域可测的相位抖动或噪声过程与频域表征联系起来的理论基础。

8.4.1 节中讨论过，式(8.23)和式(8.24)的一个重要应用就是通过对 PLL 输出的 PSD $S_o(\omega)$来估计时域中的自相关函数和方差函数。

由式(2.113)可知，在 $t=0$ 时有

$$R_{tt}(0)=\frac{1}{2\pi}\int_{-\infty}^{\infty}S_x(\omega)\mathrm{d}\omega=\sigma_0^2 \tag{8.25}$$

可见，零时刻或零延时的自相关函数值即为相位噪声或抖动的总功率。

在接下来的章节中，我们将式(8.22)～式(8.25)推广到二阶和三阶 PLL 相位抖动或噪声特性的研究中。

8.5 二阶 PLL 分析

本节重点分析二阶 PLL。首先推导它的传递函数，然后讨论如何确定和分析它的抖动或噪声，并且应用 8.4 节中提到的方差方法来分析不同的 PLL 传递函数，最后给出一些实验结果。

8.5.1 系统传递函数

最常用的 PLL 是二阶 PLL，因为它可以跟踪频率和相位变化。PLL 的阶数取决于 LPF。如图 8.9 所示，可以用一阶有源比例积分(PI)滤波器来实现二阶 PLL。

这个 LPF 的传递函数表示如下：

$$F(s)=\frac{1+sR_2C}{sR_1C}=\frac{1+s\tau_2}{s\tau_1} \tag{8.26}$$

式中，τ_1和τ_2为电阻 R_1 和 R_2 的 RC 时间常数。将式(8.26)代入式(8.4)，得到总的 PLL 传递函数：

$$H_2=\frac{\dfrac{K_\mathrm{d}K_\mathrm{o}}{\tau_1}\tau_2 s+\dfrac{K_\mathrm{d}K_\mathrm{o}}{\tau_1}}{s^2+\dfrac{K_\mathrm{d}K_\mathrm{o}}{\tau_1}\tau_2 s+\dfrac{K_\mathrm{d}K_\mathrm{o}}{\tau_1}} \tag{8.27}$$

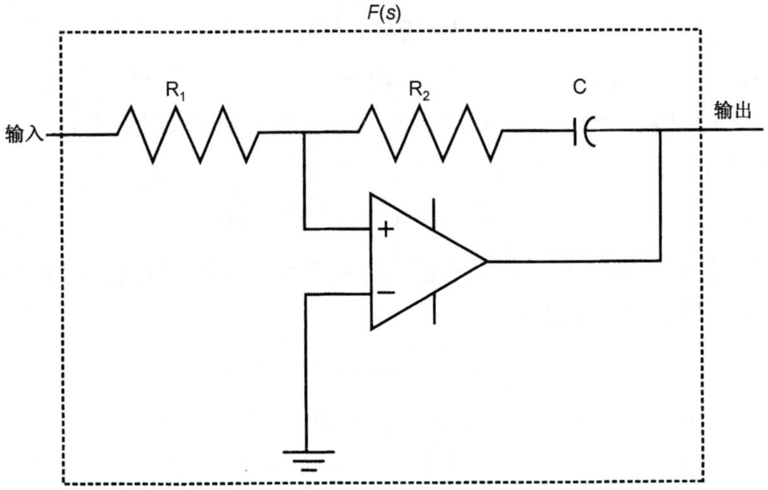

图 8.9 二阶 PLL 的有源比例积分电路

为了简化数学处理的复杂度，利用本征频率 ω_n 和阻尼因子 ζ 将式(8.27)改写成标准的二阶动态阻尼系统形式：

$$H_2(s)=\frac{2\zeta\omega_\mathrm{n}s+\omega_\mathrm{n}^2}{s^2+2\zeta\omega_\mathrm{n}s+\omega_\mathrm{n}^2} \tag{8.28}$$

式中，本征频率 $\omega_n=\sqrt{\frac{K_dK_o}{\tau_1}}$；阻尼因子 $\zeta=\frac{\tau_2}{2}\sqrt{\frac{K_dK_o}{\tau_1}}=\frac{\omega_n\tau_2}{2}$。本征频率和阻尼因子都是系统参数，增益和 RC 时间常数是电路参数。它们可以根据它们的定义关系相互转化。

之前，我们通过一个有源比例积分 LPF 推导出标准的二阶 PLL 传递函数形式，参见式(8.28)，其实用其他的一阶 LPF 也可以。在高增益条件下，即 $K_dK_o\gg1$ 时，因为大多数 PLL 都工作在高增益条件下，所有的一阶 LPF 的实现结果都可以收敛到式(8.28)的形式。式(8.28)已经成为二阶 PLL 的标准形式。

二阶 PLL 的特性曲线如图 8.10 所示，系统传递函数和误差传递函数都是阻尼因子 ζ 的函数。误差传递函数有其特殊的作用，当串行链路中的时钟恢复电路采用 PLL 时，它表示接收器的抖动传递函数(详细讨论见第 9 章)。系统传递函数有低通的作用，当 $\omega>\omega_n$ 时，传递函数具有 -20 dB/十倍频程的衰减率，这意味着 PLL 使高频输入相位衰减了。另一方面，误差传递函数是一个高通函数，当 $\omega<\omega_n$ 时，传递函数具有 40 dB/十倍频程的斜率，这意味着 PLL 使低频相位误差衰减了。传递函数有三种特殊的行为：当 $\zeta<1$ 时，称为欠阻尼 PLL，有尖峰出现；当 $\zeta>1$ 时，称为过阻尼 PLL；当 $\zeta=1$ 时，称为临界阻尼 PLL。理想的 PLL 传递函数在 $\omega<\omega_n$ 时应当具有平坦的增益。在 $\zeta=1/\sqrt{2}\approx0.707$ 的附近区域，传递函数响应接近于平坦。在这种条件下，PLL 的传递函数类似于一个二阶的巴特沃斯(Butterworth)低通滤波器。

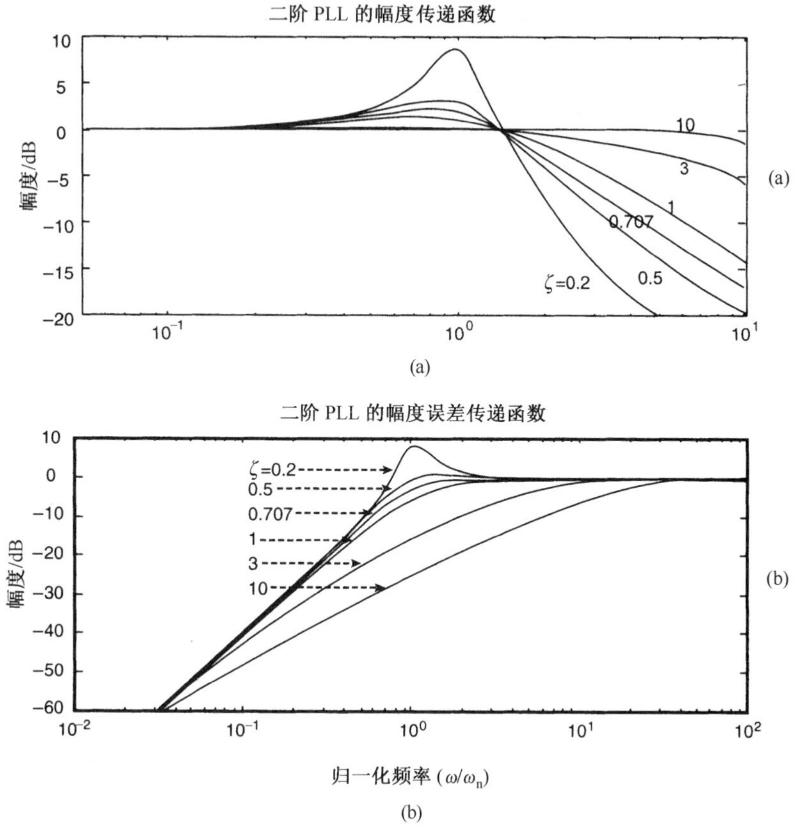

图 8.10　(a)系统和(b)误差传递函数以及它们与阻尼因子的关系

在 PLL 幅度传递函数 $|H_o(s)|$ 上可以观察到 3 dB 频率和尖峰。可以通过本征频率 n 和阻尼因子 ζ 来估计二阶 PLL 的 3 dB 频率。如下所示：

$$\omega_{3\text{ dB}} = \sqrt{1+2\zeta^2+\sqrt{(1+2\zeta^2)^2+1}}\cdot\omega_n \tag{8.29}$$

因为闭合形式的解析方法比较复杂，所以二阶 PLL 的尖峰估计通常采用数值方法。根据定义，我们也可以用 PLL 的尖峰/3 dB 频率对 $(|\Delta H_o(s)|_{PK}, \omega_{3\text{ dB}})$ 表示 PLL 的传递函数。理论上来讲，尖峰/3 dB 频率对 $(|\Delta H_o(s)|_{PK}, \omega_{3\text{ dB}})$ 与阻尼因子/本征频率对(ζ 和 ω_n)之间存在映射关系。然而，由于闭合形式的复杂性，一般采用数值方法进行映射。

8.5.2 特性参数

二阶 PLL 的传递函数可以由本征频率 ω_n 和阻尼因子 ζ 唯一确定。根据这两个关键参数，可以得到与 PLL 跟踪、捕捉和噪声带宽相关的其他参数。

利用 PLL 输入和输出的相位噪声关系，可以很好地推导出 PLL 的抖动或噪声带宽。PLL 输出端的相位抖动或噪声的总均方根为

$$\sigma_o^2 = \int_0^\infty S_o(\omega)\mathrm{d}\omega = \int_0^\infty S_r(\omega)\left|H_o(\mathrm{j}\omega)\right|^2\mathrm{d}\omega \tag{8.30}$$

这里用到了 8.4 节中介绍的 PSD 与传递函数关系，并假设抖动或噪声仅来源于 PLL 的输入参考信号。下面，我们进一步假设输入参考信号的抖动或噪声 PSD 为常数，即 $S_r(\omega)=\Phi_o$。这种类型 PSD 的例子有热抖动或噪声、白抖动或噪声。式(8.30)可以简化为

$$\sigma_o^2 = \Phi_o\int_0^\infty \left|H_o(\mathrm{j}\omega)\right|^2\mathrm{d}\omega \tag{8.31}$$

式(8.31)的积分部分具有角频率的量纲。如果将抖动或噪声带宽定义为

$$\omega_{NB} = \int_0^\infty \left|H_o(\mathrm{j}\omega)\right|^2\mathrm{d}\omega \tag{8.32}$$

将这个定义代入式(8.31)中，可得

$$\sigma_o^2 = \Phi_o\omega_{NB} \tag{8.33}$$

已知抖动或噪声 PSD 和带宽的情况下，式(8.33)可以快速地估计 PLL 输出抖动或噪声的均方根。利用式(8.28)中定义的传递函数 H_2，二阶 PLL 的抖动或噪声带宽可以估计为

$$\omega_{NB2} = \frac{\omega_n}{2}\left(\zeta+\frac{1}{4\zeta}\right) \tag{8.34}$$

跟踪过程和捕捉过程中其他参量也可通过 ζ 和 ω_n 进行估计，如锁定时间、锁定范围、捕捉时间和捕捉范围等。参考文献[1, 2, 3]中详细的推导过程，这里我们仅给出根据 ζ 和 ω_n 来估计这些参数的公式(见表 8.1)。其中，假设 PLL LPF 为有源比例积分(PI)滤波器。

显然，ζ 和 ω_n 是关键的参数。只要它们已知，其余的参数都可以根据表 8.1 中的公式计算得出。

表 8.1　二阶 PLL 的参数

捕捉	锁定时间	$\frac{2\pi}{\omega_n}$
	锁定范围	$2\zeta\omega_n$
	捕捉时间	$\frac{\pi^2}{16}\frac{\Delta\omega_o^2}{\zeta\omega_n^3}$
	捕捉范围	∞
	同步范围	∞
跟踪	失步范围	$1.8(\zeta+1)\omega_n$
噪声	噪声带宽	$\frac{\omega_n}{2}\left(\zeta+\frac{1}{4}\right)$

8.5.3　抖动及传递函数分析

本节的内容是 PLL 抖动或噪声，以及其传递函数的测量与分析。讨论如何求解 PLL 传递函数的新方法，并给出实验结果[6,7]。

8.5.3.1　基于时域方差函数的方法

本节的重点是 PLL 抖动和传递函数分析。PLL 的抖动输出分析相对比较简单，可以归入第 7 章介绍的时钟抖动的测量和分析的一般类型中。时域方差函数测量有其特殊的作用，它提供了 PLL 传递函数与 PLL 抖动 PSD 之间的联系。我们要做的就是建立一种新的方法，可以通过测量和分析 PLL 输出抖动的方差函数来确定 PLL 的传递函数。

回顾式(8.24)中方差函数的一般形式，典型的 PLL 有两个抖动或噪声源[2]：一个是与 PLL 输入参考时钟有关的抖动和噪声，用 $S_r(\omega)$ 表示它的 PSD；另一个是与 VCO 有关的抖动或噪声，用它的 PSD 来表示。

当参考时钟的噪声/抖动占优势时，可由式(8.19)、式(8.24)和式(8.28)估计它的方差函数：

$$\sigma_{tI}^2(t)=2\left(\sigma_0^2-\Im^{-1}\left(S_r(\omega)\left|\frac{2\zeta\omega_n s+\omega_n^2}{s^2+2\zeta\omega_n s+\omega_n^2}\right|^2\right)\right) \tag{8.35}$$

同样地，当 VCO 的抖动或噪声占优势时，方差函数为

$$\sigma_{tII}^2(t)=2\left(\sigma_0^2-\Im^{-1}\left(S_v(\omega)\left|\frac{s^2}{s^2+2\zeta\omega_n s+\omega_n^2}\right|^2\right)\right) \tag{8.36}$$

当参考时钟和 VCO 的抖动或噪声占优势时，方差函数为

$$\sigma_{tIII}^2(t)=2\left(\sigma_0^2-\Im^{-1}\left(S_r(\omega)\left|\frac{2\zeta\omega_n s+\omega_n^2}{s^2+2\zeta\omega_n s+\omega_n^2}\right|^2+S_v(\omega)\left|\frac{s^2}{s^2+2\zeta\omega_n s+\omega_n^2}\right|^2\right)\right) \tag{8.37}$$

给定抖动 $\sigma_{\mathrm{mea}}^2(t)$ 的测量值或假设值，可以通过最小化 $\sigma_t^2(t)$ 和 $\sigma_{\mathrm{mea}}^2(t)$ 之间的差值来优化估计 ζ 和 ω_{n}：

$$\mathrm{Min}\left(\int\left|\sigma_t(t)-\sigma_{\mathrm{mea}}(t)\right|\mathrm{d}t\right)\to 0 \tag{8.38}$$

式中，$\sigma_t^2(t)$ 也可根据条件写成式(8.35)和式(8.37)的形式。优化的方法有很多，其中包括常见的最小二乘法、χ^2 和极大似然法[4]。

确定了 ζ 和 ω_{n} 后，就可以得到 PLL 传递函数。如 8.3.1 节中所述，其他的功能分析如误差传递函数、伯德图和零极点分布可以很容易地得到。同样，PLL 跟踪、捕捉和噪声带宽参数也可以根据表 8.1 求出。

8.5.3.2 实验结果

基于方差函数的 PLL 分析只需要测量 PLL 输出，测量的设置如图 8.11 所示。这个结构比较简单，PLL 输入端不需要调制信号发生器来激励。在测量装置中采用了时间区间分析仪(TIA)，它的特点是时序精确和高流通量，很适合方差函数的测量。

下面例子中的被测器件(DUT)是一个 150 MHz 的时钟恢复 PLL。它的设计中有三种不同的工作状态：欠租尼、过阻尼和适度阻尼。在每种情况下，都列出了功能和参数的分析结果。

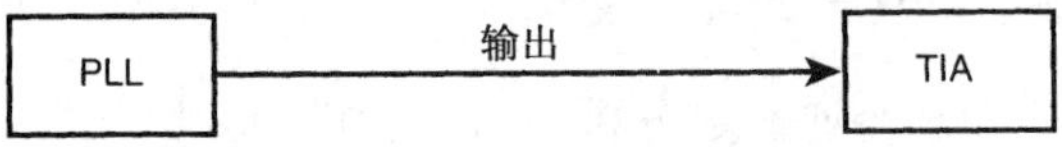

图 8.11 基于 TIA 系统方差方法的 PLL 测量

1. 欠阻尼 PLL

此时，PLL 工作在 $\zeta<1$ 的条件下。同时，假设与参考时钟有关的热噪声[$S_{\mathrm{r}}(\omega)=N_0=$ 常数]在 PLL 中占优势，方差模型采用式(8.35)的形式。首先用 TIA(如 SIA 4000)测量方差函数，然后用式(8.35)定义的方差模型来拟合实录的方差情况。用 χ^2 拟合方法[5]计算最佳的拟合参数 ζ，ω_{n} 和 N_0，从而在最大程度上避免方差实录测量中的统计噪声和波动。

图 8.12 给出了这类 PLL 的 4 种功能分析。(a)中的衰减振荡特性非常明显，表明这是欠阻尼 PLL 的情况；幅度传递函数(b)中显示了一个约 15 dB 的尖峰；伯德图(c)显示的稳定性容限很小；(d)极点很靠近虚轴，表明这是一个临界稳定的 PLL。

传递函数、热噪声幅度、噪声带宽、跟踪和捕捉等参数的精确值如表 8.2 所示。

表 8.2 欠阻尼 PLL 的参数分析

阻尼因子：ζ	0.124 811
本征频率：ω_{n}	135.384 105 kHz
噪声 PSD：N_0	−83.003 435 dBc/Hz
锁定范围	33.794 923 kHz
锁定时间	7.386 391 μs
捕捉时间	4.549 24 ms
失步范围	274.106 821 kHz
噪声带宽	144.037 557 kHz

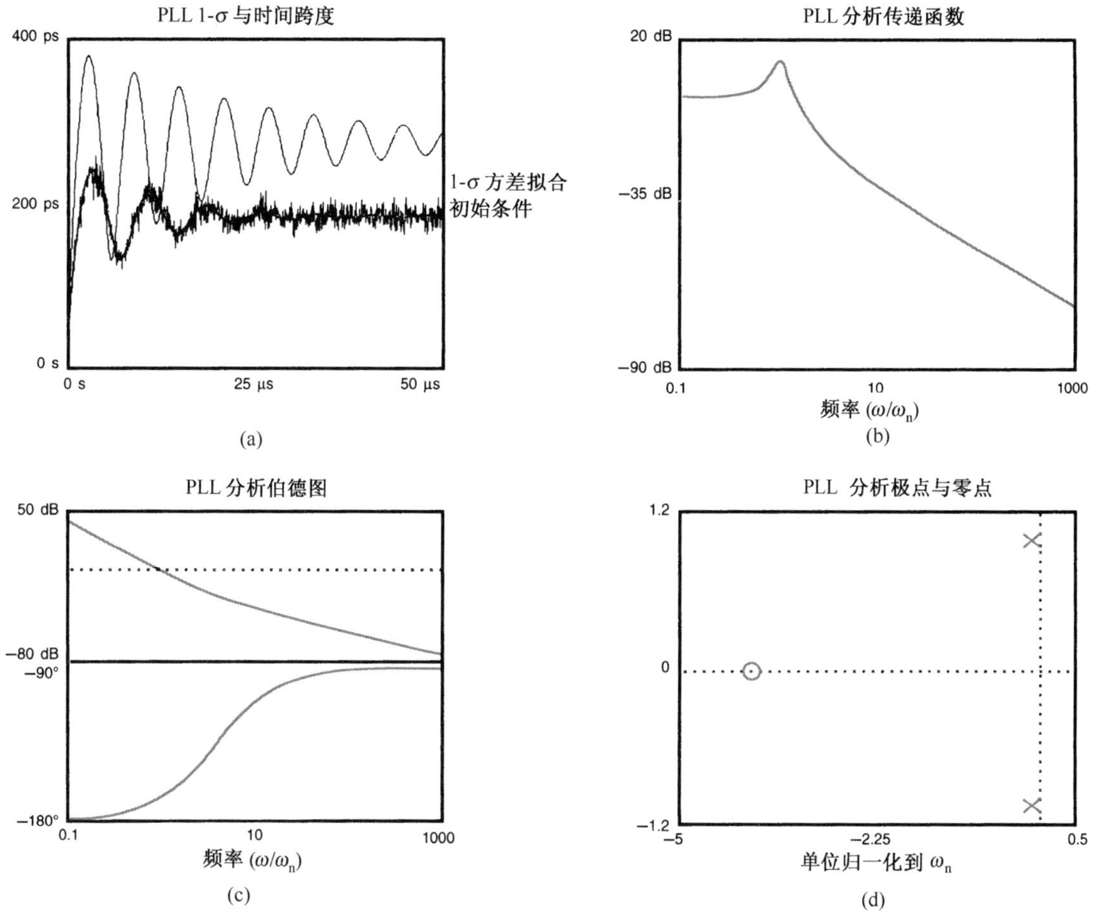

图 8.12　欠阻尼 PLL 的功能分析：(a)方差实录测量值，包括初始估计的方差函数和优化的方差实录；(b)测量的传递函数幅频响应；(c)伯德图测量值，其中上半部分是幅频响应，下半部分是相频响应；(d)测量的零极点位置

根据阻尼因子 ζ 和本征频率 ω_n 的量值，可以预测方差函数的阻尼和振荡行为，并得出传递函数的尖峰。由此可以推导出前后一致的结果。

2. 过阻尼 PLL

PLL 处于过阻尼状态，我们希望它的方差函数中没有振荡，并且传递函数中没有尖峰。图 8.13给出了这种情况的测量结果，图的格式类似于欠阻尼 PLL。

PLL 伯德图表明它有一个安全的约 90°的稳定性容限，大于欠阻尼 PLL 的情况。它的极点分布离虚轴很远，说明这是一个稳定的 PLL。表 8.3 列出了过阻尼 PLL 的重要参数值。

同表 8.2 相比，可以注意到它的阻尼因子 ζ 接近 1，而本征频率 ω_n 小了近一倍。由于阻尼因子的增大和本征频率的减小，锁定范围、锁定时间和捕捉时间都将增大。但是由于本征频率减小的影响，噪声带宽将变窄。

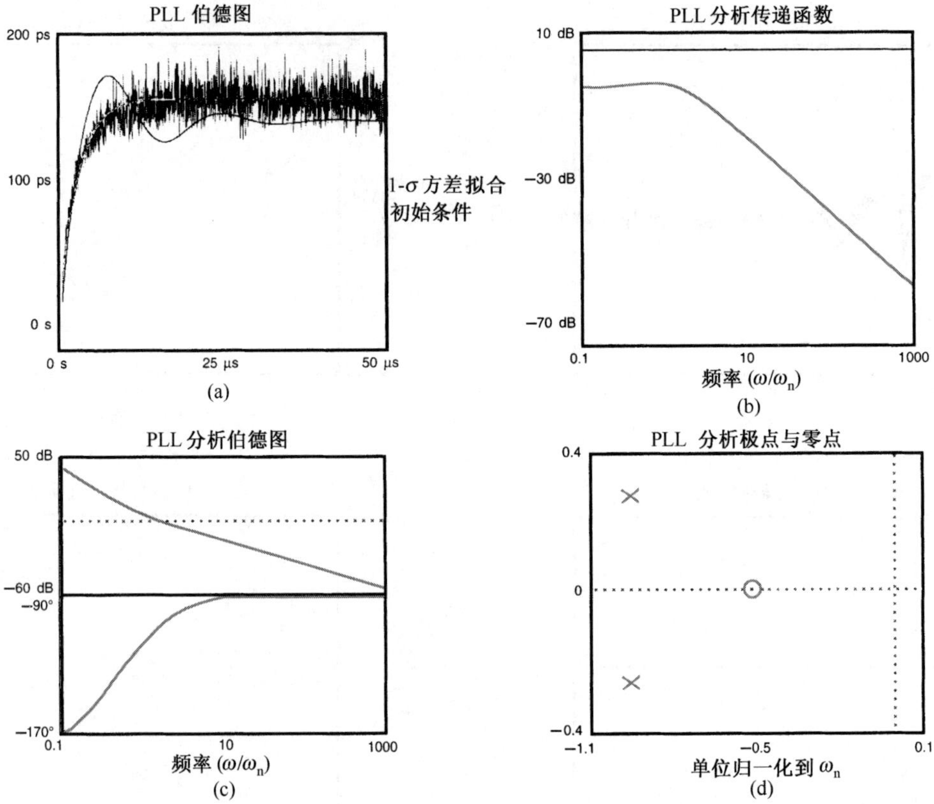

图 8.13　过阻尼 PLL 的功能分析，其他同图 8.12

表 8.3　过阻尼 PLL 的参数分析

阻尼因子：ζ	0.964 56
本征频率：ω_n	67.439 788 kHz
噪声 PSD	−78.907 076 dBc/Hz
锁定范围	130.099 482 kHz
锁定时间	14.828 042 μs
捕捉时间	4.689 02 ms
失步范围	238.481 151 kHz
噪声带宽	41.264 577 kHz

3. 适度阻尼 PLL

PLL 测量所得结果的分辨率不可能精确地达到临界阻尼或最优化 PLL 的情况，即 $\zeta = 0.707$。图 8.14 是我们能得到的最佳结果。

其幅频响应的尖峰、伯德图的相位容限以及零极点分布位置介于过阻尼和欠阻尼 PLL 的情况之间。

表 8.4 列出了重要的参数。

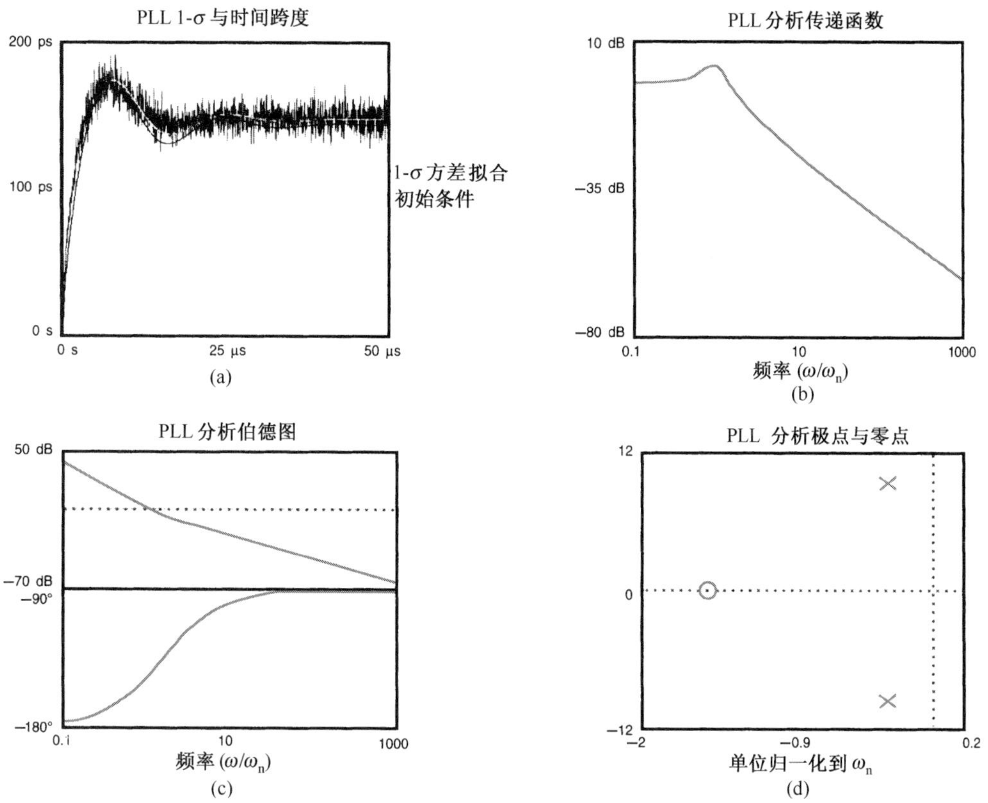

图 8.14　适度阻尼 PLL 的功能分析，其他同图 8.12

表 8.4　适度阻尼 PLL 的参数分析

阻尼因子：ζ	0.322 121
本征频率：ω_n	59.410 615 kHz
噪声 PSD	−78.465 001 dBc/Hz
锁定范围	38.274 839 kHz
锁定时间	16.832 009 μs
捕捉时间	20.546 7 ms
失步范围	141.386 462 kHz
噪声带宽	32.623 158 kHz

同表 8.2 和表 8.3 相比，这类 PLL 的阻尼因子位于过阻尼和欠阻尼 PLL 之间。在三种不同的 PLL 中，它具有最佳(最小的)噪声带宽。它的锁定和捕捉特性虽然没有欠阻尼 PLL 的好，但与过阻尼 PLL 相当。适度阻尼 PLL 与过阻尼 PLL 在总体性能上相似，它们都优于欠阻尼 PLL。

用其他的方法和仿真结果也可以对 PLL 进行同样的研究。对于二阶 PLL，如果假设热噪声在输入参考信号中占优势，那么结果的一致性将很好，误差一般在 10% 以内。

8.6　三阶 PLL 分析

近几年随着数据传输率进入 Gbps 时代，三阶 PLL 在高速链路器件中的应用正受到越来越多的关注。三阶 PLL 的一个主要优点是：它可以跟踪频率加速。而二阶 PLL 则只能跟踪频率变化(或相位加速)。另外与二阶 PLL 相比，三阶 PLL 可以抑制串馈时钟中高于 3 dB 带宽以上的更多高频谐振。本节中研究三阶 PLL 的方法与二阶 PLL 的类似。只不过确定三阶 PLL 抖动传递函数的过程是在频域中进行的，具有更好的通用性。其实，这些方法也可以用于 8.5 节讨论的二阶 PLL 情况[8]。

8.6.1 系统传递函数

可以利用拉普拉斯变换的终值定理估计瞬态过程结束之后的相位误差稳态值：

$$\lim_{t\to\infty} y(t) = \lim_{s\to 0} sY(s) \tag{8.39}$$

式中，$y(t)$ 和 $Y(s)$ 分别表示时域和复频域的系统输出。也就是说，通过观察函数在复频域中的变换，确定它在时域中的稳态值。对式(8.5)所示的 PLL 相位误差，应用终值定理可得

$$\lim_{t\to\infty} \theta_e(t) = \lim_{s\to 0} \frac{s^2\theta_i(s)}{s + K_o K_d F(s)} \tag{8.40}$$

在式(8.40)中要获得稳态时的零相位误差，滤波器函数 $F(s)$ 应为 $F(s) = Y(s)/s^2$，其中 $Y(0) \neq 0$。另外，由于 $\lim\limits_{s\to\infty} F(s) < +\infty$ 条件的限制，$Y(s)$ 的阶数不能超过 2[即 $F(s)$ 分母的阶数]。令

$$Y(s) = s^2 + a_2 s + a_3 \tag{8.41}$$

式中，a_2 和 a_3 都是常数，且 $a_3 \neq 0$。典型的三阶 PLL 环路滤波器的传递函数 $F(s)$ 可以表示为

$$F(s) = \frac{s^2 + a_2 s + a_3}{s^2} \tag{8.42}$$

根据式(8.4)，闭环 PLL 的传递函数为

$$H_3(s) = \frac{K(s^2 + a_2 s + a_3)}{s^3 + K(s^2 + a_2 s + a_3)} \tag{8.43}$$

式中，$K = K_0 K_d$ 表示环路增益。根据式(8.43)可知，三阶 PLL 环路滤波器的传递函数包括两个级联的积分器，可以消除对应于输入相位加速变化$[\theta_i(t) = \frac{1}{2}\Delta\omega t^2 u(t)]$、相位速度变化$[\theta_i(t) = \Delta\omega t u(t)]$和相位变化本身$[\theta_i(t) = \Delta\theta_0 u(t)]$的稳态加速误差。

按照上述过程，通常的 n 阶 PLL 闭环传递函数为

$$H_n(s) = \frac{K(s^{n-1} + a_2 s^{n-2} + \cdots + a_n)}{s^n + K(s^{n-1} + a_2 s^{n-2} + \cdots + a_n)} \tag{8.44}$$

图 8.15 给出了一个三阶 PLL 传递函数的例子。注意，二阶 PLL 不能产生三阶 PLL 模型预测的“负”尖峰。稍后我们将介绍一个实际应用中三阶 PLL 产生这种“负”尖峰的例子。这是三阶 PLL 的一个鲜明特点。

图 8.15 画出了典型的三阶 PLL 在不同的环路增益 K 时所对应的传递函数。图 8.15 中上部的图(a)给出的是对应于不同环路增益 K 的常规的尖峰(正值)，其中 $a_2 = 2$，$a_3 = 1$。图 8.15 中下部的图(b)给出的是在 $a_2 = 0.5$，$a_3 = 10$ 的条件下，对应于不同环路增益 K 时的

传递函数。但是图(b)中出现了过渡带中的最小值或“负尖峰”，这在二阶 PLL 中是没有的。在“负尖峰”频率处的频率分量急剧衰减，这是三阶 PLL 的一个新特征。如果设计时钟恢复系统具有这个特点，那么“负尖峰”的作用之一就是抑制尖峰频率处的周期性抖动。

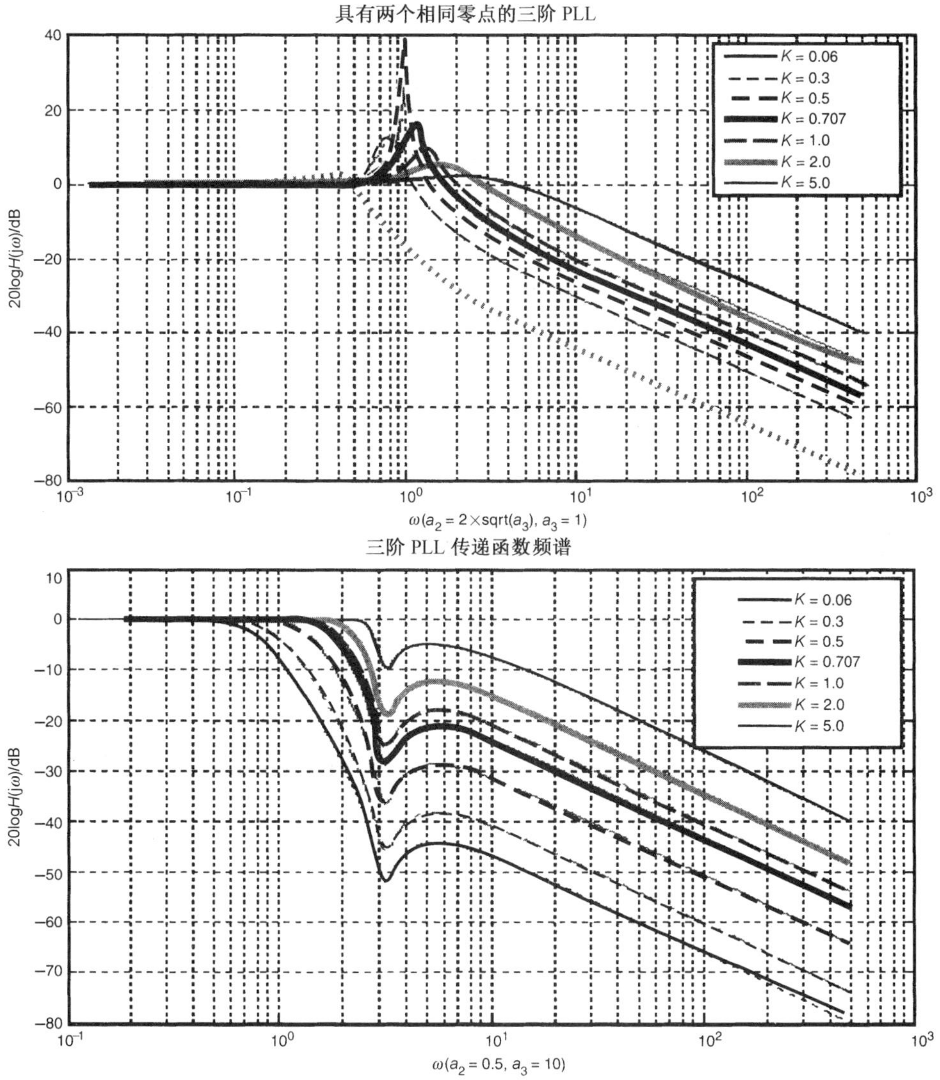

源自：*J. Ma, M. Li, and M. Marlett, "A New Measurement and Analysis Method for a Third-Order Phase Locked Loop(PLL) Transfer Function," International Test Conference, 2005.* (ⓒ2005 IEEE)

图 8.15　三阶 PLL 传递函数。上图显示的是常规尖峰(正值)；下图显示的是“负尖峰”，这种情况不会出现在二阶 PLL 中

8.6.2　特性参数

三阶 PLL 的传递函数可由环路增益 K 和参数 a_2，a_3 唯一确定。与二阶 PLL 情况类似，如果已知这三个参数，那么就可以得出与 PLL 跟踪、捕捉和噪声带宽有关的其他 PLL 参数。

回顾式(8.32)所示的 PLL 的抖动或噪声带宽，三阶 PLL 抖动或噪声带宽可表示为

$$\omega_{NB3} = \int_0^{\infty} \left|H_3(j\omega)\right|^2 d = \frac{1}{4}K\frac{a_2K - a_2^2 - a_3}{a_2K - a_3} \tag{8.45}$$

跟踪和捕捉过程的其他参数也可通过 K, a_2, a_3 以及 DC 的环路增益 $K_{DC} = K_dK_oF(0)$ 算出，具体参见文献[1]和[8]。这里我们仅给出估计 K, a_2, a_3 和 K_{DC} 这些参数的公式，如表 8.5 所示。

同二阶 PLL 情况类似，当已知 K, a_2, a_3 时，根据表 8.5 中的公式可以很容易计算出其他参数。

表 8.5 三阶 PLL 参数

捕捉	锁定时间	$\frac{2\pi}{\sqrt{Ka_2}}$
	锁定范围	K
	捕捉时间	$\sqrt{\frac{\pi}{a_3}\frac{\Delta\omega_o}{K}}$ $\Delta\omega_o >> K$
	捕捉范围	$\sqrt{2KK_{DC}}$ $K_{DC} \gg K$
	同步范围	K_{DC}
跟踪	失步范围	$1.8\left(\frac{K}{2} + \sqrt{Ka_2}\right)$
噪声	噪声带宽	$\frac{K}{4}\frac{a_2K - a_2^2 - a_3}{a_2K - a_3}$

源自：*J. Ma, M. Li, and M. Marlett, "A New Measurement and Analysis Method for a Third-Order Phase Locked Loop (PLL) Transfer Function," International Test Conference, 2005. (© 2005 IEEE)*

8.6.3 抖动和传递函数分析

对于二阶 PLL 来说，抖动/噪声和传递函数的分析是在时域中进行的，根据式(8.24)将模型方差函数与测量方差函数相匹配。对于三阶 PLL，我们发现如果用 FFT 逆变换求它的闭合形式解，数学运算将会很复杂。式(8.24)表明方差函数和 PSD 是对偶对。我们将探索用频域 PSD 匹配的方法来确定三阶 PLL 的最佳模型参数，从而简化数学复杂度，提高方法的可用性。我们采用 8.4.1 节中讨论的 PSD 频域闭合形式模型，分析各种抖动或噪声源及其注入点。

8.6.3.1 基于频域 PSD 的方法

与二阶 PLL 情况一样，我们考虑两种很重要的并且常会遇到的抖动或噪声源：一个与 PLL 输入参考时钟有关，用它的 PSD $S_r(\omega)$ 来表示，另一个与 VCO 有关，用它的 PSD $S_v(\omega)$ 表示。

将式(8.43)所示的三阶 PLL 传递函数代入 PLL 的 PSD 输出通用式(8.19)中，得到三阶 PLL 的 PSD。当参考时钟抖动或噪声占优势时，输出 PSD 为

$$S_{ol}(\omega) = \left(S_r(\omega)\left|\frac{K(s^2 + a_2s + a_3)}{s^3 + K(s^2 + a_2s + a_3)}\right|^2 \right) \tag{8.46}$$

当 VCO 抖动或噪声占优势时，输出 PSD 为

$$S_{oII}(\omega)=\left(S_v(\omega)\left|\frac{s^3}{s^3+K(s^2+a_2s+a_3)}\right|^2\right) \tag{8.47}$$

当参考时钟和 VCO 的抖动或噪声同时作用时，输出 PSD 为

$$S_{oIII}(\omega)=\left(S_r(\omega)\left|\frac{K(s^2+a_2s+a_3)}{s^3+K(s^2+a_2s+a_3)}\right|^2\right)+\left(S_v(\omega)\left|\frac{s^3}{s^3+K(s^2+a_2s+a_3)}\right|^2\right) \tag{8.48}$$

已知抖动 $S_{o\_mea}(\omega)$ 的测量值或仿真值时，可以通过最小化 $S_o(\omega)$ 与 $S_{o\_mea}(\omega)$ 的差值来优化计算参数 K，a_2，a_3：

$$\text{Min}\left(\int\left(S_o(\omega)-S_{o\_mea}(\omega)\right)^2\text{d}\omega\right)\to 0 \tag{8.49}$$

式中，$S_o(\omega)$ 是采用式(8.46)还是采用式(8.48)的形式，视条件而定。和二阶 PLL 情况类似，这里选用 χ^2 最小化的方法。

如果测量或仿真的数据是时域 $\sigma^2_{mea}(t)$，则可以利用式(8.24)的另一形式将它转换成频域 $S_{o\_mea}(\omega)$：

$$S_{0\_mea}(\omega)=\Im\left(\sigma_0^2-\frac{1}{2}\sigma^2_{mea}(t)\right) \tag{8.50}$$

式中，$\Im$ 表示傅里叶变换。已知参数 K，a_2，a_3 的情况下，就可以确定三阶 PLL 传递函数以及相应的捕捉和跟踪参数。

通过前面的分析过程可以看出，基于频域 PSD 的分析方法在阶数上是可以扩展的，并且对于二阶情况是向后兼容的。就闭合形式模型而言，与基于时域方差的方法相比，大大简化了数学运算的复杂度。

8.6.3.2　实验结果

我们将用实验结果来验证基于频域 PSD 的三阶 PLL 抖动/噪声及传递函数分析的可靠性与准确性。可以从两方面来进行验证：一方面是基于仿真，通过仿真程序来生成输出的 PLL PSD；另一方面是基于实际的器件，测量真实的三阶 PLL 来确定 PLL PSD。与实际的 PLL 器件相比，仿真方法在测量范围和控制灵活性上受到的约束较小。

1. 仿真与验证

图 8.16 给出了一个仿真的模型和流程图。PLL 输出相位抖动的方差实录有两个来源。如假设这是一个三阶 PLL，图 8.16 左上方的分支是一个由计算机产生的测量源，它在 $\sigma(t)$ 上叠加了一个测量噪声 $n_{mea}(t)$，产生了 $1-\sigma$ 的抖动方差实录 $\sigma_{mea}(t)$。左下方的分支是在真实的三阶 PLL 电路中用 TIA 进行直接测量。

图 8.17(a)是三阶 PLL 抖动方差实录结果生成的仿真模型。这个 PLL 的闭环传递函数为

$$H_3(s)=\frac{0.1(s^2+0.5s+10)}{s^3+0.1(s^2+0.5s+10)} \tag{8.51}$$

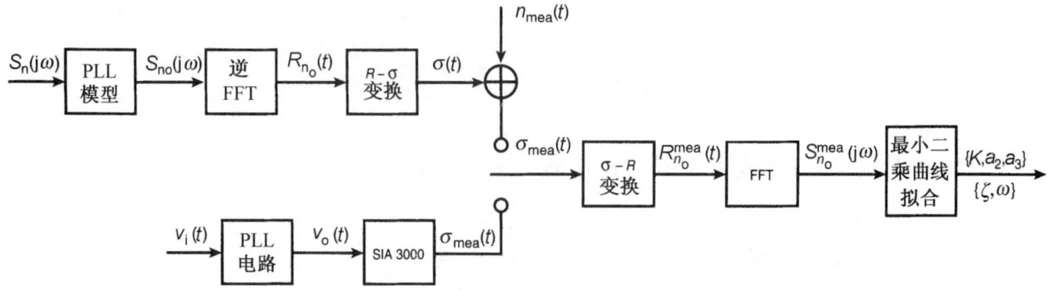

源自：*J. Ma, M. Li, and M. Marlett, "A New Measurement and Analysis Method for a Third-Order Phase Locked Loop(PLL) Transfer Function," International Test Conference, 2005.* (© 2005 IEEE)

图 8.16　三阶或三阶以上的 PLL 仿真/验证模型和流程图

它与图 8.16 左上方的分支(计算机产生的方差实录)相对应。假设 PLL 输入相位噪声抖动为白噪声抖动，它的模型可用式(8.46)描述。仿真的三阶 PLL 输出 PSD 参见图 8.17(a)和(b)的上图，图中还叠加了曲线拟合之后的三阶 PLL PSD。可以看到它的过渡带有局部最小值或"负尖峰"，这是三阶 PLL 所特有的。注意，参考时钟抖动 PSD 是热噪声形式的，因此 PSD 波形与系统传递函数的波形相似。仿真的 1－σ 方差实录和曲线拟合方差实录参见图 8.17(a)和(b)的下图。图 8.17(a)中没有叠加波动噪声。因为仿真的方差实录是通过 PLL 输出抖动 PSD 得到的，而曲线拟合方差实录是通过曲线拟合 PSD 得到的，所以仿真的 1－σ 抖动方差和曲线拟合的1－σ 方差实录之间存在差异。这里曲线拟合的参数值($K=0.121$，$a_2=0.563$，$a_3=8.377$)与理想的参数值基本一致($K=0.100$，$a_2=0.500$，$a_3=10.000$)。

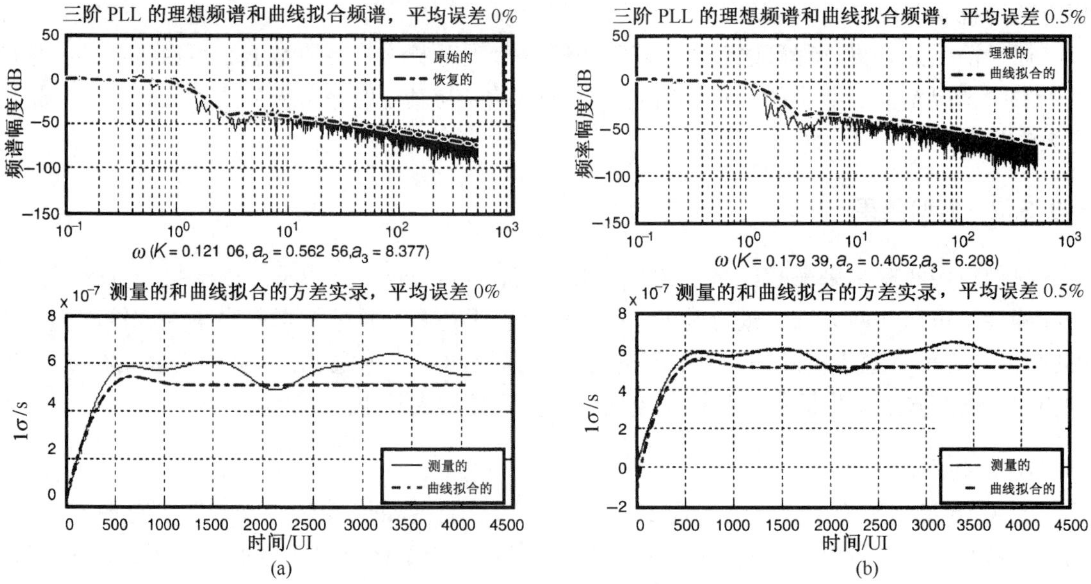

源自：*J. Ma, M. Li, and M. Marlett, "A New Measurement and Analysis Method for a Third-Order Phase Locked Loop(PLL) Transfer Function," International Test Conference, 2005.* (© 2005 IEEE)

图 8.17　(a)上图：理想的和曲线拟合的三阶 PLL 系统传递函数；(a)下图：测量的和曲线拟合的 1－σ抖动方差实录(0% 的采样噪声)；(b)上图：理想的和曲线拟合的三阶PLL系统传递函数；(b)下图：测量的和曲线拟合的1－σ抖动方差实录(0.5% 的采样噪声)

图 8.17(b)中，在仿真的抖动方差实录中加入了 0.5% 的峰-峰值高斯噪声，它产生的影响参见图 8.17(b)下图。此时曲线拟合参数值($K=0.179, a_2=0.405, a_3=6.208$)仍然与理想参数值匹配，就是说$\chi^2$ 曲线拟合最优化过程可以不受任何测量方法所不可避免的采样噪声影响。

2. 实验测量与验证

本节中用实验测得的相位抖动数据来激励图 8.16 左下分支的仿真模型。在商用 PLL 芯片中进行选择来实现我们所用的 PLL 电路，要求芯片的参数值可以重复配置，从而可以实现二阶或三阶 PLL 传递函数的特性。这里，二阶 PLL 的特性由 ζ 和 ω_n 决定，三阶 PLL 的特性由 K, a_2 和 a_3 决定。

PLL 参数的最佳拟合值参见表 8.6。表中列出了 4 种情况：情况 A、情况 B、情况 C 和情况 D。前两种(情况 A 和情况 B)对应于二阶 PLL 传递函数，情况 C 和情况 D 对应于三阶 PLL 传递函数。为了验证基于频域 PSD 的方法的正确性，在每种情况中都采用二阶和三阶模型曲线拟合，结果比较参见图 8.18 ~ 图 8.21。图中(a)部分为二阶模型的曲线拟合结果，(b)部分为三阶模型的曲线拟合结果。顶部子图是测量的 PSD(实线)和曲线拟合的 PSD(虚线)的比较，底部子图是测量的 $1-\sigma$ 抖动方差实录(实线)和曲线拟合的 $1-\sigma$ 抖动方差实录(虚线)的比较。

表 8.6　实验测量的 PLL 参数值

	二阶		三阶		
$F_c=4$ MHz	ξ	ω_n/rad	K	a_2/rad	a_3/rad
A	0.46	0.0108	0.02	0.0052	0.0353
B	0.36	0.0143	0.01	0.0175	0.0524
C	0.84	0.0654	0.07	0.0079	0.7886
D	1.00	0.0738	0.10	0.0094	0.1807

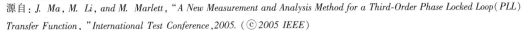

源自：*J. Ma, M. Li, and M. Marlett, "A New Measurement and Analysis Method for a Third-Order Phase Locked Loop(PLL) Transfer Function," International Test Conference, 2005. (© 2005 IEEE)*

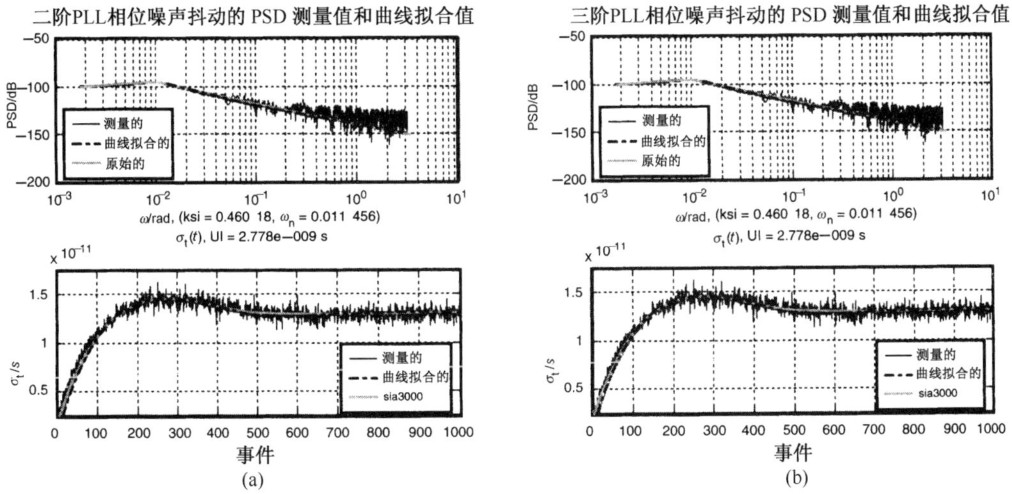

源自：*J. Ma, M. Li, and M. Marlett, "A New Measurement and Analysis Method for a Third-Order Phase Locked Loop(PLL) Transfer Function," International Test Conference, 2005. (© 2005 IEEE)*

图 8.18　(a)情况 A，二阶曲线拟合结果；(b)情况 A，三阶曲线拟合结果

由图8.18和图8.19可以看出，(a)部分与测量的数据基本一致，这表明正如表8.6前两行所示，芯片被配置为二阶特性。在图8.20和图8.21中，(b)部分与测量的数据基本一致，这表明如表8.6后两行所示，芯片被配置成三阶特性。

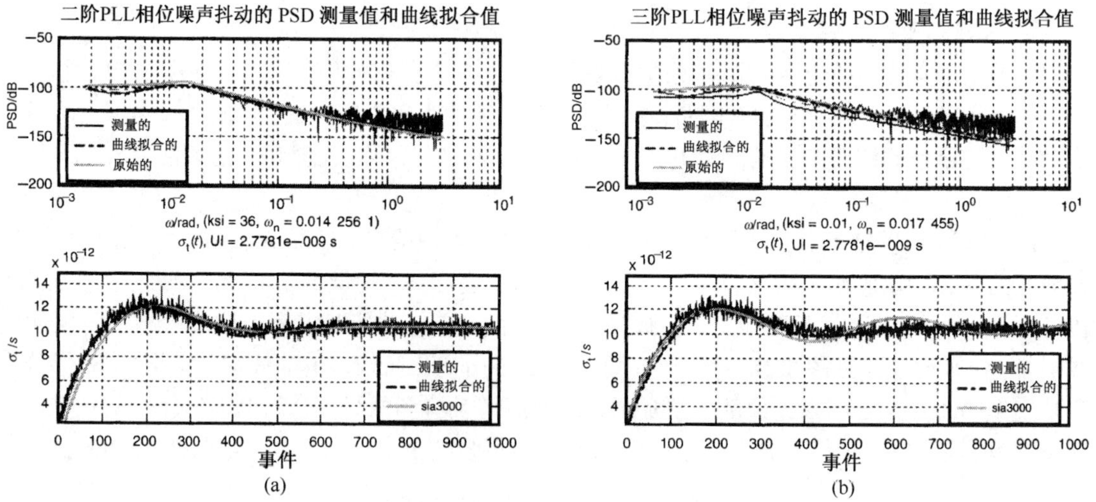

源自：*J. Ma, M. Li, and M. Marlett, "A New Measurement and Analysis Method for a Third-Order Phase Locked Loop (PLL) Transfer Function," International Test Conference, 2005.* (©*2005 IEEE*)

图8.19 (a)情况B，二阶曲线拟合结果；(b)情况B，三阶曲线拟合结果

在图8.20(b)和图8.21(b)中，三阶PLL过渡带中呈现出局部最小值或下陷，这种现象在二阶情况下是没有的。因此，只有当PLL传递函数模型为三阶或三阶以上时，才具有这个重要特征，可以对这种类型的PSD频谱测量值曲线拟合。曲线拟合的PLL传递函数和PLL电路设计仿真的结果两者之间可以相互验证。通过比较可以看出，模型的曲线拟合传递函数行为与理想的传递函数行为基本一致。

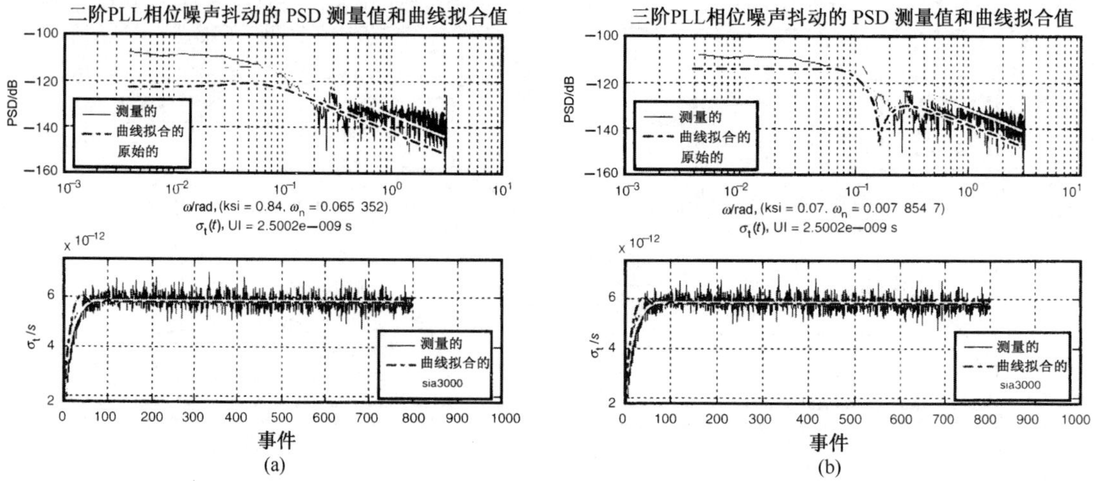

源自：*J. Ma, M. Li, and M. Marlett, "A New Measurement and Analysis Method for a Third-Order Phase Locked Loop (PLL) Transfer Function," International Test Conference, 2005.* (©*2005 IEEE*)

图8.20 (a)情况C，二阶曲线拟合结果；(b)情况C，三阶曲线拟合结果

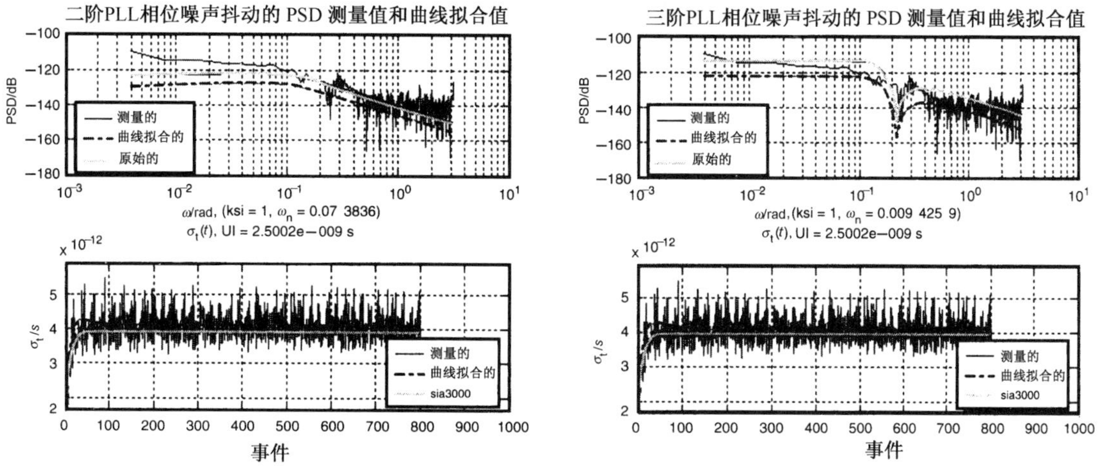

(a)　　　　(b)

源自：*J. Ma, M. Li, and M. Marlett, "A New Measurement and Analysis Method for a Third-Order Phase Locked Loop(PLL) Transfer Function, " International Test Conference, 2005. (ⓒ2005 IEEE)*

图 8.21　(a)情况 D，二阶曲线拟合结果；(b)情况 D，三阶曲线拟合结果

8.7　与 PLL 传统分析方法的对比

8.5 节和 8.6 节中的 PLL 抖动和传递函数分析方法都没有用到激励。因此，那些需要激励源的传统 PLL 测量方法受到的限制因素对它们没有影响。图 8.22 是一个典型的需要激励源的 PLL 测量配置。

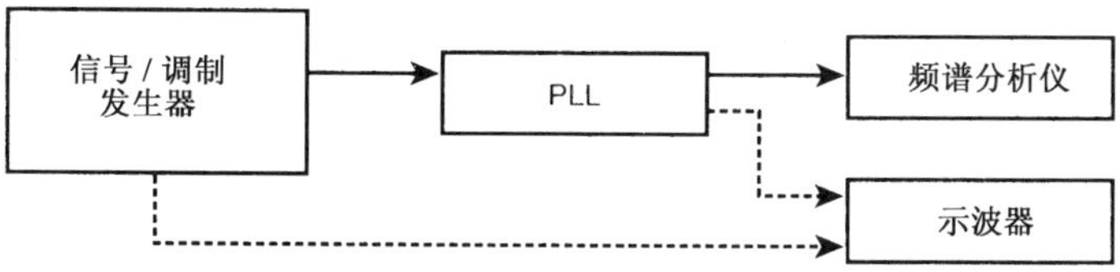

图 8.22　一个典型的需要激励的传递函数测量实验配置框图

这种传统方法的工作机理很简单。通过相位调制在 PLL 参考时钟输入端引入一个正弦信号 $A_i(t) = A_i\sin(2\pi ft)$。它在 PLL 输出端的幅度 A_o 可以通过频谱分析仪或采样示波器测得。根据定义可知，正弦波的输出幅度和输入幅度之比反映了 PLL 系统传递函数的幅度值：

$$\frac{A_o(f)}{A_i(f)} = \left|H_o(j2\pi f)\right| \tag{8.52}$$

注意到式(8.52)只给出 PLL 传递函数的幅度，并没有直接给出 PLL 的参数值。如果要明确 PLL 的参数值，如二阶 PLL 的 ζ，ω_n 和三阶 PLL 的 K，a_2，a_3，那么过程与 8.5 节和 8.6 节中介绍的方法相类似。

基于激励分析方法的优点是：方法直接，不需要对被测 PLL 进行任何假设。它的主要限制有如下几个方面。

- 需要一个激励源，该激励源可能受很多限制，如最大调制频率，并且增加了测量成本；
- 对一些嵌入式 PLL 而言，测量的输入参考时钟无法输入，这种方法就不适用；
- 频率扫描耗费时间。

无激励分析方法的优点有如下几个方面。

- 不需要激励源（节省成本）；
- 可以测量嵌入式 PLL，因为不需要连接到 PLL 的输入端；
- 可以在高于奈奎斯特频率的范围上测量 PLL 的传递函数；
- 采用快速的 TIA 提高测量速度（测量时间 <1 s）。

无激励分析方法受到的限制有如下几个方面。

- 需要假设 PLL 的阶数和噪声特性曲线；
- 如果多数变量都来自曲线拟合过程，那么估计的 PLL 参数的灵敏度和精确度就可能达不到最佳。

这种方法如何用于测试，取决于应用、测试环境和 PLL 的要求。

8.8 小结

本章首先介绍了 PLL，包括它的系统方框图、系统单元和工作机理。

8.2 节中介绍了时域中通过微分方程分析 PLL 系统的方法，同时介绍了复频域（或 s 域）中利用传递函数进行类似分析的过程。引入两个 PLL 重要的传递函数：系统传递函数，它定义了输入和输出的相位关系；误差传递函数，它定义了相位误差和输入相位的关系。s 域的传递函数和时域的冲激响应满足拉普拉斯变换关系。

8.3 节讨论了 PLL 的两种分析形式：一种是功能分析，包括时域冲激或阶跃响应、频域传递函数、正向增益函数、伯德图和零极点分布；另一种是参数分析，包括与 PLL 动态捕捉、跟踪、抖动和噪声参数有关的参数，例如锁定、捕捉、同步时间和范围、抖动或噪声带宽。

在介绍完 PLL 系统的基本原理和动态行为等相关知识后，8.4 节讨论了 PLL 抖动和噪声分析。我们处理抖动和噪声的数学工具是时域方差函数和频域 PSD。将 PLL 的输出 PSD 看成 PLL 中不同组件 PSD 的函数，计算过程变成了线性运算，很大程度上简化了数学复杂度。时域中与 PSD 对应的是自相关函数，它和方差函数之间表征为线性关系。文中还对频域 PSD、时域自相关函数和方差函数之间的相互转换进行了讨论。

8.5 节将 8.1 节 ~ 8.4 节中讨论的知识应用到具体的常用 PLL，即二阶 PLL 上。首先详细探讨了二阶 PLL 的传递函数，它的特性由阻尼因子 ζ 和本征频率 ω_n 决定。二阶 PLL 传递函数有两个极点和一个零点。利用 ζ 和 ω_n 还可以计算出捕捉和跟踪过程相应的参数。接下来介绍了一个确定二阶 PLL 传递函数的新方法，这种方法基于测量的或仿真得到的方差函数。最后，对实际的二阶 PLL 进行了测量和验证，列出了 PLL 功能和参数结果。结果证明它们是相互吻合的，这些都与电路仿真和其他测量方法有关。

类似于 8.5 节中二阶 PLL 的分析过程，8.6 节重点对三阶 PLL 进行了具体详尽的分析。对于三阶 PLL，它的传递函数由参数 K，a_2，a_3 决定，它有三个极点和两个零点。对于三阶

PLL 传递函数，我们应用了基于频域 PSD 的分析方法，避免了计算方差函数时复杂的闭合形式运算。实验测量基于一个实际的三阶 PLL，并且采用计算机仿真来验证这种确定传递函数的新方法的可靠性和准确性。电路仿真和其他的测量结果具有很好的一致性，这种三阶 PLL 的分析方法还可以推广到 n 阶 PLL 上。

8.7 节中将新颖的无激励源的方差函数/求解 PLL 传递函数的方法，与基于激励的传统方法进行了比较，讨论了每种方法的优点和限制，并且指出使用每种方式时的测量条件和测试要求。

参考文献

1. F. M. Gardner, *Phaselock Techniques*, Second Edition, John Wiley & Sons, 1979.
2. D. R. Stephens, *Phase-Locked Loops for Wireless Communications: Digital and Analog Implementation*, Kluwer Academic Publishers, 1998.
3. R. E. Best, *Phase-Locked Loops, Design, Simulation, and Applications*, Fourth Edition, McGraw Hill, 1999.
4. A. Demir and A. Sangiovanni-Vincentelli, *Analysis and Simulation of Noise in Nonlinear Electronic Circuits and Systems*, Kluwer Academic Publishers, 1998.
5. P. R. Bevington and D. K. Robinson, *Data Reduction and Error Analysis for the Physical Sciences*, McGraw-Hill, Inc., 1992.
6. M. Li and J. Wilstrup, "A New Method for Analyzing PLL," IEC DesignCon, 2002.
7. M. Li and J. Wilstrup, "Applications of the New Variance Based PLL Measurement and Analysis Method," IEC DesignCon, 2003.
8. J. Ma, M. Li, and M. Marlett, "A New Measurement and Analysis Method for a Third-Order Phase Locked Loop (PLL) Transfer Function," IEEE International Test Conference (ITC), 2005.

第 9 章　高速链路抖动及信号完整性机理

本章重点讨论高速链路系统中抖动、噪声和信号完整性的产生以及相互作用机理。了解抖动、噪声和信号完整性产生的根源非常重要。这将有助于开发新的设计方法来消除或减小由它们所引起的信号退化，或者设计出一些测试验证的方法，以便于能够以高覆盖率进行准确的测试。本章开始，先介绍一下比较前沿的高速链路体系结构和运行机制。接下来，深入探讨链路子系统的具体体系结构和运行机制，以及发送器、接收器、信道或媒质、参考时钟中抖动、噪声和信号完整性的产生机理。最后，除了传统的线性方法之外，进一步讨论了链路抖动预算和最新的统计域方法。

> 本章对于由无源通道(信道)和有源器件(发送器、接收器、时钟)共同组成的链路进行分析。其中，观察分析篇幅较多的还是信道中的经典信号完整性问题。有关链路各组件之间的相互作用，包括总链路抖动预算分配的协同分析已经启动，标示为一个新的研究课题。

9.1　链路系统的体系结构与部件

正如第 1 章中提到的，任何通信链路系统都由三个基本组件组成：发送器(Tx)、媒质或信道和接收器(Rx)。对于有线和无线通信系统都是如此。

在 Gbps 级数据速率下，时钟恢复体系结构或拓扑结构(见图 9.1)已经成为传输距离超过 10 m 的有线链路系统的主要组成部分。这些系统大部分都采用光纤作为传输媒质。图 9.1 在图 1.14 的基础上更加详细地描述了链路体系结构的框图。这些链路系统都是面向网络应用的，包括光纤信道(FC)、千兆位以太网(GBE)、同步光网络(SONET)和光互联工作平台(OIF)。

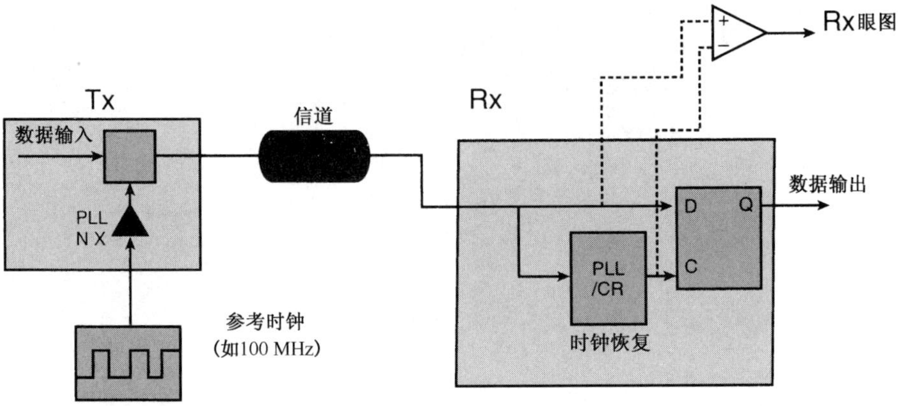

图 9.1　串行链路体系结构/拓扑结构，其中接收器的时钟恢复由接收比特数据流驱动

在这种数据驱动体系结构中，数据在铜电缆或光纤信道上传送。在发送器端，时序和时钟功能通过时钟锁相环(PLL)的同源倍频来实现，该锁相环提供了基准时钟，能够产生数 GHz 的倍频时钟，典型的基准时钟为 100 MHz。在接收器，用时钟恢复(CR)单元恢复位时钟，时钟恢复单元通常利用锁相环(PLL)来实现，此时锁相环的输入为接收到的数据位流。恢复出来的时钟用来对接收数据进行重定时或重新采样。

不过，对于工作距离在 10 m 以内的 Gbps 级链路系统而言，除了传统的时钟和数据恢复体系结构外，新的链路体系结构例如公共时钟体系结构在近几年也不断发展，如图 9.2 所示。这种公共时钟体系结构广泛应用于 Gbps 级数据传输的计算机和背板中。例如，计算机输入/输出(I/O)中采用的很多链路体系结构，如 PCI Express 以及全缓冲双列内存模组(FB DIMM)，它们采用的都是公共时钟体系结构。

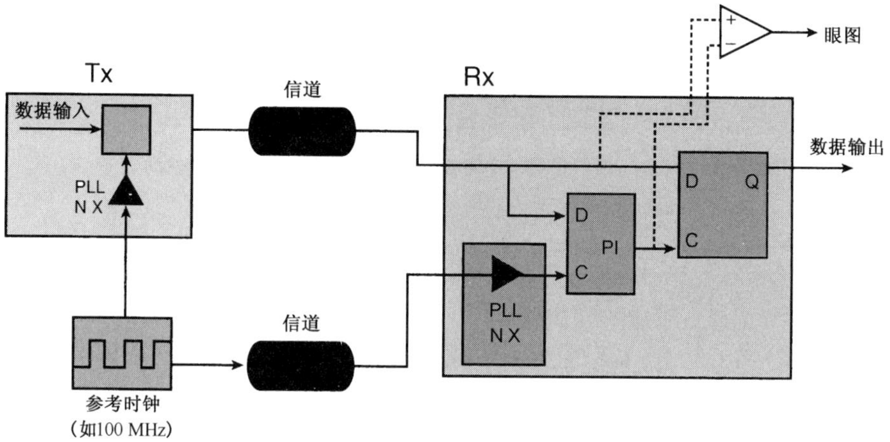

图 9.2　串行链路公共时钟体系结构/拓扑结构。在这种体系结构中，发送器和接收器接收到同源时钟，接收器根据接收数据和倍频时钟，恢复出接收器位时钟或采样时钟

在公共时钟体系结构中，低频参考时钟被同时发送到发送器和接收器上。在发送器端，PLL 倍频将参考时钟转换为一个更高频率的同源时钟，以便为发送器提供驱动数据位的时序功能。在接收器端，首先将参考时钟传送到接收器倍频 PLL 上，得到一个同源时钟。经数字时钟恢复单元例如相位内插(PI)再产生出一个位时钟。它把同源时钟和数据作为输入，产生出与输入数据相位对齐的位时钟(当然，只是一定程度上或一定限度内的对齐)。之后，再利用这个恢复出的位时钟对数据进行重定时或重新采样。

显然，公共时钟体系结构中有一个新的参量，即参考时钟，因为它会影响发送器和接收器的性能。在考查链路时序时，参考时钟本身是一个很重要的因素。因此，对于公共时钟链路体系结构/拓扑结构，要将系统的 4 个组成部分考虑在内。

接下来的章节将讨论子系统的体系结构/拓扑结构，并且还将分析发送器、接收器、信道或媒质、参考时钟这 4 个链路组件的相关性能。

9.2　发送器

以下将从两个方面来讨论发送器：发送器子系统体系结构与运行机制；发送器性能的限制因素及其分析。

9.2.1 发送器子系统体系结构

典型的 Gbps 级发送器由数据编码器、串化器、时钟发生器/锁相环、均衡器和电压驱动器组成。一个典型的发送器子系统如图 9.3 所示[1]。

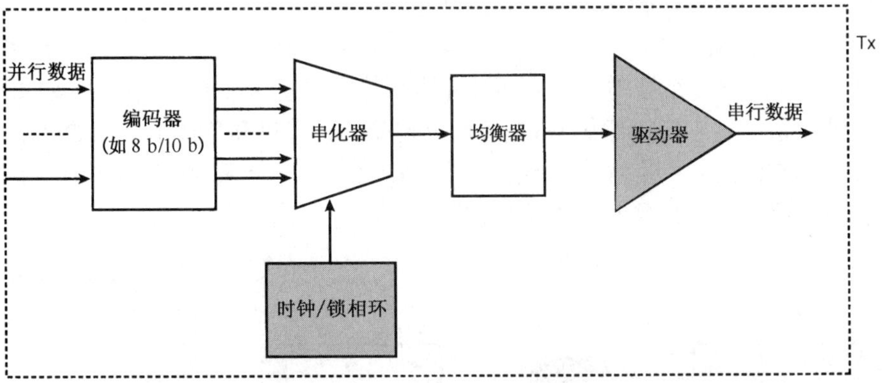

图 9.3 典型的串行链路发送器子系统。图中阴影表示的驱动器和时钟/锁相环是影响发送器抖动和噪声性能的关键单元

输入数据通常来自于并行的总线拓扑结构。编码器的功能是将 M 个数据位转换成 N 位编码。在数据通信中，通常采用8 b/10 b 的编码方案，这种编码方式具有直流(DC)平衡和错误最小化的优点。8 b/10 b 编码就是将 8 位数据转换成 10 位代码，额外增加的 2 比特位在8 b/10 b 编码的末尾发送，这增加了发送器的开销。编码之后的并行位流通过串化器或多路开关复用器转换为串行位流，本地时钟通常由锁相环(PLL)产生，为串化器提供时钟时序功能。发送器的均衡器通常用来补偿带宽受限的有损信道效应，进而减小由此引起的数据相关性抖动(DDJ)和数据相关性噪声(DDN)。发送器均衡通常采用前馈均衡(FFE)[2,3]。它是通过预先确定的抽头系数来实现线性有限冲激响应滤波器(FIR)。一般情况下，采用两种类型的前馈均衡。相对于低频成分的幅度而言，预加重技术能够增加高频成分的幅度。相反，去加重技术减少低频成分的幅度。当信号通过有损信道时，这两种方法都能减小接收器输入波形和眼图的退化。换句话说，与不采取补偿相比较，有损信道的有效带宽伴随着预加重或去加重的补偿而提高。最后，驱动器在发送器系统时钟给定的时间内，用电流源或电压源驱动每一数据位所需的差分信号或单端电压。

9.2.2 性能的决定性因素

编码器、串化器和前馈均衡器(FFE)是数字化单元。因此，它们会产生很小的或接近于零的随机抖动。由于错位和量化误差，串化器也可能产生一些确定性抖动。

对于发送器而言，主要的抖动源是锁相环产生的系统时钟。正如前面所提到的，PLL 的输入通常是一个子速率的参考时钟。PLL 对子速率参考时钟进行倍频产生 Gbps 级的同源系统工作时钟，为发送器提供时序功能。但是 PLL 可能会产生 PJ 和 RJ。不过对于设计良好的 PLL，RJ 只是有限的抖动。在第 8 章中已经详细地讨论过锁相环的抖动性能。

模拟电路的存在使得驱动器成为主要的噪声源，包括以电流模式驱动或电压模式驱动的不同模式。在光学应用中，使用的是激光驱动器。这些情况中，电压噪声、阻抗/反射损耗、端接和上升/下降时间都影响着发送器输出的抖动和噪声性能。源阻抗/端接不匹配会引起反射，使得输入波形退化，引起时序抖动和电压失真。过快或过慢的上升/下降边会引起符号间干扰（ISI），造成输出端的 DDJ 和 DDN。最后，电源供电噪声会耦合到驱动器信号或电压参考信号上，引起电源输出端的电压噪声。由于边沿跳变的有限压摆率，电压噪声有可能转化为时序抖动。

9.3 接收器

与发送器类似，我们将从两个方面来讨论接收器：接收器子系统体系结构和运行机制；限制接收器性能的因素分析。

9.3.1 接收器子系统体系结构

从编码器/解码器、串化器/解串器的角度来看，Gbps 速率级串行接收器体系结构中的信号处理流程和发送器的信号处理流程正好相反。典型的串行接收器由数据电压采样器、时钟恢复单元、均衡器、解串器和解码器组成。接收器子系统框图如图 9.4 所示[1]。

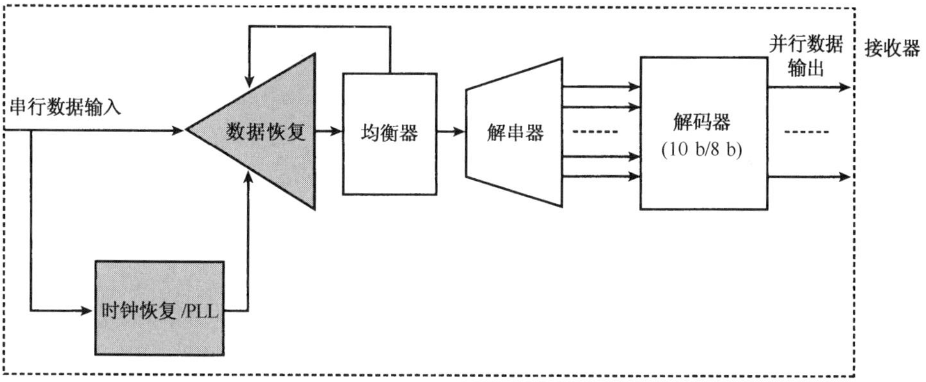

图 9.4 典型的串行接收器子系统。阴影部分表示的数据恢复和时钟/PLL 是影响接收器抖动和噪声的关键单元

从信道或媒质发送过来的数据位流被分成两条路径：一条路径是进入数据恢复单元，该单元的作用是在位时钟定义的时刻对输入位流的电压进行采样和检测；另一条路径是进入时钟恢复单元，时钟恢复单元的作用是产生用于数据恢复的位时钟，时钟恢复单元的功能通常由 PLL 来实现，相关的内容在前面章节中已经介绍过。显然，数据恢复单元的电压灵敏度和分辨率以及时钟恢复单元的相位精度或相位抖动严重地影响着数据和时钟恢复的性能。由于信道损耗的影响，通常 Gbps 级接收器设计需要考虑接收器均衡器。大多数的接收器均衡器都使用判决反馈均衡（DFE），由此构成了数据恢复模块的反馈系统，并且校正由于当前和过去的数据位影响造成的信道中后续比特位失真的效应[4,5]。在适当的时间和电压条件下对串行数据准确采样后，将恢复出的数据位流解串行，转换为编码格式的低速并行位流。然后将解串后的编码数据解码（10 b/8 b 解码）成并行总线数据格式的原始数据信息。

9.3.2 接收器性能的决定性因素

与发送器的情况相类似，解串器、解码器和判决反馈均衡器都是数字单元。因此，它们产生少量或零随机抖动。而串化器则可能造成一些确定性抖动或信道间的错位。

位时钟由时钟恢复单元产生，因此时钟恢复单元的相位抖动和频率响应将影响接收器数据恢复的性能。时钟恢复单元的输入是从发送器输出后经过有损信道的数据位流，时钟恢复单元的功能是从接收到的数据位流中恢复出时钟。同时，它也跟踪了与数据位流相关的抖动。理想的时钟恢复单元应当不产生抖动，并且在输入数据流带有大量的抖动和噪声的情况下仍然能够进行处理。当采用 PLL 实现时钟恢复功能时，由于 PLL 能够跟踪低频抖动，因此当存在大量的低频抖动的情况下它依然能够工作。同时，PLL 是接收器主要的随机抖动源。对于接收器时钟恢复 PLL 来说，输入的数据并不是在每个 UI 内都有边沿跳变，这一点与发送器的 PLL 工作不同。当输入数据没有发生边沿跳变时，保持锁相环输出的低抖动并非易事。通常，接收器时钟恢复/锁相环的设计主要有两个目的：维持较小的抖动产生和良好的抖动跟踪能力。锁相环无法跟踪高频抖动，需要将高频抖动放到接收器抖动预算中去考虑。正如第 8 章所提到的，在接收器时钟恢复中通常采用二阶和三阶的 PLL。

接收器中的数据恢复是主要的噪声源。典型的数据恢复单元由一个放大器和采样触发或比较器组成。除了恢复时钟的相位抖动外，参考电压的分辨率、灵敏度和噪声对数据恢复的性能也有着重要的影响。接收器的阻抗/返回路径的损耗对接收器的 ISI 影响很大，通过反射引起接收器的 DDJ 或 DDN 的事实就可以证实。与发送器一样，电源供电噪声可能会耦合到参考信号上，造成数据恢复时的误码。

9.4 信道或媒质

我们将从以下两个角度来讨论信道：信道的固有特性或物理特性以及它们相应的信号完整性问题，例如串扰和反射等相互影响带来的损耗引起的信号完整性问题。这里所说的信道包括铜质信道和光纤信道。

9.4.1 信道材料和特性

图 9.5 显示了 Gbps 速率级的带宽受限信道对信号完整性和抖动的影响。

经过有损信道传输后，在发送器的输出端口位置原本清晰并且睁开程度很大的眼图，在到达接收器输入端口位置时变得模糊并且睁开程度减小。眼图的睁开度变小说明了有损信道导致的 ISI 效应，同时意味着接收器输入端口处 DDJ 和 DDN 的增加。对于任何的有损或带限信道来说，包括铜质或光纤材料的信道都存在信号或眼图的退化。

在短距离（ <10 m）的 Gbps 级链路系统中，例如计算机系统，系统的信道材料通常采用铜缆。而在远距离（ >10 m）的 Gbps 级链路系统中，通常采用光纤，因为铜缆在远距离通信中损耗太大。铜缆和光纤中都有可能产生信号的失真、DDJ 和 DDN。但是，它们的物理机理是不同的。在接下来的章节中，我们将分别讨论它们相应的机理。

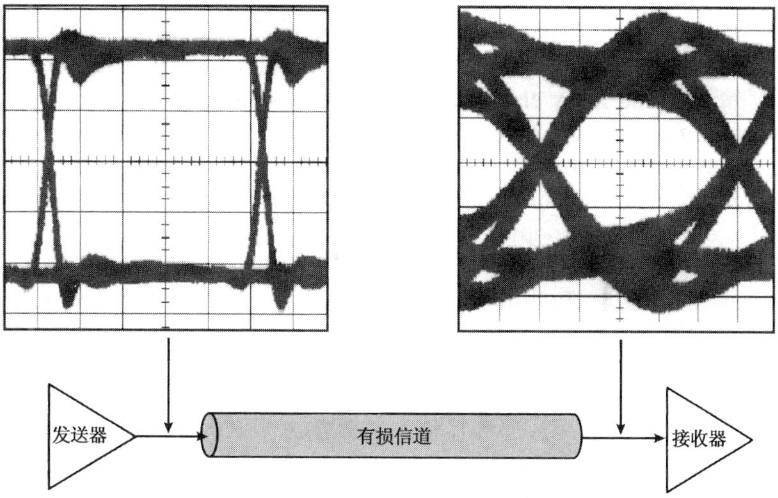

图 9.5　利用信道输入端和输出端的眼图来说明有损信道对信号质量的影响，注意到，经过有损信道后，信号的眼图塌陷，眼图睁开程度减小

9.4.1.1　铜质信道

同轴电缆、双绞线、微带线或带状线形式的铜质线缆可以建模成集总 LRC 或分布 LRC 电路。对于大多数低频应用而言，电阻、电感和电容的频率效应可以忽略不计，因为它们通常很小。但是在 GHz 级频段，它们与频率的关系就变得很重要，会影响信号的质量。在 GHz 级频段，两个重要的损耗机理是由趋肤效应和电介质损耗导致的。接下来，我们将讨论这些内容。

1. 趋肤效应

趋肤效应是波导材料的物理特性。它的物理特性可以用麦克斯韦方程求解。在大多数电子类书籍中(例如文献[6])都讨论了趋肤效应。当信号或电磁波沿着铜缆传播时，可以根据麦克斯韦方程来估计电流分布，并且如果初始条件和边界条件确定后，解是唯一的。边界条件依赖于专门的外形因子或铜缆的几何结构。导体横截面上电流密度的分布遵循下列的指数衰减方程：

$$J(d) = J_0 e^{-\left(\frac{d}{\delta}\right)} \tag{9.1}$$

式中，$J(d)$表示距离导体表面为 d 时的电流密度分布；J_0 为导体表面的电流密度；δ 是一个常数，称为**趋肤深度**，它定义了电流密度衰减为表面电流密度 J_0 的 $1/e$ 时的距离。从数学角度来看，趋肤深度类似于 RC 时间常量。趋肤深度的计算公式如下：

$$\delta = (\pi\mu\sigma f)^{-1/2} \tag{9.2}$$

式中，σ 为电导率；μ 表示电缆的导磁率；f 为电流或信号波的频率。当频率增加时，趋肤深度减小，同时电流在靠近导体表面的很小区域内分布。这种不均匀的电流分布增加了导体的电阻，导致了更多的欧姆热能消耗。因此波密度或电压在导体的输出端被衰减，可以利用下式来计算准确的衰减值：

$$\frac{V_o}{V_i} = e^{-\alpha_s\sqrt{f}} \tag{9.3}$$

式中，系数 α_s 依赖于趋肤深度和导体的几何结构，并且与信道媒质的长度成正比[7]。式(9.3)

表示以 dB 为单位的电压衰减正比于长度和$\sqrt{f}$。对于典型的 FR-4 带状线，在 1 GHz 时趋肤效应损耗约为 −5 dB/m，当在 10 GHz 时高达 −18 dB/m。显然在 GHz 级频率下，影响铜缆的主要挑战是趋肤效应。

2. 介质损耗

当电波沿着导体传播的时候，与波相应的电场及磁场与分子的偶极子相互作用，使得偶极子的电场方向朝着电波的电场反方向。从物理角度分析，与波形相关的电磁场的变化会对导体介质的分子偶极子作功。同样地，与波形相关的电压幅值衰减，电磁波所损失的能量就转化为偶极子的势能。这种效应被称为介质损耗[6, 7]。

通常，介电常数 ε 是一个复数 $\varepsilon=\varepsilon_r+j\varepsilon_i$。用于量化介质损耗的参数是**损耗角正切**，损耗角正切等于介电常数的虚部与实部的比值。从数学上来看，虚部与实部的比值可以看成正切的定义，这也是损耗角正切名字的由来。$\varepsilon_i/\varepsilon_r$ 的比值也可以通过电导率和频率来表示：

$$\tan\delta_D=\frac{\varepsilon_i}{\varepsilon_r}=\frac{\sigma}{2\pi f|\varepsilon|} \tag{9.4}$$

与趋肤效应损耗计算类似，可以用下式来估计介质损耗。

$$\frac{V_o}{V_i}=e^{-\alpha_D f} \tag{9.5}$$

式中，α_D 为衰减系数，$\alpha_D=(\pi\sqrt{\varepsilon_r}\tan\delta_D l)/c$，其中 ε_r 为相对介电常数，c 表示真空中的光速，l 是介质的长度。很明显，介质损耗导致的电压衰减 dB 值与长度、损耗角正切和频率成正比。对于典型的 FR-4 带状线，$\varepsilon_r=4.4$ 和 $\tan\delta_D=0.018$。可以计算出在 1 GHz 时介质损耗大约是 −3 dB/m。在10 GHz 时，损耗高达 −34 dB/m。可以看出，在 10 GHz 时，介质损耗与趋肤效应损耗相比占主导地位，介质损耗与频率之间是线性关系，比趋肤效应损耗与频率的平方根关系变化得更快。

我们在 1 m 长的 FR-4 带状线中同时考虑趋肤效应损耗和介质损耗，图 9.6 显示了三条不同的损耗曲线。

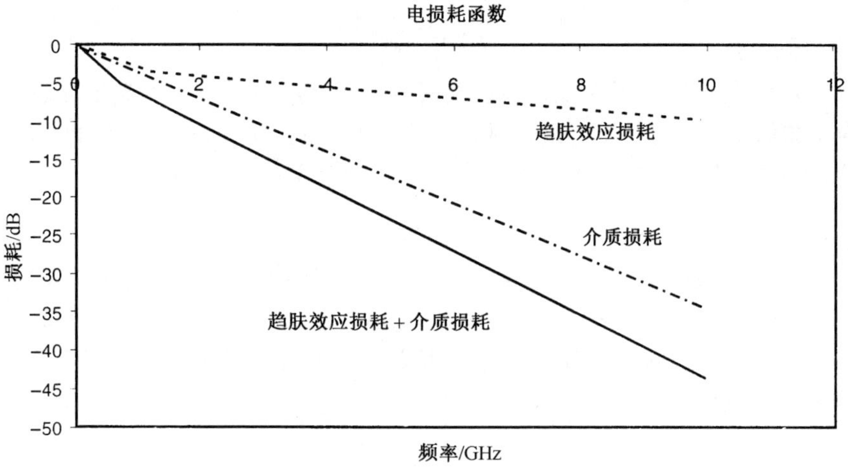

图 9.6 典型的 1 m 长的 FR-4 带状线中，以频率作为参考的趋肤效应损耗（虚线），介质损耗（点划线）和两者之和（实线）

当$f>1$ GHz 时，介质损耗与趋肤效应损耗相比占主导地位。在 10 GHz 时，总的损耗为 -43.7 dB，其中趋肤效应损耗约为 -9.3 dB，介质损耗约为 -34.4 dB。

9.4.1.2　光纤信道

在频率达到 GHz 量级时，由于趋肤效应损耗和介质损耗，铜缆表现出很大的损耗。与此相反，光波通过光纤传播时，损耗非常小。在 850 nm 波长时，材料吸收导致的损耗大约为 3 dB/km，1300 nm 波长时，损耗降低至 1 dB/km；在 1550 nm 波长时，大约为 0.2 dB/km。这些数据比起铜缆中传播电信号的情况要小得多[8]。因此，在高于 10 Gbps 的数据速率并且传输距离大于 10 m 的系统中采用由光纤、发送器和接收器组成的光链路就不足为奇了。

即使光纤比起铜缆在损耗方面具备更大的优势，但是它仍然要面临一些挑战，例如接收器的信号质量下降和眼图塌陷。色散（CD）和偏振模色散（PMD）是光纤中信号完整性问题的两个主要作用机理。

1. 色散

对于光纤来说，材料和波导的特性对光波的传播速度起着决定性作用。从材料方面来看，光纤的折射系数是波长的函数，也就是说，不同波长的光其传播速度也不同，这就会导致光到达输出端时脉冲展宽并且波形拖尾。从波导角度来看，短波长的光波局限在光纤中心位置传播。长波长的光波分布在光纤的外层，它们具有不同的折射系数。其结果与材料色散类似，不同波长的光波以不同的速度传播，从而引起了光脉冲展宽和波形拖尾。对于单模光纤，主要的色散效应是材料色散，其原因在于光通信中实际使用的激光源是发光二极管（LED）或激光二极管（LD），它们只有有限波长的频谱带宽。色散效应总是存在的，由色散引起的时间展宽 Δt 计算表达式如下：

$$\Delta t = D_{\mathrm{CD}} L \Delta\lambda \tag{9.6}$$

式中，D_{CD}为色散系数；L 表示光纤的长度；$\Delta\lambda$为光源的频谱宽度。对于典型的单模光纤，D_{CD}是波长的函数，它的取值范围从波长为 1200 nm 时的 10 ps/(nm·km) 到波长为 1600 nm 时的20 ps/(nm·km)。显然，光谱带宽越宽、距离越长并且色散系数越大将会使时间扩展效应越严重。正如第 1 章所提到的，时间扩展效应是光纤中一种典型的 ISI 类型。

2. 偏振模色散

材质对称、均匀一致的光纤具有两个正交的偏振电磁波模式。但是，实际中光纤的几何结构和物理不对称（双折射）与非均匀都将引起两个正交的偏振电磁波模式以不同的速度传播，从而导致在光纤的另一端光波到达时间的不同和脉冲展宽。由偏振引起的展宽被称为偏振模色散（PMD）。这两个正交偏振电磁波模式通常以随机的方式耦合，并且利用高斯分布的均方根（RMS）来描述其特性。PMD 导致的时间展宽的均方根表示如下：

$$\sigma_{\Delta t} = D_{\mathrm{PMD}} \sqrt{L} \tag{9.7}$$

式中，D_{PMD}表示偏振模色散（PMD）的系数，其单位通常为 ps/$\sqrt{\mathrm{km}}$；L 为光纤的长度。对于单模光纤，D_{PMD}典型的取值范围是0.1～1 ps/$\sqrt{\mathrm{km}}$，对于远距离（距离大于 1 km）或者数据速率在10 Gbps 以上的光纤系统，PMD 是限制性能的主要因素。

9.4.2 信道中的其他损耗

目前为止，我们已经讨论了在高频、高速率情况下信道材料或固有原因引起的限制性能的因素。一些其他方面的限制因素也会影响信道输出的信号质量。主要集中在以下两个方面：

- 多信道时信道媒质之间的串扰；
- 由于发送器与信道、信道与接收器之间的不连续导致的端口处反射。

从波导的观点来看，这些限制因素在铜信道和光纤信道中都存在。这里首先讨论串扰，随后讨论反射。

9.4.2.1 串扰

考虑到铜线和光纤信道，我们将讨论每一种信道媒质相应的串扰。

1. 电串扰

第1章中提到，在传输电信号的信道中，串扰是由电容耦合和电感耦合引起的。高速电信道的串扰分为两类，基于不同的信道拓扑结构，它们的形成机理和特性也不同。一种是远端串扰(FEXT)，它是由攻击线的发送器激励，在链路远端的受害线接收器观测到的串扰。另一种是近端串扰(NEXT)，它是由攻击线的发送器激励，在同侧或链路近端的受害线接收器观测到的串扰[9,10]。图9.7显示了FEXT和NEXT的形成机理。

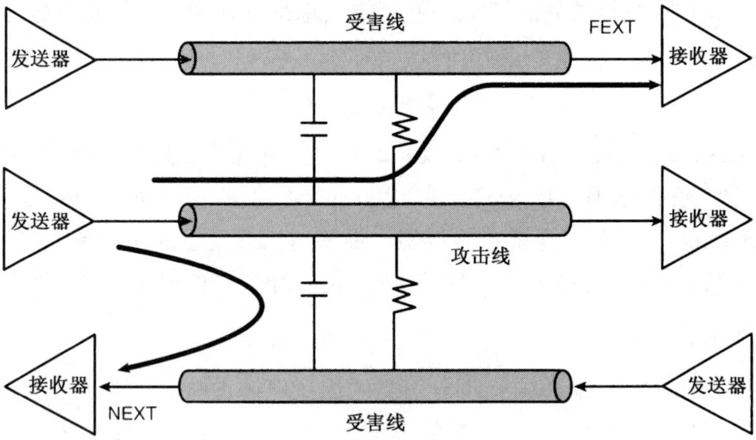

图9.7 远端串扰(FEXT)和近端串扰(NEXT)的产生机理

对于基于FR-4的背板铜线条信道而言，电感耦合强于电容耦合。由于电容耦合，攻击线发送的信号脉冲在邻近的受害线上激励出的电流会流向远端和近端。另一方面，由于电感耦合在邻近的受害线上产生的电流只会从远端流向近端，并且根据楞次定律可知，它与攻击线或驱动线的电流方向相反。因此，FEXT为电容耦合电流与电感耦合电流的之差，NEXT为电容耦合电流与电感耦合电流之和。因为电感耦合占主导地位，所以FEXT和NEXT的电压脉冲极性相反。

在攻击线和受害线端接的情况下，NEXT 在攻击脉冲开始时出现，直到远端的返回脉冲到达近端时结束。因此，它的持续时间是信道传播时间τ_D的两倍，因为脉冲从近端传到远端的用时是τ_D，并且电容电流与电感电流是相减的关系，所以 FEXT 的出现时间为 $t=\tau_D$，持续时间为周期或脉冲边沿的跳变时长(上升/下降时间)，也即电流随时间变化的时长。图 9.8 示出了 NEXT 和 FEXT 的时间分布特性。

NEXT 和 FEXT 依赖于电容耦合和电感耦合，并且与信道间距成反比。通过增加信道间的间距，可以减小 NEXT 和 FEXT。近端串扰的持续时间与信道长度成正比，因此，缩短信道长度可以减小 NEXT。FEXT 与电流变化率成正比，与上升/下降时间成反比。因此，增加信号的上升时间/下降时间可以减小 FEXT。根据 NEXT 和 FEXT 的形成机理，可以用上述方法明显地减小它们。也可以通过在发送器和接收器附加一些电路来减小 NEXT 和 FEXT。

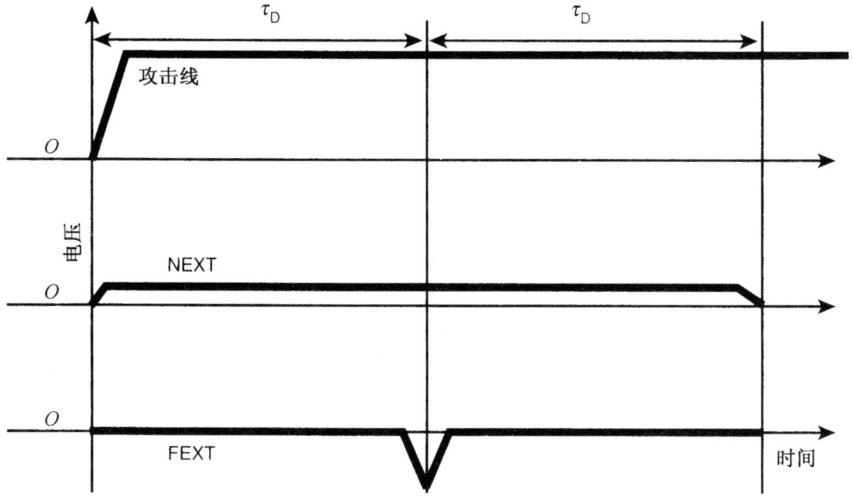

图 9.8　攻击线和受害线端接条件下 NEXT 和 FEXT 的时间分布特性

2. 光串扰

对于单波长载波光数据传输而言，串扰并不是问题。但是在波分复用(WDM)系统中，串扰可能变得严重。在波分复用系统中，每个信道采用不同的载波波长并且进行数字位流光调制。多个信道数据位在同一个光纤媒质中传输，WDM 技术大大提高了同根光纤媒质的数据传输容量，但是它也会带来串扰问题[9, 11]。

光串扰是同时传播的信号之间的干扰。串扰会引起信道间能量迁移/幅值波动。光串扰的两种类型是线性串扰和非线性串扰。

线性串扰由带外串扰和带内串扰组成，典型的带外串扰与光学滤波器和解复用器有关。带内串扰与波长路由器有关。带外串扰是不连贯的，而带内串扰是连贯的。因此，带内串扰比带外串扰更严重。

非线性串扰由受激拉曼散射(SRS)、受激布里渊散射(SBS)、交叉相位调制(XPM)和四波混频(FWM)引起。当长波与短波之间的差值小到一定范围内时，非线性受激拉曼散射(SRS)和受激布里渊散射(SBS)是长波段光纤放大器的例证。受激拉曼散射比受激布里渊散射发生的概率更高，因为受激拉曼散射的增益带宽约为 5 THz，而受激布里渊散射的增益带宽只有大约 0.05 GHz。交叉相位调制由幅度相关性相移引起，幅度相关性相移源于依赖于信号幅度的折射系数。交叉相位调制能将幅度噪声依次转换为数字系统的相位噪声和相位抖动。当波分复用系统有三个以上的信道时，四波混频就会出现在原始的三个信道叠加时的频率值上。拥有多个信道的波分复用系统存在出现多个四波混频的可能，四波混频可能引起带内串扰和带外串扰。

9.4.2.2 反射

当使用反射这个术语时，也就意味着采纳了波的概念。电波和光波都可以看成电磁波。它们满足麦克斯韦方程，并与电场和磁场的边界条件有关。基于这种处理方式，可以在同一个理论框架下研究铜线和光纤信道中的反射，以使得分析方法简化增效。

根据麦克斯韦理论，当电磁波遇到两种不同的媒质构成的边界时，波的一部分会进入第二种媒质，而另一部分会反射回第一种媒质，如图 9.9 所示。

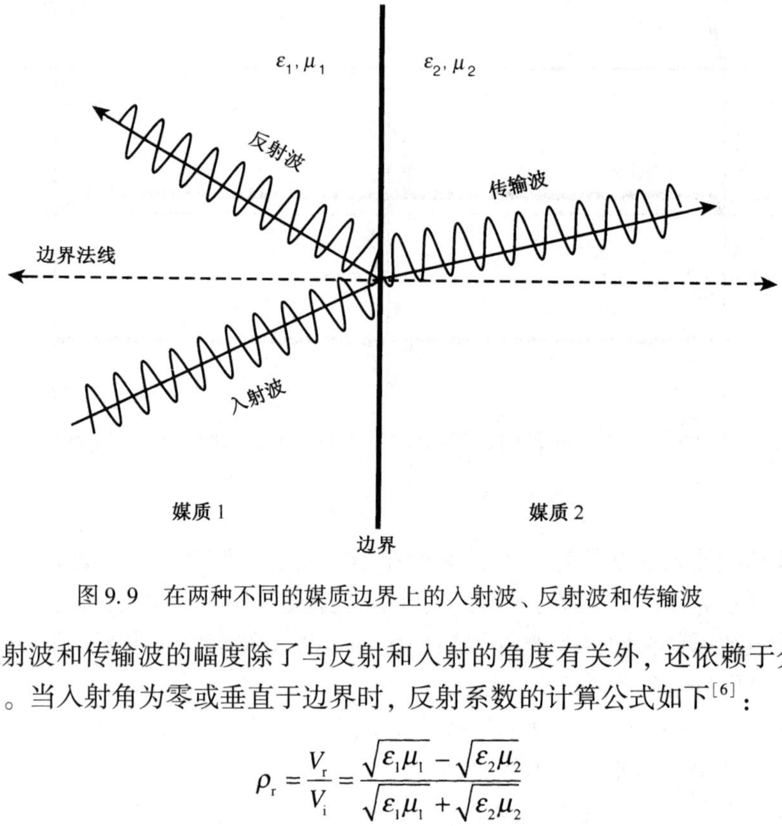

图 9.9　在两种不同的媒质边界上的入射波、反射波和传输波

通常，反射波和传输波的幅度除了与反射和入射的角度有关外，还依赖于介电常数(ε)和导磁率(μ)。当入射角为零或垂直于边界时，反射系数的计算公式如下[6]：

$$\rho_r = \frac{V_r}{V_i} = \frac{\sqrt{\varepsilon_1\mu_1} - \sqrt{\varepsilon_2\mu_2}}{\sqrt{\varepsilon_1\mu_1} + \sqrt{\varepsilon_2\mu_2}} \tag{9.8}$$

传输系数的计算公式如下：

$$\rho_t = \frac{V_t}{V_i} = \frac{2\sqrt{\varepsilon_2\mu_2\varepsilon_1\mu_1}}{\sqrt{\varepsilon_2\mu_2} + \sqrt{\varepsilon_1\mu_1}} \tag{9.9}$$

根据能量守恒可知

$$\rho_r^2+\rho_t^2=1 \tag{9.10}$$

式(9.8)~式(9.10)适用于不同形式的电波和光波反射问题。

1. 电反射

在电传输系统中，传输线的典型电特性用阻抗 Z 来描述，阻抗与介电常数和导磁率相关，$Z=\sqrt{\mu/\varepsilon}$。通常 ε 和 μ 为复数。

分析系统中发生反射的情况，如图 9.10 所示。

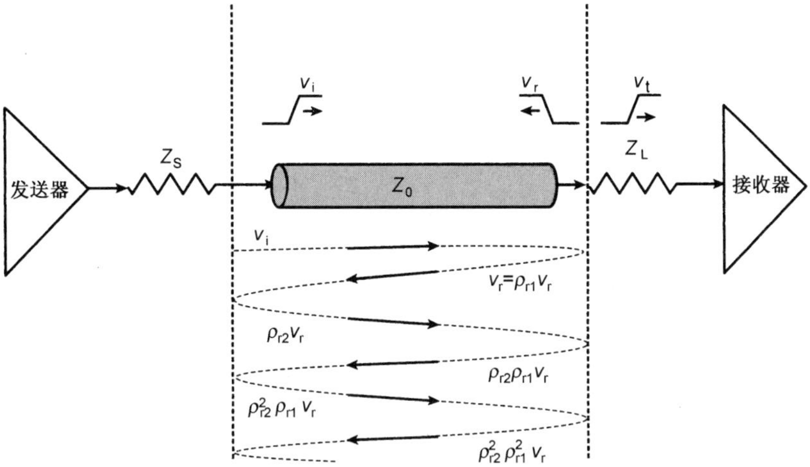

图 9.10　链路系统反射的示意图，图中显示了多次反射

阻抗正比于 $1/\sqrt{\varepsilon}$，并且源、传输线和负载的导磁率都是相同的，可以将式(9.8)表示为如下形式：

$$\rho_r=\frac{V_r}{V_i}=\frac{\sqrt{\frac{1}{\varepsilon_2}}-\sqrt{\frac{1}{\varepsilon_1}}}{\sqrt{\frac{1}{\varepsilon_2}}+\sqrt{\frac{1}{\varepsilon_1}}}=\frac{Z_L-Z_0}{Z_L+Z_0} \tag{9.11}$$

对于图 9.10 所示的链路系统，初始的入射波 V_i 加载到传输线上。在传输线的另一端，由于接收器负载和传输线阻抗不匹配，会产生反射。因为源阻抗和传输线之间也存在阻抗不匹配，所以反射波 V_r 会发生二次反射。经过多次反射后反射波的幅度减小，反射波与初始的入射波叠加，在到达接收器时波形发生退化。

考虑这样一个例子，源端的阻抗 Z_S 和负载端的阻抗 Z_L 都是传输线阻抗 Z_0 的一半，并且初始波的持续时间比传输线的传播延时τ_D更长。忽略传输线的损耗，我们可以根据式(9.11)得出初始波形和接收器或负载的波形，如图 9.11 所示。

显然，反射引起的时间和电压偏差发生的频率为 1/2 τ_D。由此带来的抖动和噪声是确定的，因为它们是有界的。通常，反射引起的抖动和噪声归入 DDJ 或 DDN 中。由于反射是由阻抗不匹配引起的，因此减小或消除阻抗不匹配可以减小反射效应。电源和负载处的端接是减小反射的常用方法。

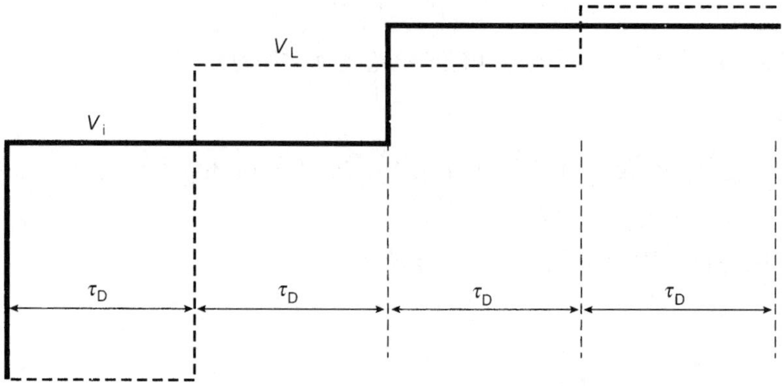

图 9.11 考虑发生多次反射情况下的 Tx 端波形(V_i)和 Rx 端波形(V_L)

2. 光反射

在光链路系统中，由于发送器、光纤和接收器之间材料特性的不连续性，也会发生类似于图 9.10 所示的反射。典型的光媒质特性用折射系数 n 来描述。折射系数 n 与介电常数和导磁率有关：$n=c\sqrt{\varepsilon\mu}$。在光通信中，信号用功率来表示，它与电场或电压平方成比例。因此，确切的反射比 R 是式(9.8)中定义的反射系数的平方。如果考虑光纤与接收器之间边界的反射，那么用折射系数 n 可以表示反射比：

$$R=\rho_r^2=\frac{I_r}{I_i}=\left(\frac{n_L-n_0}{n_L+n_0}\right)^2 \tag{9.12}$$

式中，R 为反射比；I_r 和 I_i 分别为反射波和入射波的幅度；n_L 和 n_0 分别为接收器和光纤的折射系数。

在光链路中，信号的反射效应与图 9.10 和图 9.11 所示的类似。但是，反射对于光发送器的影响很严重，因为反射波会引起发送器激光腔的不稳定性[12]。激光器的不稳定导致了初始波的时序抖动和幅度噪声，使得光系统中发送器输出端口和接收器输入端口的信号完整性恶化。在电领域中，类似光反射造成激光器不稳定的例子并不多见。除了匹配信道或媒质边界处折射系数，光链路中还经常使用能够阻止波反射的光频隔离器来减小光反射。大多数隔离器都是基于偏振特性的，考虑到前向波和反射波具有不同的偏振态，可以利用偏振滤波器滤除不想要的反射波。

9.5 参考时钟

高速链路系统中的参考时钟通常由参考晶振和 PLL 生成。参考晶振负责产生大约 10 MHz 左右的低频时钟，而 PLL 对低频时钟进行倍频，得到高频时钟。级联 PLL 可以提供 100 MHz 到数 GHz 范围的时钟输出频率。例如在 PCI Express 中，通常通过一个频率范围为 10 ~ 20 MHz 的参考晶振经过一个或多个 PLL 倍频之后产生 100 MHz 的参考时钟。

基于生成时钟的机理，可知参考时钟的抖动特性依赖于参考晶振和 PLL 的抖动性能(第 8 章中已经详细讨论过)。通常用相位噪声来衡量晶振性能，第 7 章中已经介绍了相位噪声向相位抖动的转化。晶振的相位噪声或相位抖动谱形态是由高频的白光或热能与载波附近的低频 $1/f$ 型或高阶幂律能谱组成的。图 9.12 显示了典型的相位噪声能谱密度(PSD)[13]。

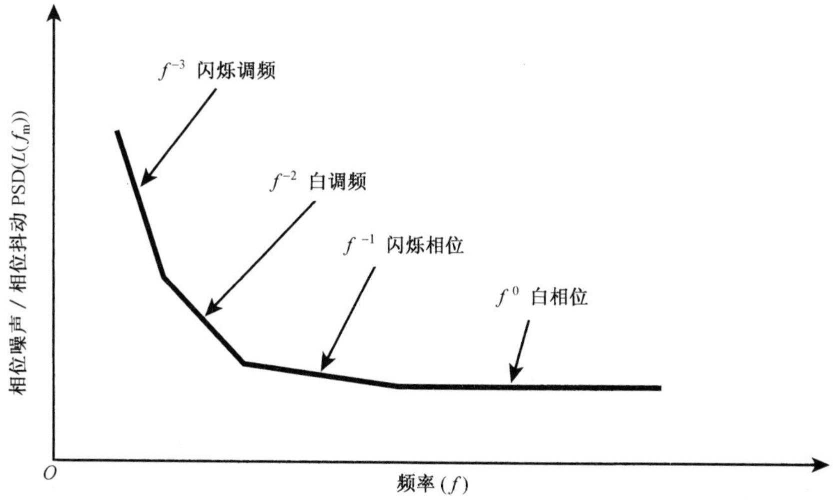

图 9.12　晶振的相位抖动或相位噪声 PSD

低频的高阶幂律相位噪声是时域中低频相位抖动或晶振器长时间频率不稳定的起因。因此对于设计和检验晶振器或参考时钟而言，确保低频相位噪声或抖动低于一定的量级是非常重要的。

为了减小参考时钟引起的电磁干扰(EMI)效应，在大多数计算机应用中采用扩频时钟(SSC)的方法。扩频时钟重新分布能量谱，使得在给定的频率处谱线幅度低于阈值。结果使得在载波频率处切换的周期时钟电压减小，由此降低了 EMI。注意，扩频时钟并不减小时钟的总能量，而是在载波频率附近重新分配能量。通常采用频率颤振来实现扩频时钟。基本的扩频时钟有以下三种类型：

- 向下扩展，时钟频谱向低于原始频率的方向扩展；
- 向中间扩展，时钟频谱向低于和高于原始频率的两个方向扩展；
- 向上扩展，时钟频谱向高于原始频率方向扩展。

在同步数字计算机系统中，大多数扩频时钟采用向下扩展的方法来满足系统的最大频率或最小周期的要求。扩频时钟的主要参数称为扩展率，定义如下：

$$\delta_{\mathrm{D}} = -\frac{\Delta f}{f_{\mathrm{c}}} \tag{9.13}$$

式中，Δf 为频率扩展的范围；f_{c} 表示没有扩展时的原始频率。如果扩展范围是以频率 f_{m} 重复的，形状是三角调制的，那么时域和频域中向下扩展的扩频时钟如图 9.13 所示。

PCI Express 和 SATA 中要求 0～5000 PPM 或 0%～0.5% 的扩频时钟的扩展率以及 30～33 kHz 的调频。可以通过下式来估计扩频时钟的相位抖动：

$$\Delta t = \frac{\phi}{\omega} = \frac{2\pi f_{\mathrm{c}}(1-\delta_{\mathrm{D}})T_{\mathrm{c}}}{2\pi f_{\mathrm{c}}} = (1-\delta_{\mathrm{D}})T_{\mathrm{c}} \tag{9.14}$$

对于 -5000 PPM 的扩频时钟频率下扩来说，基本调制后相应的相位抖动峰值为 $0.995T_c$，T_c 表示原始的或标称的参考时钟周期。例如对于 10 MHz 的参考时钟来说，扩频时钟的相位抖动峰值为 9.95 ns。

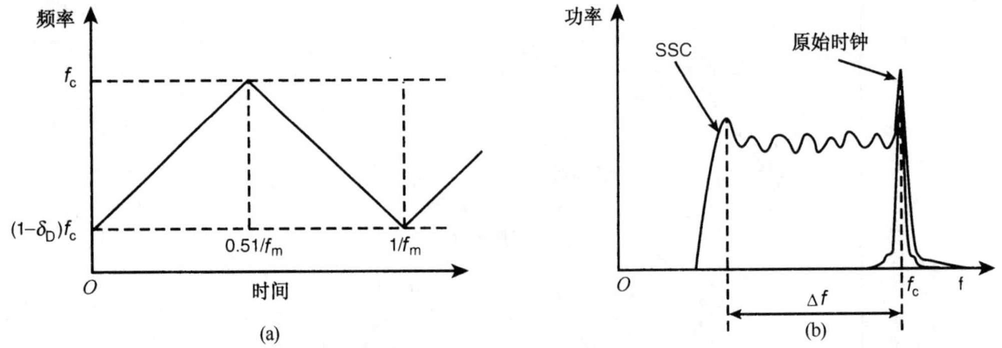

图 9.13 向下扩展的 SSC 频率轮廓线：(a)时域和(b)频域，频域图中显示了原始或标称的频谱

图 9.14 显示了 PCI Express 中 100 MHz 参考时钟的相位抖动频谱。图中显示了频率低于 10 MHz 时的 1/*f* 型随机噪声和频率高于 10 MHz 时的随机白噪声。随机噪声背景上叠加的是 33 kHz 的扩频时钟，其幅值为 10 ns。从图 9.14 中可以看到高于 14 倍基波的多个谐波。

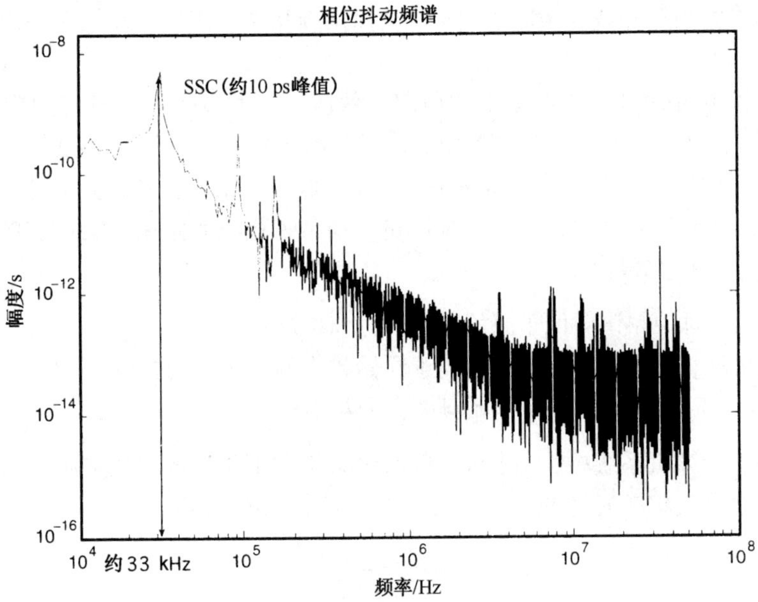

图 9.14 PCI Express 中的 100 MHz 参考时钟的相位抖动谱，SSC 调制频率为 33 kHz，调制幅度约为 10 ns

在 1 MHz～1 GHz 的频率范围内，相位抖动的随机频谱高达几 ps。因此，链路体系结构必须能够处理参考时钟相位抖动，达到总误码率(BER)10^{-12}的目的。在下一节中，我们将讨论基于 PI 的公共时钟差分信令如何来减小参考时钟相位抖动。

9.6　总链路抖动预算

当前先进的链路系统可以通过对不同制造商的组件进行系统集成，搭建工作系统。为实现这样一个目标，我们需要对各组件提出技术规范，确保互操作性和性能指标，例如 10^{-12}误码率。在制定某一组件的技术规范时，必须事先设想或确定好整体链路系统体系结构和其他组件的子系统体系结构。例如，对于图 9.2 所示的链路系统，只要事先已知或确定好接收器、媒质、参考时钟子系统的体系结构和性能标准，就可以对发送器提出明确的技术规范。

对于链路系统而言，可利用的总抖动预算为 1 UI，这需要分摊给所有的子系统或组件共同承担。对子系统进行精确的抖动预算分配，要建立在充分考虑各子系统链路体系结构和技术性能的基础上。如果 DJ 和 RJ 分量未知，那么可以将各个子系统的总抖动线性相加(LS)得到链路抖动预算，要确保结果小于 1 UI，即

$$TJ_{sys} = TJ_{Tx} + TJ_{Ch} + TJ_{clk} + TJ_{Rx} \leqslant 1\,UI \tag{9.15}$$

式中，TJ 表示 BER $=10^{-12}$时的总抖动。显然，在上述方法中，假设各子系统的抖动是相互独立的。PCI-SIG[14] 抖动预算就采用这种方法。

事实证明，这种 TJ 求和的方法比较保守，没有充分利用到抖动预算。但是在实际系统中，一些子系统并不会引起互操作过程中的问题。保守的根本原因是各相互独立的 RJ 之间是平方和根(RSS)的关系，实际中不能采取线性求和。

为了解决基于线性求和的抖动预算计算的缺陷，RJ 的平方和根 RSS 方法应运而生[16]。在平方和根抖动预算计算法中，所有的子系统中采用二值狄拉克 DJ 和高斯 RJ(第 5 章中讨论过)，同时假设这些子系统之间相互独立。基于 DJ 二值狄拉克 PDF，总 DJ 是所有子系统 DJ 的叠加：

$$DJ_{sys} = DJ_{Tx} + DJ_{Clk} + DJ_{Ch} + DJ_{Rx} \tag{9.16}$$

各子系统 RJ 的 σ 值通过 RSS 进行“组合”，求出系统的总 σ 值：

$$\sigma_{sys} = \sqrt{\sigma_{Tx}^2 + \sigma_{Clk}^2 + \sigma_{Ch}^2 + \sigma_{Rx}^2} \tag{9.17}$$

对于无源信道而言，σ_{Ch}为 0。回顾式(5.36)中给定二值狄拉克 DJ PDF 和高斯 RJ PDF 时 TJ 的计算，可得下式：

$$TJ_{sys}(\beta) = DJ_{sys} + 2Q(\beta)\sigma_{sys} \tag{9.18}$$

BER 或 $\beta = 10^{-12}$时，由表 5.1 可知 $Q(\beta) = 7.035$，式(9.18)转换为

$$TJ_{sys}(10^{-12}) = DJ_{sys} + 14.07\sigma_{sys} \tag{9.19}$$

在链路子系统 DJ 和 RJ 已知的情况下，通过式(9.19)可以估计系统的 TJ 或眼图闭合程度，从数学角度将子系统抖动性能和系统总的抖动性能联系起来。这是基于平方和根(RSS)的链路抖动预算估计方法的基础。

表9.1对基于线性求和(LS)(PCI Express 1.0a)与平方和根(RSS)(PCI Express 1.1)[15,16]的这两种抖动预算计算方法进行了比较。

表9.1 基于线性求和和RSS方法的系统总抖动预算

子系统组件	最小 RJ σ/ps	最大 DJ 峰-峰值/ps	10^{-12}误码率时的 TJ/ps
发送器	2.8	60.6	100
参考时钟	4.7	41.9	108
信道	0	90	90
接收器	2.8	120.6	160
TJ 线性和(LS)			458
TJ 平方和根(RSS)			399.13
TJ δ			58.87(14.7%)

从表9.1中可以看出，在这个例子中LS和RSS这两种计算方法之间的总抖动之差为58.87 ps，或者为1 UI的14.7%。换句话说，基于LS的计算方法得到的系统总抖动比可用的抖动预算范围1 UI或400 ps小了58.87 ps，系统有可能失效。另一方面，RSS方法计算所得的系统总抖动与可用的抖动预算范围1 UI或400 ps非常接近。如果采用LS的计算法，必须减小总体或部分子系统的TJ，以使得整个系统的总抖动不超过1 UI。而减小链路子系统的抖动涉及到要重新设计子系统电路和采用更昂贵的精确器件。这两种途径代价较高。从另一方面考虑，可以在不重新设计子系统电路或者不使用性能更好的昂贵器件前提下，使整个系统的总抖动不超过1 UI的限度。很明显，基于RSS的抖动预算计算方法需要确定和检验链路子系统的DJ，RJ和TJ。对于基于LS的计算方法，只需要确定和检验链路各组件的TJ。

9.7 小结

本章一开始介绍了Gbps级链路系统的两种主要的链路体系结构。一种体系结构采用数据驱动时钟恢复接收器，这种体系结构中接收器不需要参考时钟，接收器可以恢复频率和相位来生成位时钟。数据驱动体系结构中常常采用PLL时钟恢复。另一种体系结构是公共时钟体系结构，一个100 MHz的低频参考时钟被发送到发送器和接收器上。接收器采用数字相位内插(PI)来恢复时钟相位，接收器将100 MHz参考时钟作为输入，通过PLL倍频来恢复频率。

在介绍其他内容之前，首先需要了解子系统体系结构、运作机制，以及发送器、接收器、信道、参考时钟这些链路子系统的抖动和噪声性能等。

对发送器而言，明确指出了主要的抖动源是子速率参考时钟和倍频锁相环，主要的噪声来自于以电流模或电压模方式工作的电压驱动器。对于接收器来说，主要的抖动源是时钟恢复(CR)电路，主要的噪声源是数据恢复单元，包含放大器、数据采样器或比较器。

本章还讨论了信道或媒质的特性及相关的抖动和信号完整性性能。因为信道的特性是基于其物理属性的，因此它们很明显和设计方面关系不大，在此基础上我们进行了深入讨论。这里针对铜质的电缆信道和光纤信道进行分析。对于铜质信道，考虑到趋肤效应、电介质或损耗角正切的影响，讨论它的频率相关性损耗；对于光纤信道，主要讨论色散(CD)和偏振模色散(PMD)。并且还探讨了信道之间或链路子系统之间的相互作用导致的信号失真，其中包括串扰和反射。对于铜线电信道，串扰是由信道间的相互干扰引起的，包括远端串扰和近端串扰两种类型。对于光纤，串扰包括线性串扰(由波长滤波泄漏引起)和非线性串扰(由散射和四波混频引起)。我们从标准的麦克斯韦理论和方程出发讨论反射，电反射可以看成阻抗不连续引起的特定形式，而光学反射是由于折射系数不连续引起的。这些抖动和信号完整性形成机理的物理基础适用于器件或集成电路，也可以应用到片上互连分析中。

接下来的内容中，还讨论了参考时钟的生成及其相关的抖动性能。重点介绍了参考晶振的相位噪声或相位抖动谱对参考时钟抖动性能的重要性。详细讨论了扩频时钟(SSC)、扩频时钟的相位抖动及其与扩展率的关系。

讨论完所有链路子系统的抖动和信号完整性问题后，最后部分探讨了公共时钟体系结构中整个系统的抖动预算。预算的计算方法有两种：线性求和法(LS)和平方和根法(RSS)。实际的例子证明了在相同的误码率要求下，与线性求和相比，平方和根计算方法允许更多的子系统抖动预算。但是，平方和根计算方法需要知道各链路子系统的 DJ 和 RJ 抖动分量，线性求和法不需要这些。相比于线性求和法，平方和根计算方法在链路抖动预算估计上更有吸引力，因为它可以最大限度地估计出链路子系统"正常"时的抖动预算。

参考文献

1. "Fibre Channel Physical Interfaces (FC-PI-4)," a working draft of Secretariat International Committee for Information Technology Standardization (INCITS), Rev 3.0, Oct. 2006.
2. R. Gu, J. Tran, H. C. Lin, A. L. Yee, and M. Izzard, "A 0.5-3.5 Gbps low power low jitter serial data CMOS transceiver," in IEEE Int. Solid State Circuit Conference (ISSCC), Dig. Tech. Papers, San Francisco, CA, pp. 352–353, 1999.
3. J. T. Stonik, G. Y. Wei, J. L. Sonntag, and D. K. Weinlader, "An adaptive PAM-4.5 Gbps backplane transceiver in 0.25 μm CMOS," IEEE J. Solid State Circuits, vol. 38, no. 3, pp. 436–443, Mar. 2003.
4. V. Stojanovic and M. Horowitz, "Model and analysis of high-speed serial links," Proc. IEEE Conf. Customer Integrated Circuits, pp. 589–594, Sept. 2003.
5. Payne et al., "A 6.25-Gb/s binary transceiver in 0.13-μm CMOS for serial data transmission across high loss legacy backplane channels," IEEE J. Solid State Circuits, vol. 40, no. 12, pp. 2646–2657, Dec. 2005.
6. J. D. Jackson, *Classical Electrodynamics*, John Wiley & Sons, Inc., 1975.
7. C. Nguyen, *Analysis Methods for RF, Microwave, and Millimeter Wave Planar Transmission Line Structures*, John Wiley, New York.
8. G. P. Agrawal, *Fiber-Optic Communication Systems*, Second Edition, John Wiley & Sons, Inc., 1997.

9. W. J. Dally and J. W. Poulton, *Digital Systems Engineering*, Cambridge University Press, 1998.
10. H. Johnson and M. Graham, *High-Speed Digital Design*, Prentice Hall PTR, 1993.
11. S. V. Kartalopoulos, *Introduction to DWDM Technology*, SPIE Press/IEEE Press, 2000.
12. M. Shikada, S. Takano, S. Fujita, I. Mito, and Minemura, "Evaluation of power penalties caused by feedback noise of distributed feedback laser diodes," J. of Lightwave Technology, vol. 6, pp. 655–659, 1988.
13. T. E. Parker, "Characteristics and phase noise in a stable oscillator," Proc. of 41st Annual Symp. Freq. Control, 1987.
14. PCI-SIG, "PCI Express Base Specification, Rev. 1.0a," http://www.pcisig.com/specifications/pciexpress/base, 2003.
15. PCI-SIG, "PCI Express Base Specification, Rev. 1.1," http://www.pcisig.com/specifications/pciexpress/base, 2004.
16. PCI-SIG, "Jitter and BER white paper (II)," http://www.pcisig.com/specifications/pciexpress/technical_library, 2005.

第 10 章　高速链路抖动及信令完整性的建模与分析

本章重点讨论链路系统(包括发送器、信道和接收器等子系统)中抖动及信号完整性的数学建模与分析。进一步，对发送器、信道和接收器内部的元件也进行了讨论和建模，包括其信令、抖动及噪声特性。

> 对于由无源通道(信道)和有源器件(发送器、接收器、时钟)共同组成的链路，本书主要提供了各自单独的建模与分析。

10.1　线性时不变近似

我们将线性时不变(LTI)理论作为发送器、信道或媒质以及接收器链路子系统中抖动和信令建模的基础。第 2 章中已经详细介绍了线性时不变理论及其基础知识。这里，主要讨论如何在高速链路抖动和信令的量化表征中加以应用。

对链路子系统或部件而言，可以有无数种电路级或晶体管级的实现方案。因此，我们将从链路系统或子系统的行为建模角度进行讨论，确保物理模型的通用性。首先讨论发送器，后续内容中将涉及信道和接收器。

10.2　发送器建模与分析

图 9.3 描述了通用的发送器子系统方框图。本章的目的是对发送器的抖动和信令进行建模与分析。因此，我们将重点讨论电压驱动器的噪声敏感元件和时钟生成器的抖动敏感元件。图 10.1 给出了发送器的简化方框图。

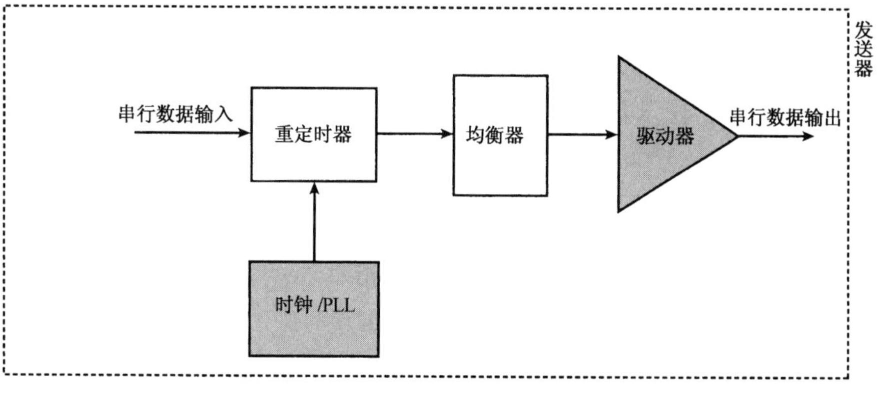

图 10.1　简化的发送器方框图

在这个简化的发送器方框图中，根据时钟或 PLL 的时序功能，对编码后的串行数据重定时。图 10.1 中包括了发送器均衡器，借以体现在 Gbps 级链路系统均衡功能的必要性。最后，重定时和均衡后的信号被传送到电压驱动器上，使电压电平达到发送输出所需的要求。

发送器信令出发时的样子是无失真的原始数字数据，这里用 $y_p(n)$ 来表示。并且假设线性数字均衡的系数组为 $\{c_m\}$。损耗函数表征了驱动器的有限上升边/下降边驱动能力，用 $h_{T1}(t)$ 来表示，损耗函数反映了片上互连和封装的影响。驱动器产生的幅度噪声表示为 $n_T(t)$，发送器时钟和锁相环产生的时序抖动表示为 $\Delta t_T(t)$。在发送器的输出引脚处定义信号的输出。图 10.2 给出了将要使用的发送器子系统模型方框图。

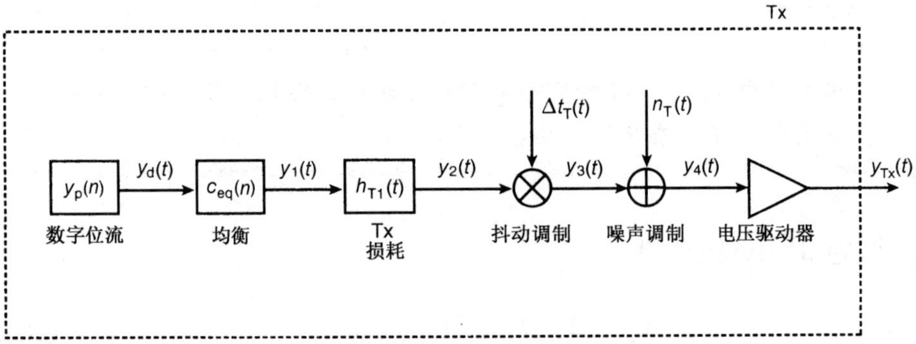

图 10.2 发送器行为模型方框图

在这个“混合信号”行为模型中，损耗函数之前的信号是纯粹的数字位，经过损耗函数后，数字信号变成具有有限上升边和下降边时间的模拟信号。相位调制引入了抖动，引起数字时序在理想位置前后移动。模拟信号与片上损耗的相互作用服从卷积关系。片上损耗表示了互连、寄生和封装效应。幅度调制引入了幅度噪声，反映了驱动器噪声的产生过程。

10.2.1 发送器数据位流

在数学上，数字脉冲串 $y_d(t)$，可以用数字位序列 $y_p(n)$ 表示为

$$y_d(t) = \sum_k [y_p(kT_0) - y_p((k-1)T_0)]\mathrm{u}(t - kT_0) \tag{10.1}$$

式中，$\mathrm{u}(t)$ 是单位阶跃函数，其定义为：如果 $t \geq 0$，$\mathrm{u}(t)=1$；如果 $t<0$，$\mathrm{u}(t)=0$。

10.2.2 发送器均衡

在 Gbps 级通信链路中，均衡是必需的，尤其是在铜质信道中。发送器均衡的两种基本类型是预加重和去加重[1,2,3]。正如在第 9 章中所提到的，预加重增加高频的频谱能量，以补偿有损信道造成的频谱成分衰减。这样就使得即便信号经过有损信道，到达接收器的信号频谱依然是不失真的。与此相反，去加重降低低频段的频谱能量，使得信号经过有损信道被衰减后到达接收器能够不失真，只不过信号频谱的电平有所降低。图 10.3 给出了去加重的发送信号在信道输入端的眼图和信道输出端均衡好的信号眼图。

上述例子中，除了第一个外，其后所有连续“1”或“0”的比特幅度都被降低了。这个去加重的例子中有 4 种类型的边沿跳变：满摆幅的 1 到满摆幅的 0；满摆幅的 0 到满摆幅的 1；去加重

的 1 到满摆幅的 0；去加重的 0 到满摆幅的 1。采用了去加重后，即使信号经过有损信道，也能够获得睁开的数据眼图。因为均衡采用去加重方式，所以接收器数据眼图的幅度会降低。使用预加重均衡也能得到类似的睁开数据眼图，但在这种情况下，接收器的数据眼图幅度不会降低。

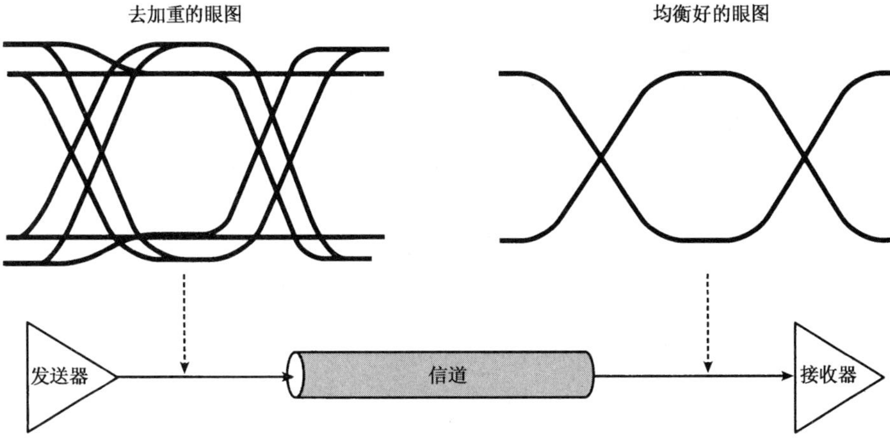

图 10.3　发送器去加重均衡相应的眼图

典型的发送器线性均衡技术，例如预加重和去加重，都是通过有限冲激响应滤波器(FIR)实现的。图 10.4 举例说明了一个发送器均衡的 FIR 实现。

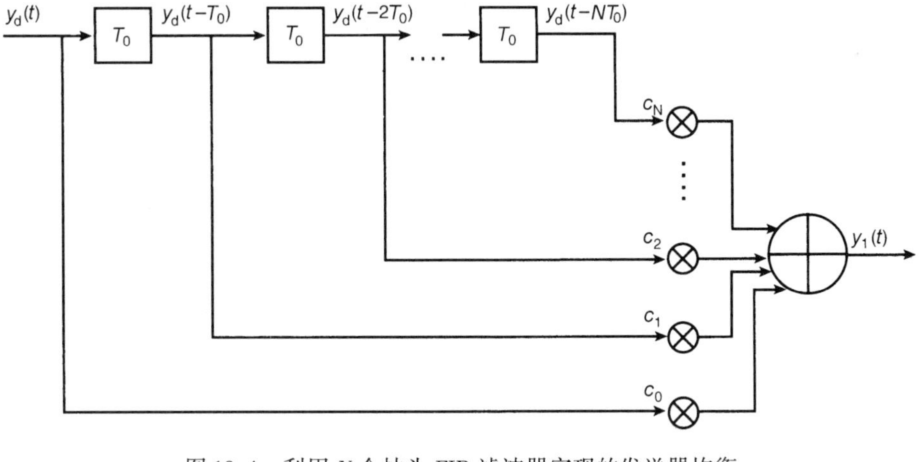

图 10.4　利用 N 个抽头 FIR 滤波器实现的发送器均衡

式(10.2)表示了发送器 FIR 均衡的输入和输出之间的关系，同时给出了滤波器系数(也称为抽头)：

$$\begin{aligned} y_1(t) &= c_0 y_d(t) + c_1 y_d(t-T_0) + c_2 y_d(t-2T_0) + \cdots + c_N y_d(t-NT_0) \\ &= \sum_{i=0}^{N} c_i y_d(t-iT_0) \end{aligned} \tag{10.2}$$

根据信道损耗和串扰特性例如 S 参数、冲激响应或阶跃响应来决定 FIR 系数或抽头系数。下一节，将会给出更详细的讨论。

采用数字 FIR 滤波器实现均衡的情况，可以很容易地加以校验。这里关键在于发送器输出端口的可观察性，而大多数情况下都能够对发送器输出引脚进行测量。FIR 滤波器的可控性和灵活性都比较好，电路实现也相对简单。不过，好的发送器均衡需要接收器把信号环回发送器，以便进行动态和精细的调整。

10.2.3 发送器抖动相位调制

在第 9 章中提到，发送器的主要抖动源是通过 PLL 实现的时钟产生器。PLL 的相位抖动引起了发送器数据比特信号的相位抖动。如果已知相位抖动的时间函数，则它对数据比特信号相位抖动的影响可以建模为相位调制。假定相位抖动时间函数为 $\Delta t(t)$，它对数据比特信号时序和波形的影响可以用下式表达：

$$y_2(t) = y_1(t + \Delta t_T(t)) \tag{10.3}$$

数据比特信号的相位抖动或调制“扰动”导致数据边沿跳变时间在围绕理想时间的区域内波动。最终的时间偏差表示数据比特信号的相位抖动。

10.2.4 发送器噪声幅度调制

由第 9 章可知，驱动器产生固定电平的数字比特流，它是发送器主要的幅度噪声来源。我们把噪声看成数字幅度噪声。这个幅度噪声 $n_D(t)$ 通过幅度调制或幅度扰动与数字波形相互作用。用下面的公式来表示幅度调制：

$$y_3(t) = y_2(t) + n_D(t) \tag{10.4}$$

10.2.5 发送器损耗

已经对连接发送器和接收器之间的信道进行过详细的讨论，但是大多数高速信令建模的文献中并没有很好地研究过片上子系统的互连信道[4, 5, 6]。有趣的是，片上信道信令和链路系统信令的基本物理性能差别不大。已经证明了采用线性时不变信道模型可以很好地建模线性无源信道，因此我们将采用线性时不变信道模型方法来分析片上子系统信道。损耗特性用时域的冲激响应来表示，这样便于和其他发送器子系统的时域模型相匹配。引入片上损耗使得我们将封装损耗效应包括进来，更好地适应精确建模的要求。用 $h_{T1}(t)$ 表示片上损耗的冲激响应，其输出为

$$y_4(t) = y_3(t) * h_{T1}(t) \tag{10.5}$$

式中，* 表示卷积运算。

10.2.6 发送器驱动器

这里介绍发送器建模的最后步骤：电压驱动或光驱动子系统。它的功能是产生一定电压电平或光功率的波形，实质上可以把它看成理想的数模转换器。数字信号波形变成实际的物理波形。式(10.6)给出了最终的发送器输出：

$$y_{TX}(t) = A y_4(t) \tag{10.6}$$

式中，A 表示目标电压或功率电平。

最后，我们沿着信号产生序列串的方向，根据累积子系统的特性得出发送器信号波形的"端到端"模型。在这里，假设发送器和信道之间媒质的电特性(阻抗)或光特性(折射系数)是连续的，因此不会产生反射。但是，如果考虑媒质的不连续性，则式(10.6)就需要修改。因为行为模型并不适合于分析具体的和信道电或光特性相关的反射现象。当考虑反射影响时，我们只能从较高的层次上来讨论反射。

假设发送器和信道边界上的反射系数为$\rho_{rt}(s)$，并且与频率相关。它的逆拉普拉斯变换表示为$\rho_{rt}(t)$。在发送器的输出端口，信号表示如下：

$$y_{TX}(t)=A\left[y_4(t)+\rho_{rt}(t)*y_4(t)\right] \tag{10.7}$$

如果不存在反射，则$\rho_{rt}(t)=0$，即回到式(10.6)的形式。

发送器信号的关系是级联方式。我们无法根据所有子系统的参数和特征方程给出一个单一的发送器输出波形方程，因为它可能过于冗长和复杂。但是可以利用相关的信息和数学基础分析偏离情况。

只要得出发送器输出端口的波形或幅度的时间方程，就能建立相应的眼图，因为它只是每个 UI 上波形的叠加。相应的抖动包括 DJ，RJ 和 TJ 的分量，噪声包括 DN，RN 和 TN 的分量，可以利用第 4，5，6 章中描述的方法求得。

10.3　信道建模与分析

本节利用线性时不变(LTI)理论进行基本的信道建模，然后讨论通过各种信道特性方法获得时域或频域中不同形式的传递函数。最后，讨论一个通用的基于零/极点的信道建模方法。

10.3.1　信道线性时不变 LTI 建模

在第 9 章中提到，高速 Gbps 级链路系统中通常采用的两种信道媒质是铜线和光纤。铜质电缆普遍应用在短距离链路中(小于 10 m)，例如母板和背板连接。光纤通常应用在长距离传输上(大于 10 m)，例如数据中心到存储网络的应用。

铜线和光纤信道都是无源的，可以通过线性时不变去量化表征它们的行为。用信道传递函数来描述信道特性，可以有不同的形式。它的时域特性用冲激响应$h_{CH}(t)$来描述；因为冲激响应的积分是阶跃响应，信道的特性也可以用阶跃响应$u_{CH}(t)$来描述。在频域中，信道特性用传递函数$H_{CH}(s)$来描述，其中s为复频率。

在前面的章节中，根据子系统特性得出了发送器输出波形$y_{TX}(t)$。$y_{TX}(t)$是信道模型的输入。图 10.5 中给出了信道输入$y_{TX}(t)$、冲激响应$h_{CH}(t)$和输出$y_{CH}(t)$的拓扑结构。它们的关系通过下式表示：

$$y_{CH}(t)=h_{CH}(t)*y_{TX}(t) \tag{10.8}$$

输入信号与信道冲激响应进行卷积得到输出信号。

在实际应用中，尤其对于数字信号，产生阶跃响应比产生冲激响应更加简单和方便。在这种情况下，式(10.8)可以改写为

$$y_{CH}(t)=\frac{dw_{CH}(t)}{dt}*y_{TX}(t) \tag{10.9}$$

式中，$w_{CH}(t)$为单位阶跃响应。第2章中介绍过，时域卷积转换到复频域(或s域)中就变为了乘积。如果将拉普拉斯变换应用到式(10.8)，则其复频域关系式为

$$Y_{CH}(s)=H_{CH}(s)Y_{TX}(s) \tag{10.10}$$

式中，$Y_{TX}(s)$，$H_{CH}(s)$和$Y_{CH}(s)$分别为$y_{TX}(t)$，$h_{CH}(t)$和$y_{CH}(t)$的拉普拉斯变换。$H_{CH}(s)$也称为信道传递函数。

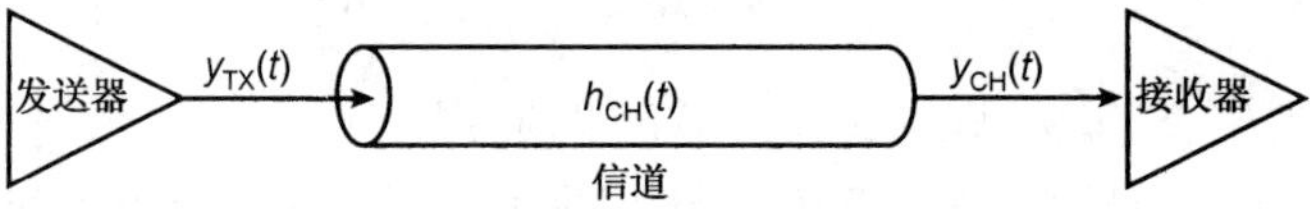

图10.5　信道输入、冲激响应和输出的拓扑结构

类似地，对式(10.9)进行拉普拉斯变换，有

$$Y_{CH}(s)=sW_{CH}(s)Y_{TX}(s) \tag{10.11}$$

式中，$W_{CH}(s)$为阶跃响应的拉普拉斯变换。

实际应用中，通常是在时域中采用式(10.8)，然后对其进行拉普拉斯变换获得复s域的信道输出$Y_{CH}(s)$。也可以通过对$Y_{CH}(s)$进行拉普拉斯逆变换获得时域的$y_{CH}(t)$。对于由若干不同长度的电缆通过连接器串联的信道，在频域中采用简单的乘法级联计算，而在时域中要进行计算量很大的卷积运算。

10.3.2　信道传递函数

在已知输入信号的情况下，信道传递函数在估计或预测信道输出时起到了很重要的作用。可以采用两种方式决定信道传递函数：基于信道的电路模型或基于实验表征。创建的电路模型与实际信道的具体实现方式有关。我们的目的是开发出链路的行为模型，在不知道详细的信道电路特性情况下，可以讨论求解通用传递函数的方法。

我们将讨论通常使用的三种确定信道传递函数及其特性的方法。其中两种是时域方法，第三种是频域方法，它们之间是相关的。知道其中的一种，就可以通过适当的数学转换推导出其他两种。

10.3.2.1　信道冲激响应

第一种方法是发送一个极窄的脉冲到有损色散信道中，测量响应，即信道末端的冲激响应。理论上将这个极窄的或无限窄的脉冲称为狄拉克冲激函数，具体定义参见第2章。在现代光通信中，已经可以实现宽度约为30 fs的窄激光脉冲[7]。显然，脉冲宽度越窄，脉冲精度就越高。图10.6给出了理想狄拉克冲激通过有损信道后的典型响应形式。

只要得到了冲激响应，就可以通过拉普拉斯变换求出相应的传递函数$H_{CH}(s)$。

要注意的是，如果是在信道与邻近的有源信道存在耦合情况下，那么求得的冲激响应中也加入了串扰效应。因此，信道冲激响应里可能包括了损耗和串扰效应，它们是影响输出信号质量的重要因素。

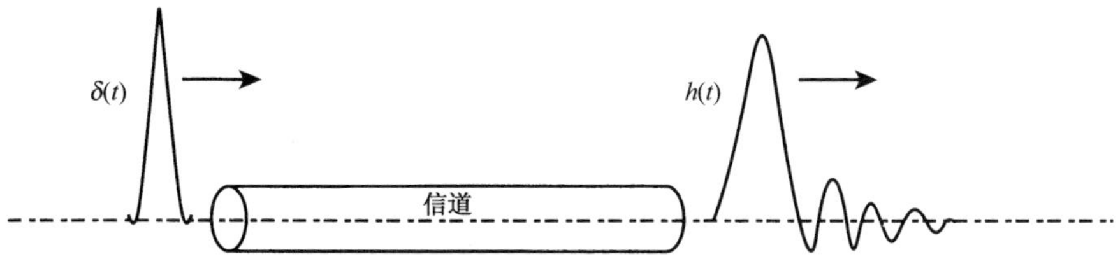

图 10.6　有损信道对狄拉克输入冲激的响应

10.3.2.2　信道单位阶跃响应

决定冲激响应的第二种方法是在有损信道中传送一个理想的阶跃信号，观测输出响应，即阶跃响应。这种方法对于铜质信道更实用，因为在数字电路中产生阶跃信号是很容易的。在理想条件下，需要一个上升边和下降边时间为零的阶跃信号来实现理想的阶跃响应。但在实际情况下，电路产生的阶跃信号总是具有一定的上升和下降时间。典型的 40 GHz 信号发生器能够产生上升和下降时间在几 ps 内的阶跃信号。图 10.7 给出了单位阶跃信号经过有损信道后的阶跃响应。

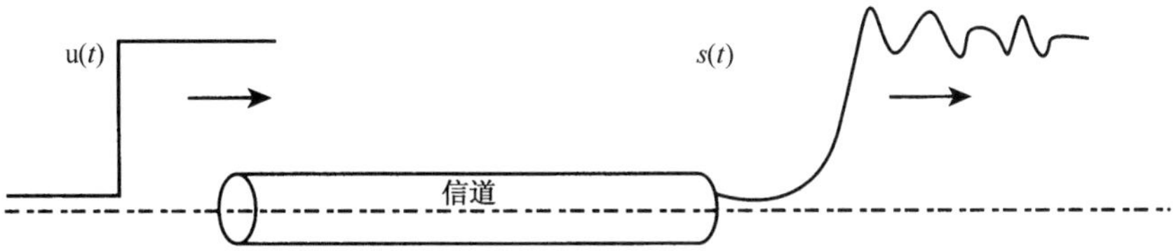

图 10.7　理想的单位阶跃信号通过有损信道后的响应

得到单位阶跃响应后，可以通过时间求导来得出冲激响应，即 $h_{CH}(t)=dw_{CH}(t)/dt$。类似于狄拉克冲激的例子，采用拉普拉斯变换可以得到传递函数 $H_{CH}(s)$。另外，传递函数 $H_{CH}(s)$ 也能够通过 $H_{CH}(s)=sW_{CH}(s)$ 直接获得，这里 $W_{CH}(s)$ 为单位阶跃响应函数 $w_{CH}(t)$ 的拉普拉斯变换。

10.3.2.3　信道 *S* 参数

S 参数是指散射参数[8]。它广泛应用在微波工程中，表征一个双端口系统的传输波和反射波与入射波或输入波之间的关系[9]。它们的关系由基于频率的传输系数和反射系数确定。事实上，传递函数就是和频率相关的传输系数。前两节中讨论的信道传递函数与其中一个 *S* 参数相关。为了将反射效应结合到链路建模中，反射系数是必不可少的。本节概述了 *S* 参数以及它与传递函数的关系。

对于双端口系统来说，入射波是朝向各个端口转移的，反射波的转移方向是远离各端口，传输波是从一个端口向另一个端口转移的，如图 10.8 所示。

在图 10.8 中，a_1 和 b_1 分别是端口 1 的入射波和反射波的幅度，a_2 和 b_2 分别是端口 2 的入射波和反射波的幅度。在每个端口处的反射波和入射波的关系可以用下列矩阵表达：

$$\begin{pmatrix} b_1 \\ b_2 \end{pmatrix}=\begin{pmatrix} S_{11} & S_{12} \\ S_{21} & S_{22} \end{pmatrix}\begin{pmatrix} a_1 \\ a_2 \end{pmatrix} \tag{10.12}$$

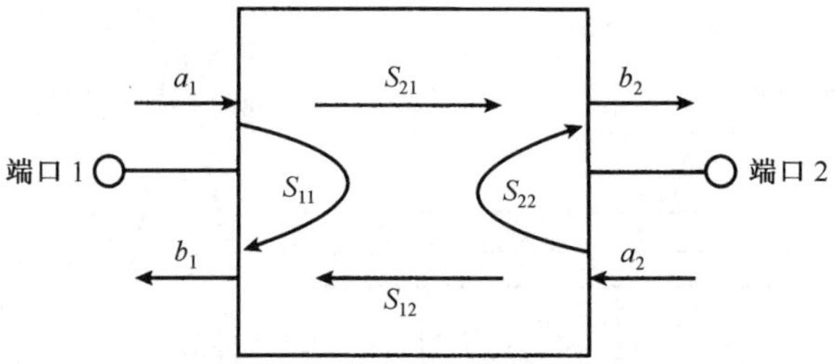

图 10.8　双端口系统及其相应的 S 参数

对于高速链路来说，常见的情况是端口 2 处没有入射波，因为通常的数据传输过程是单向的，此时有 $b_1 = S_{11}a_1$ 和 $b_2 = S_{21}a_1$。因此，可以根据 $S_{11} = b_1/a_1$ 和 $S_{21} = b_2/a_1$ 的幅度比来推导出 S 参数。类似地，在端口 1 处没有入射波时，可得 $b_2 = S_{22}a_2$ 和 $b_1 = S_{12}a_2$，可以根据 $S_{22} = b_2/a_2$ 和 $S_{12} = b_1/a_2$ 的幅度比来推导 S 参数。下面的 4 组等式总结了这个讨论。它利用反射波和入射波之间以及传输波和入射波之间的幅度比表示了 4 个 S 参数：

$$\begin{aligned} S_{11} &= \frac{b_1}{a_1}\bigg|_{a_2=0}, \qquad S_{21} = \frac{b_2}{a_1}\bigg|_{a_2=0} \\ S_{22} &= \frac{b_2}{a_2}\bigg|_{a_1=0}, \qquad S_{12} = \frac{b_1}{a_2}\bigg|_{a_1=0} \end{aligned} \tag{10.13}$$

从物理角度来看，S_{11}为端口 1 的反射系数，S_{21}为端口 1 的传输系数。类似地，S_{22}为端口 2 的反射系数，S_{12}是端口 2 的传输系数。它们通常都是与频率相关的。

与确定冲激响应函数的情况类似，如果 S_{21}和 S_{12}是在信道与其邻近的有源信道耦合情况下得出的，那么它们就包含了串扰效应。因此，信道 S 参数中也可能包含了信道的损耗和串扰效应。

10.3.2.4　*S* 参数、传递函数和反射系数

前面已经介绍过的信道传递函数，可以通过时域冲激响应或阶跃响应的拉普拉斯变换来求解它。因为传递函数 $H_{CH}(s)$表示频域中输出信号与输入信号的比值，传递函数和 S_{21}参数的物理意义是相同的，只是名称不同。因此有

$$S_{21}(s) = H_{CH}(s) \tag{10.14}$$

只要知道了传递函数，就可以很容易地通过拉普拉斯逆变换求出时域的冲激响应。

10.2 节介绍了发送器输出信号模型的反射系数$\rho_{rt}(s)$。实际上，这个反射系数在频域上就是 S_{11}或 S_{22}参数，它与所考虑的端口有关。工程师喜欢用分贝作为其单位。当采用分贝来表示反射 S 参数或传输 S 参数时，就对应着另一个名称。例如，$20\log S_{11}$（或 $20\log S_{22}$）被称为返回损耗（RL），$20\log S_{21}$（或 $20\log S_{12}$）被称为插入损耗（IL）。

频域中采用仪器来直接测量 S 参数，例如矢量网络分析仪（VNA）。它将正弦波作为激励，在复频域中通过扫频来测量 4 个 S 参数。S 参数中包含了幅度和相位的信息。也可以用时域方法测量 S 参数，时域反射计法（TDR）采用可控的阶跃信号作为激励来测量反射波，时域传输法（TDT）来测量发射传输波。

TDT 实质上是测量 10.3.1 节介绍的阶跃响应 $w_{CH}(t)$，通过拉普拉斯变换，求出复 s 域响

应 $W_{CH}(s)$。根据式(10.11)，$H_{CH}(s)$ 和 $W_{CH}(s)$ 之间的关系为 $H_{CH}(s)=sW_{CH}(s)$，根据式(10.14)中 $S_{21}(s)=H_{CH}(s)$，可得 $S_{21}(s)=sW_{CH}(s)$。由此，就可以建立起时域 TDT 测量的阶跃响应函数 $w_{CH}(t)$ 和频域 VNA 测量的 S_{21} 参数之间的关系。同样地，也可以通过拉普拉斯变换将 TDR 测量的阶跃响应 $w_r(t)$ 转换为复频域 $W_r(s)$，S_{11} 参数与 $W_r(s)$ 的关系表示为$S_{11}(s)=sW_r(s)$。

综上所述，时域冲激响应、阶跃响应、复 s 域传递函数和 S 参数之间是可以相互转换的。前面已经介绍了不同形式和不同域之间转换的数学过程。相应地，VNA 测量的 S 参数和 TDR，TDT 测量的阶跃响应也可以采用类似的数学过程或变换相互转换。

10.3.3　通用信道模型

在不涉及详细的信道电气或光特性情况下，信道的通用可扩展模型可以考虑采用基于信道子系统的零极点模型。

线性时不变(LTI)系统可以用线性微分方程来表示。其传递函数可以表示为 s 域的有理式：

$$H_{CH}(s)=K\frac{s^M+a_{M-1}s^{M-1}+\cdots+a_0}{s^N+b_{N-1}s^{N-1}+\cdots+b_0}=K\frac{\prod_{m=1}^{M}(s+z_m)}{\prod_{n=1}^{N}(s-p_n)} \tag{10.15}$$

式中，N 和 M 分别表示极点和零点的数量，这是一个 N 阶系统。

信道是通过物理媒质实现的。因此，传递函数必须遵循下面两个物理规则：

- 它必须是因果的。换句话说，收敛域(ROC)位于最右边极点的右边[10]。另一种对因果系统的定义是没有输入激励时也没有输出。
- 它必须稳定。换句话说，所有的极点都落在 s 域的左半区(不包含虚轴)，并且极点数大于或等于零点数。

仅凭直觉无法理解 N 阶通用信道模型的物理性质。我们从最简单的一阶和二阶模型入手，通过这样的基础模块来寻找内在的物理性质。可以通过级联若干低阶的传递函数来建立高阶模型，得到所期望的高阶的传递函数[11]。

我们重点分析式(10.15)所示有理式模型的分母。如果只有一个极点，那么它必须是负实数，并且分母因子为$(s-p_n)$(一阶模型)。如果含有复极点，那么它们必须是复共轭成对出现的，并且分母因子为

$$(s-p_n)(s-p_n^*)=s^2+2\zeta\omega_n s+\omega_n^2 \tag{10.16}$$

式中，$*$ 表示复共轭；ω_n 是固有频率；ζ 表示衰减因子(二阶模型)。后面两节中将详细研究一阶和二阶传递函数。

10.3.3.1　一阶分析模型

单极点的一阶有理模型用下列公式表示：

$$
\begin{aligned}
&H_{CH}(s) = K\frac{1}{s-p_n} \qquad \text{ROC} \\
&L \downarrow\uparrow L^{-1} \\
&h_{CH}(t) = Ke^{p_n t} \qquad t \geqslant 0 \\
&w_{CH}(t) = \frac{K}{-p_n}(1-e^{p_n t}) \qquad t \geqslant 0
\end{aligned}
\tag{10.17}
$$

式中，$h_{CH}(t)$和$w_{CH}(t)$分别表示冲激响应和阶跃响应；$K=-p_n$。

采用典型的 RC 电路实现上述传递函数，这时的时间常数$\tau=\frac{1}{(-p_n)}$。3 dB 转折频率为

$$f_{3\,dB}=\frac{1}{2\pi\tau}=-\frac{p_n}{2\pi} \tag{10.18}$$

截止频率是$2\pi f_{3\,dB}$。高于这个频率时，幅度响应沿 20 dB/十倍频程的渐近线变化。

图 10.9 给出了频域的幅度响应和相位响应(伯德图)，图 10.10 给出了时域的冲激响应和阶跃响应。

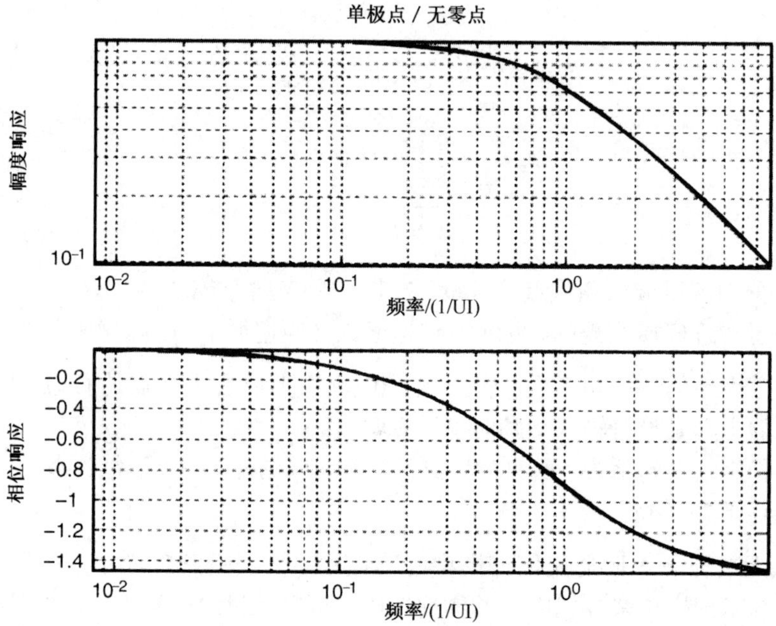

图 10.9 单极点模型：频域的幅度响应和相位响应

至此，已经将通常的零极点模型用在表示闭合形式的一阶模型上，或者是表示频域传递函数和时域的冲激或阶跃响应上。

10.3.3.2 二阶分析模型

两个极点的二阶分析模型表示如下：

$$
\begin{aligned}
&H_{CH}(s) = \frac{K}{(s-p_n)(s-p_k)} \qquad \text{ROC} \\
&L \downarrow\uparrow L^{-1}
\end{aligned}
$$

对于 $p_n \neq p_k$

$$
\begin{aligned}
&h_{\mathrm{CH}}(t) = KA\left(\mathrm{e}^{p_n t} - \mathrm{e}^{p_k t}\right) \qquad t \geqslant 0 \\
&w_{\mathrm{CH}}(t) = -KA\left(\frac{1-\mathrm{e}^{p_n t}}{p_n} - \frac{1-\mathrm{e}^{p_k t}}{p_k}\right) \qquad t \geqslant 0
\end{aligned}
\tag{10.19}
$$

对于 $p_n = p_k = \omega_n$

$$
\begin{aligned}
&h_{\mathrm{CH}}(t) = Kt\,\mathrm{e}^{p_n t} \qquad t \geqslant 0 \\
&w_{\mathrm{CH}}(t) = 1 - \mathrm{e}^{p_n t} + p_n t\mathrm{e}^{p_n t} \qquad t \geqslant 0
\end{aligned}
$$

式中，$h_{\mathrm{CH}}(t)$和 $w_{\mathrm{CH}}(t)$分别表示冲激响应和阶跃响应；$K = p_n p_k$；$A = \dfrac{2}{p_n - p_k}$。

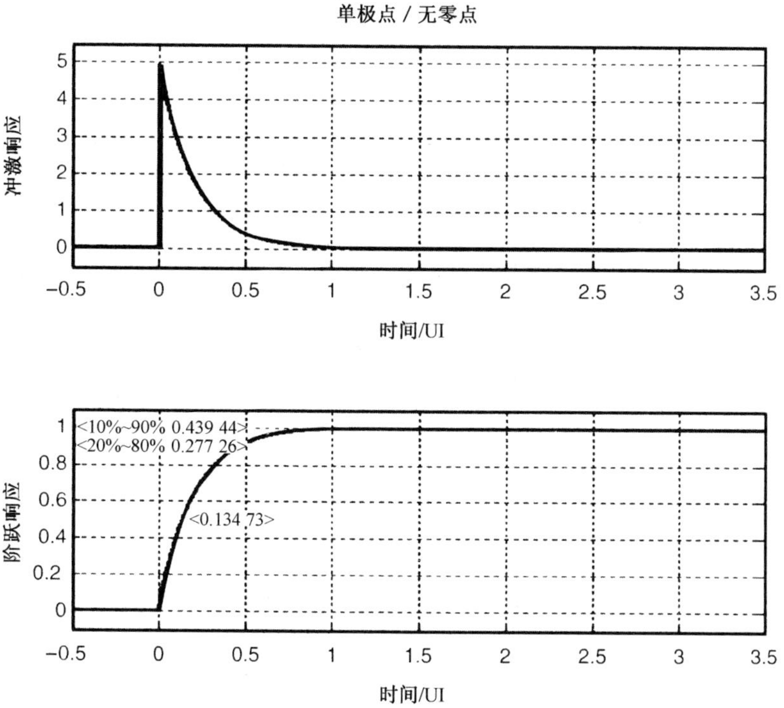

图 10.10　单极点模型：时域的冲激响应和阶跃响应

利用典型的 RLC 电路来实现这个传递函数，欠阻尼的固有频率表示为 $\omega_{\mathrm{n}} = \sqrt{p_n p_k}$，衰减因子 $\zeta = -\dfrac{p_n + p_k}{\omega_{\mathrm{n}}}$。我们定义品质因数 $Q = 1/2\zeta$。注意，3 dB 转折频率取决于衰减因子，截止频率为 ω_n，它与衰减因子独立。

我们将举例说明三种不同的衰减因子条件下的二阶传递函数：欠阻尼 $\zeta < 1$、临界阻尼 $\zeta = 1$和过阻尼 $\zeta > 1$。图 10.11 给出了这三种情况的频域传递函数的幅度和相位响应（伯德图）。

可以根据式(10.18)估算出时域的冲激响应和阶跃响应，如图 10.12 所示。

基于这两类基本的信道传递函数，通过级联方式可以建立任意奇数阶或偶数阶的传递函数。

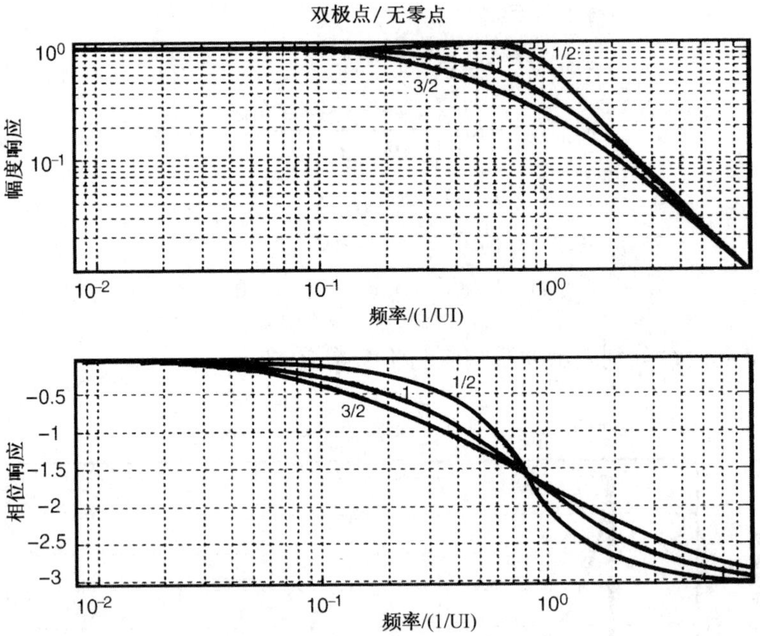

图 10.11 双极点模型(欠阻尼、临界阻尼和过阻尼)：频域幅度响应(上图)和频域相位响应(下图)

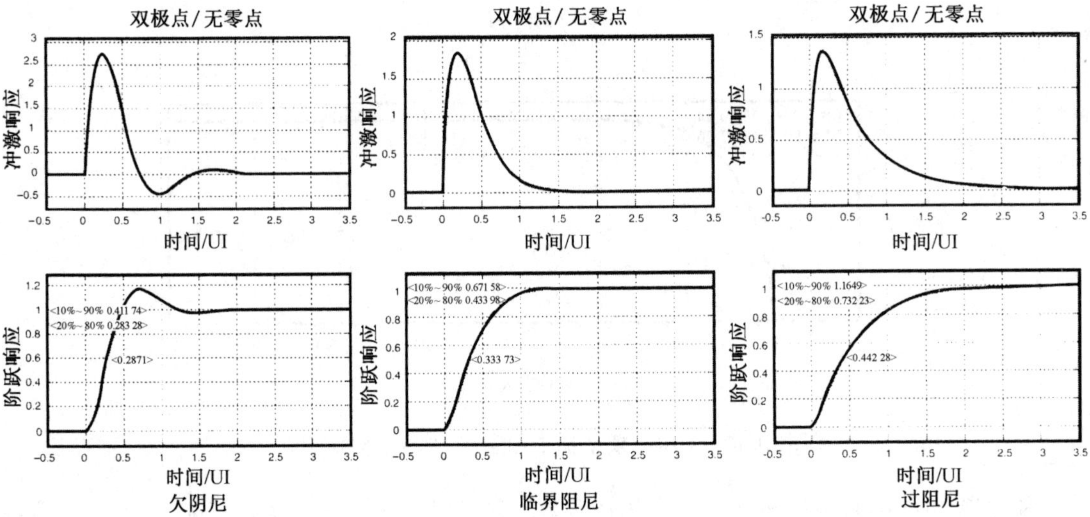

图 10.12 双极点模型(欠阻尼、临界阻尼和过阻尼)：时域冲激响应(上图)和时域阶跃响应(下图)

10.4 接收器建模与分析

图 9.4 给出了接收器子系统的原理框图。这一节的重点是接收器的信令和抖动性能，我们将关注对噪声敏感的数据采样单元、电压驱动器或放大器，以及对时序抖动敏感的时钟恢复单元。图 10.13 是简化的接收器原理方框图。

在这个简化的接收器子系统原理框图中，输入的串行数据被分成两路信号：一路输入到时钟恢复单元，通常采用 PLL 实现其功能；另一路输入到数据恢复单元(又称为数据采样单元)。反馈系统位于均衡单元和数据采样单元之间。数据采样单元的输入是恢复出的时钟和串行输入数据。反馈系统的输入是均衡器的输出。除了提供时钟时序功能外，时钟恢复单元还可以跟踪输入串行数据的低频抖动。均衡的目的是补偿或校正输入信号经过有损信道后出现的失真或 ISI。可以在接收器采用线性和自适应反馈均衡电路，通常反馈均衡又被称为判决反馈均衡(DFE)。线性均衡器的系数是固定的，DFE 的系数可以是固定的，也可以是自适应的，具有很好的灵活性。最后，经过 ISI 信道损耗效应补偿的数据信号加载到电压驱动器或放大器上，以生成接收器输出所需的比特电压电平。

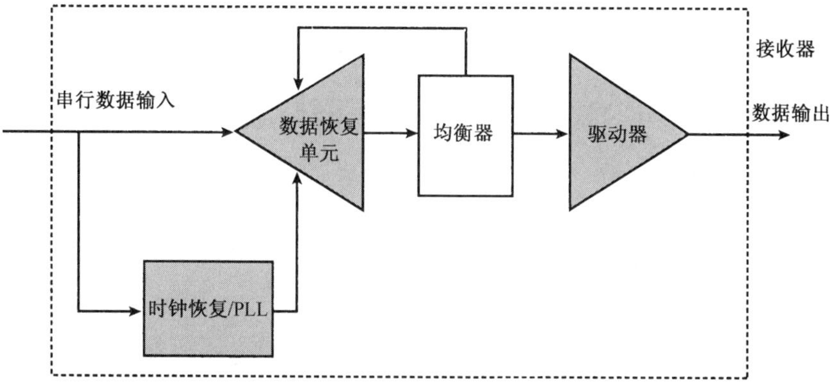

图 10.13　简化的接收器原理框图

信道输出 $y_{CH}(t)$ 作为接收器的输入，在接收器输入引脚处定义信号的输入。引入片上损耗冲激响应 $h_{R1}(t)$ 来表示芯片封装效应和片上互连损耗。输入信号被分离成两路：一路输入到时钟恢复单元；另一路输入到数据恢复或数据采样单元。前面已经讨论过发送器中的线性均衡器，这里将重点放在接收器的 DFE 均衡上，不过需要指出线性均衡和 DFE 都可以作为接收器的均衡方式。因为恢复出的时钟边沿总是来回移动的，以试图与数据比特中的低频抖动相位同步。所以相对于理想的位时钟或无抖动时钟，它也存在着抖动。相对于数据信号时序的抖动可以通过相位调制来建模这个效应，用 $\Delta t_R(t)$ 来表示。DFE 的无限冲激响应(IIR)类型滤波器的系数序列为 $\{d_m\}$。我们用 $n_{Rs}(t)$ 来表示数据采样参考电压的相应噪声。最后，恢复出的数据将被驱动或放大到指定的幅度或功率电平上，$n_{Rd}(t)$ 表示驱动器或放大器产生的幅度噪声。图 10.14 给出的是接下来要使用的接收器子系统行为模型的原理方框图。

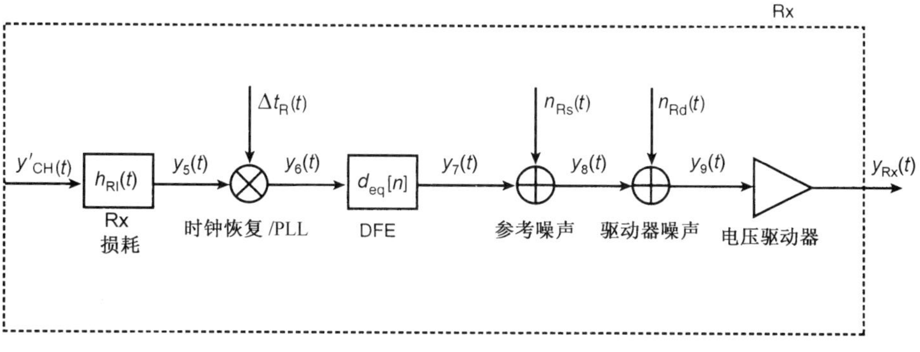

图 10.14　接收器行为模型原理方框图

与发送器类似，接收器行为模型也是“混合信号”类型的。由于信道损耗效应，输入到接收器的信号更像是模拟信号。首先用损耗冲激响应函数来处理片上互连、寄生和封装效应。利用相位调制引入抖动来模拟时钟恢复单元的相位跟踪。它消除了输入数据信号带来的某些相位抖动。这里，包括了采样电压参考噪声和电压驱动器或放大器的影响。但是要指出的是，只有采样参考电压会影响链路的 BER，数据采样后的电压噪声不会影响链路 BER。

如果在信道输出端口和接收器输入前端存在阻抗不匹配，就会产生反射。与发送器处理反射方式类似，假设信道和接收前端的边界位置反射系数是$\rho_{rr}(s)$（同S_{22}），它与频率有关。$\rho_{rr}(t)$表示它的拉普拉斯逆变换。当考虑反射时，信道输出信号为

$$y'_{CH}(t)=y_{CH}(t)-\rho_{rr}(t)*y_{CH}(t) \tag{10.20}$$

如果没有反射，即$\rho_{rr}(t)=0$，则式(10.20)等号右边变回$y_{CH}(t)$的形式。

10.4.1 接收器损耗

通过下面的卷积运算来表示输入信号的接收器片上损耗效应：

$$y_5(t)=y'_{CH}(t)*h_{Rl}(t) \tag{10.21}$$

式中，$y'_{CH}(t)$表示接收器输入信号；$h_{Rl}(t)$是考虑了封装、互连和寄生效应的接收器片上损耗冲激响应。

10.4.2 接收器时钟恢复

假设时钟恢复电路的 s 域传递函数为$H_{CH}(s)$，其对应的时域冲激响应为$h_{CH}(t)$。将理想时序nT_0和调制相位抖动$\Delta t_R(t)$的叠加应用到输入信号$y_5(t)$的时序中，即$t=nT_0+\Delta t_R(t)$。经过时钟恢复之后，信号时序的调制相位抖动取决于时钟恢复单元的传递函数形式。如图 10.15 所示。

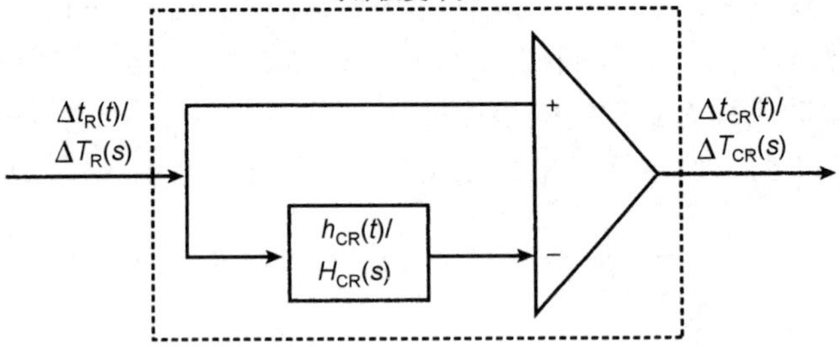

图 10.15 时钟恢复单元的抖动跟踪行为模型

时钟恢复和数据采样输入构成了一个数据和时钟关系的微分方程。在 s 域中，数据采样输入的信号相位抖动如下所示：

$$\Delta T_{CR}(s)=\Delta T_R(s)\left[1-H_{CR}(s)\right] \tag{10.22}$$

式(10.22)右边的第二项反映的是微分关系。时域关系可以用拉普拉斯逆变换得出：

$$\Delta t_{CR}(t)=\Delta t_R(t)*\left[\delta(t)-h_{CR}(t)\right] \tag{10.23}$$

对于大多数时钟恢复电路来说，其传递函数 $H_{CR}(s)$ 是低通函数。例如，PLL 时钟恢复就是低通传递函数。因此，$\lceil 1-H_{CR}(s)\rceil$ 是高通函数。经过时钟恢复电路之后的数据信号相位抖动调制也是高通滤波。时钟恢复后的数据波形时序为

$$y_6(t)=y_5(nT_0+\Delta t_{CR}(t))=y_5(nT_0+\Delta t_R(t)*\left[\delta(t)-h_{CR}(t)\right]) \tag{10.24}$$

与时钟恢复输入的抖动 $\Delta t_R(t)$ 相比，时钟恢复之后的采样输入抖动 $\Delta t_{CR}(t)$ 在低频处衰减。同样地，与 $\Delta t_{CR}(t)$ 对应的 DJ，RJ 和 TJ 的宽带抖动量相比，$\Delta t_{CR}(t)$ 对应的量较小。

10.4.3　接收器均衡

两种接收器均衡的基本方法是线性均衡和 DFE。接收器线性均衡的机制与发送器的情况类似。接收器均衡的目的是消除有损信道产生的 ISI 失真。对于线性非自适应均衡来说，必须预先确定抽头系数。因此，要使线性均衡可以有效工作，信道的可调整性就比较小。接收器均衡相比发送器均衡有一个明显的优点，它可以采用反馈类型的均衡例如 DFE，这是因为接收器具有很灵活的可观察性。可以设计 DFE 均衡器来适应很宽范围内的信道变化。因此，DFE 被广泛应用在接收器均衡中，这是我们研究接收器均衡的重点[12, 13, 14, 15, 16]。

DFE 均衡的实现方法很多，就像 IIR 滤波器有很多实现方法一样。图 10.16 是典型的抽头为 N 的 DFE 实现。与传统的 IIR 滤波器相比，DFE 有一个新的分割电路，实质上是一个数字解码器，分割电路的输出信号为纯数字形式。与 IIR 滤波器相比，分割电路可以滤除所有反馈路径上的噪声，为 DFE 反馈提供了更好的噪声性能和稳定性。

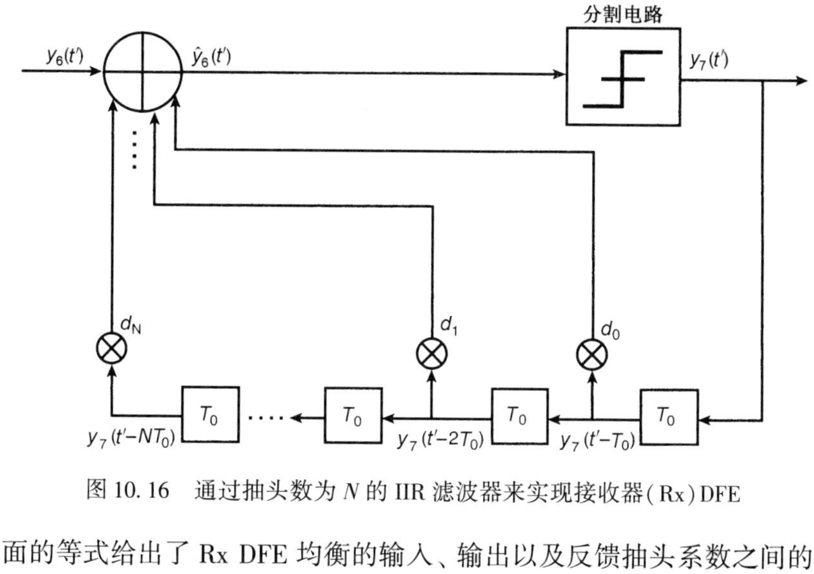

图 10.16　通过抽头数为 N 的 IIR 滤波器来实现接收器(Rx) DFE

通过下面的等式给出了 Rx DFE 均衡的输入、输出以及反馈抽头系数之间的关系：

$$\begin{aligned} y_7(t') &= y_6(t')+d_1y_7(t-T_0)+d_2y_7(t'-2T_0)+\cdots+d_Ny_7(t'-NT_0) \\ &= y_6(t')+\sum_{i=1}^{N}\mathrm{d}_i y_7(t'-iT_0) \end{aligned} \tag{10.25}$$

注意，这里在考虑时钟恢复的抖动跟踪对 DFE 时序的影响时，使用了不同的时序标志。$t'=nT_0+\Delta t_{CR}(t)$。t' 表示跟踪低频抖动的时钟恢复所提供的动态时序。大多数情况下讨论 DFE 时，忽略时钟恢复的抖动跟踪效应。

如果信道损耗是静态的，可以预先确定 DFE 的抽头系数；或者当信道损耗是动态的或时变的时，例如串扰比较严重的信道或对温度敏感的信道，DFE 抽头系数是自适应的。类似于发送器的线性均衡，如果要预先确定 DFE 抽头系数，需要已知信道的 S 参数，或者已知冲激响应或阶跃响应。对于自适应均衡来说，需要附加数字控制电路。通过最小化分割电路的输入($\hat{y}_6(t')$)和输出($y_7(t')$)之间的差值来决定抽头系数。可采用的最小化方法很多，例如最小均方(LMS)、强制零以及最陡下降等[13, 14, 16]。

与发送器均衡相比，Rx DFE 对每一个比特位都提供了自适应均衡能力。在抽头系数动态调整方面具有更大的动态范围、更好的调整分辨力和灵活性。Rx DFE 的局限性包括缺乏直接测量验证 DFE 抽头系数的能力，从而对 DFE 的验证和测试提出了挑战。DFE 均衡是基于当前比特位(cursor)之后的数据比特（后位，post-cursor)电压信息，因此它无法补偿当前比特位之前的数据比特（前位，precursor)的信道失真效应。这样的局限性并不出现在发送器均衡上。一般来说，为了补偿前位和后位的影响，实际系统设计中通常采用发送器线性均衡和接收器 DFE 均衡的方式。

图 10.17 示例的是接收器 DFE 均衡后的眼图睁开程度。接近闭合的眼图在经过接收器 DFE 均衡后变成了睁开度很大的眼图。

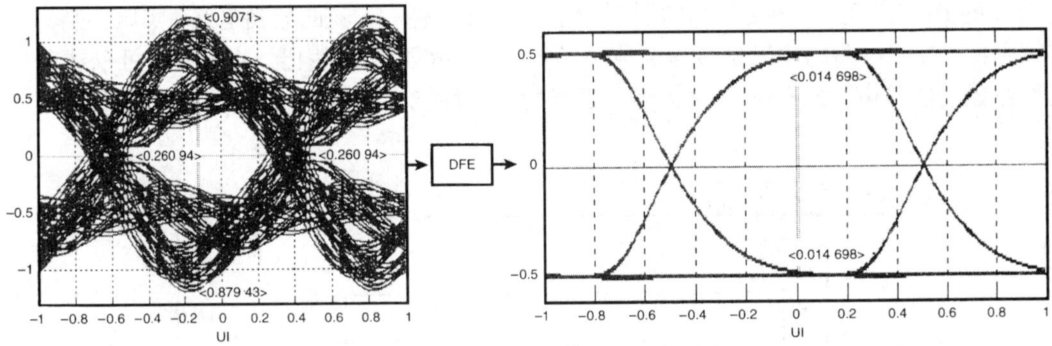

图 10.17 接收器 DFE 对接近闭合的眼图的影响

10.4.4 接收器参考电压噪声的幅度调制表示

接收器数据采样是在采样时间点上，基于参考电压来决定接收数据比特逻辑电平的。因此，参考电压的精度就决定了逻辑位判决的精度。我们将参考电压的不准确性建模成幅度噪声，用 $n_{\mathrm{Rs}}(t)$来表示。$n_{\mathrm{Rs}}(t)$和输入数字波形之间是加性关系，可以看成幅度调制或幅度扰动。对于发送器来说，这个幅度调制可以表示为

$$y_8(t) = y_7(t) + n_{\mathrm{Rs}}(t) \tag{10.26}$$

10.4.5 接收器驱动电压噪声的幅度调制表示

由于信道损耗，在接收器通常采用电压驱动器来增强信号电平，以保证数据比特能够被正确地检测到。电压驱动器中的放大器在增强信号电平的同时也可能产生了幅度噪声。我们用 $n_{\mathrm{Rd}}(t)$来表示驱动放大器相应的噪声。在数学上，我们将驱动放大噪声看成类似于电压参考噪声的小信号扰动。这个加性噪声调制关系将驱动器电压噪声输入与输出联系起来，如下所示：

$$y_9(t) = y_8(t) + n_{\mathrm{Rd}}(t) \tag{10.27}$$

式(10.26)和式(10.27)合并后，抵消中间变量 $y_8(t)$，产生了一个新的信号关系，其中包括两种不同类型的噪声源影响，如下所示：

$$y_9(t) = y_7(t) + n_{\mathrm{Rs}}(t) + n_{\mathrm{Rd}}(t) \tag{10.28}$$

10.4.6　接收器驱动器

与发送器的例子相同，接收器中最后一环采用电压驱动器或光驱动器来增强信号。我们将最后一级驱动单元建模成理想的模数转换器，它可以产生一定电压电平或光功率量级的波形。我们用下面的公式来表示这个理想的线性放大模数转换器：

$$y_{Rx}(t) = By_9(t) \tag{10.29}$$

式中，B 表示通过驱动器获得的电压或功率增益。这个公式给出了接收器恢复波形的端到端模型。因为这是最后一级的链路信令，它就是链路的最终端到端信号输出。

与发送器建模类似，在不同的观测点或测试点上的信号输出也是级联形式的。换句话说，前面子系统的输出是当前子系统的输入。结合所有的接收器子系统，可以用一个单一的表达式来表示从发送器数字输入开始到接收器恢复信号结束的端到端的信令关系，这样的公式是复杂又冗长的。但是，可以利用前面介绍过的级联方式来表示这个关系。

只要得到接收器输出波形和幅度的时域函数，就可以建立相应的眼图和误码率的累积分布函数(BER CDF)。可以依次采用第 5 章和第 6 章中介绍的方法来分析得到眼图睁开程度、总抖动、DJ 和 RJ。

10.5　小结

本章的主要内容是利用线性时不变(LTI)理论和信令、抖动、噪声的叠加规则对链路系统和子系统进行行为建模。这个方法是通用的，不需要具备电路的深入知识。但实际上它还是基于电路实现的普通物理特性的，并不是纯粹的数学抽象。

对于发送器，讨论了子系统的数字数据比特信息、均衡(预加重及去加重)、参考时钟或 PLL 带来的时序抖动调制、由于放大导致的幅度噪声调制、片上链路和封装的损耗、电压或功率驱动，以及由于阻抗或折射系数不匹配引起的反射。各个子系统输出端的信号波形都是由物理及特性参数描述的前端线性时不变子系统级联叠加的结果。利用发送器的输出波形，可以估计抖动、噪声，以及相应眼图的睁开及闭合度。

我们详细讨论了基于线性时不变理论的信道建模和表征，考虑损耗、串扰和反射效应，并对其进行建模。讨论了信道冲激响应、阶跃响应和 S 参数的确定及表征。特别是对它们之间的相互关系进行了讨论和论证。最后根据冲激响应、阶跃响应或 S 参数的属性对信道输出信号波形进行分析。

对于接收器，我们讨论了子系统的片上封装和互连损耗、时钟恢复输出时序和抖动跟踪、均衡(线性和 DFE)、参考电压和幅度噪声引入的幅度调制，以及电压和功率驱动器等，对它们进行建模分析。同时，对信道和接收器输入前端之间由于阻抗或折射系数不匹配造成的反射进行了讨论和建模。与发送器和信道的建模类似，各接收器子系统的信号波形都用它们之前的线性时不变级联子系统的物理参数和特性函数来表示。在接收器的输出波形的基础上，可以对相应的眼图睁开程度、抖动和噪声进行估计分析。需要注意的是，这里接收器眼图的睁开度或闭合度、抖动和噪声都是针对包括所有信号级联在内的整个链路建模而言的。

参考文献

1. E. Lee and D. Messerschmitt, *Digital Communications*, Kluwer Academic Publishers, 1995.
2. A. X. Widmer et al., "Single-chip 4*500MBd CMOS Transceiver," IEEE Int. Solid-State Circuits Conf., pp 126–127, Feb. 1996.
3. B. Casper et al., "8 Gb/s SBD link with on-die waveform capture," IEEE Journal Solid-State Circuits, vol. 38, no. 12, pp. 2111–2120, Dec. 2003.
4. B. Casper et al., "An accurate and efficient analysis method for multi-Gb/s chip-to-chip signaling schemes," in IEEE Symp. VLSI Circuits Dig. Tech. Papers, pp. 54–57, June 2002.
5. V. Stojanovic and M. Horowitz, "Modeling and analysis of high-speed links," IEEE Custom Integrated Circuits Conference, pp. 589–594, Sept. 2003.
6. A. Sanders, M. Resso, and J. D'Ambrosia, "Channel compliance testing utilizing novel statistical eye methodology," Designcon, 2004.
7. M. Aoyama et al., "0.85 PW, 33 fs laser pulse generation from a Ti:sapphire laser system," Lasers and Electro-Optics (CLEO) Conference, 2003.
8. Agilent, "S-parameter design," Application Notes AN 154, 1990.
9. David M. Pozar, *Microwave Engineering*, Third Edition, John Wiley & Sons, Inc., 2005.
10. A. V. Oppenheim, A. S. Willsky, and I. Young, *Signals and Systems*, Chapters 4 and 9, Prentice-Hall, Inc., 1983.
11. J. Sun and M. Li, "A generic test path and DUT model for datacom ATE," IEEE International Test Conference (ITC), 2003.
12. R. Payne et al., "A 6.25-Gb/s binary transceiver in 0.13/splmu/m CMOS for serial data transmission across high loss legacy backplane channels," IEEE J. Solid-State Circuits, vol. 40, no. 12, pp. 2646–2657, Dec. 2005.
13. V. Sotjanovic et al., "Adaptive equalization and data recovery in a dual-mode (PAM2/4) serial link transceiver," IEEE Symposium on VLSI Circuits, June 2004.
14. J. E. Jaussi et al., "An 8 Gb/s source-synchronous I/O link with adaptive equalization, offset cancellation and clock deskew," in IEEE Int. Solid-State Circuits Conf., Dig. Tech. Papers, vol. 1, pp. 246–247, Feb. 2004.
15. K. Ksishna et al., "A 5Gb/s NRZ transceiver with adaptive equalization for backplane transmission," in IEEE Int. Solid-State Circuits Conf., Dig. Tech. Papers, vol. 1, pp. 64–65, Feb. 2005.
16. J. Zerbe et al., "Comparison of adaptive and non-adaptive equalization methods in high-performance backplanes," IEC DesignCon, 2005.

第 11 章　高速链路抖动及信令完整性的测试与分析

本章的重点是 I/O 链路系统的抖动和信令的测试。首先讨论链路信令及其在制定测试需求和测试方法中的主导地位；然后介绍主流链路体系结构框架下链路子系统的特殊测试需求和测试方法，包括发送器(Tx)输出、信道输出、接收器(Rx)输入及其冗余度、PLL 输出和参考时钟输出。重点是时钟恢复(CR)及相应的抖动传递函数(JTF)、均衡（EQ)、抖动分量、抖动和信令测试时的统计采样等内容。同时还介绍了抖动和信号完整性的系统级测试，例如环回及相应的 I/O 内建自测试(BIST)。

本章给出了对标称和高级链路的发送器、接收器、信道、参考时钟和锁相环等各部件进行基于 BER 的抖动、均衡测试技术的阐释与分析，可以作为扩展选读内容。

11.1　链路信令及其对测试的影响

在第 9 章中，我们介绍了两种常用的链路体系结构(根据时钟恢复电路来区分)：数据驱动时钟恢复体系结构(见图 9.1)、数据–参考时钟驱动或公共时钟驱动体系结构(见图 9.2)。对于任意的串行数据链路信令来说，时钟恢复电路(CRC)是必不可少的组件，因为从发送器到接收器的传输过程中不再专门发送同源时钟。因此在测试串行链路的时候，必须考虑将时钟恢复作为测试中的必要条件。这种具有时钟恢复功能的链路信令类型称为标称串行链路。随着数据速率不断提高，除了时钟恢复外还需要更先进的信令技术，例如发送器和/或接收器均衡，这种既具有时钟恢复功能又具有均衡电路功能的链路信令类型称为高级串行链路。我们将在数据驱动和公共时钟链路体系结构的框架下讨论标称链路和高级链路信令。

11.1.1　标称链路信令测试的含义

在接收器中，最需要进行抖动或信令测试的子系统应该是标称链路信令中的时钟恢复单元。时钟恢复具有很多功能，从数字电路的角度来看，时钟恢复单元为接收器提供时钟，对输入数据流进行采样。从抖动和信令的角度来看，时钟恢复可以跟踪与输入数据流相关的低频抖动。

11.1.1.1　时钟恢复和抖动传递函数

测试串行链路及其子系统的观测点或参考点通常定义在发送器输出、参考时钟输出以及接收器输入的位置[1, 2, 3, 4]。一个性能良好链路的最终目标是使带有时钟恢复能力的接收器达到整体系统所要求的 BER 水平。因此，时钟恢复的特性指标将直接影响链路系统的 BER 性能。正如在图 10.15 中所看到的那样，数据流和恢复时钟之间的相位差决定了接收器数据采样触发器的总抖动和眼图闭合程度。这意味着要利用时钟与数据之间的“差函数”来测试抖动，如图 11.1 所示。

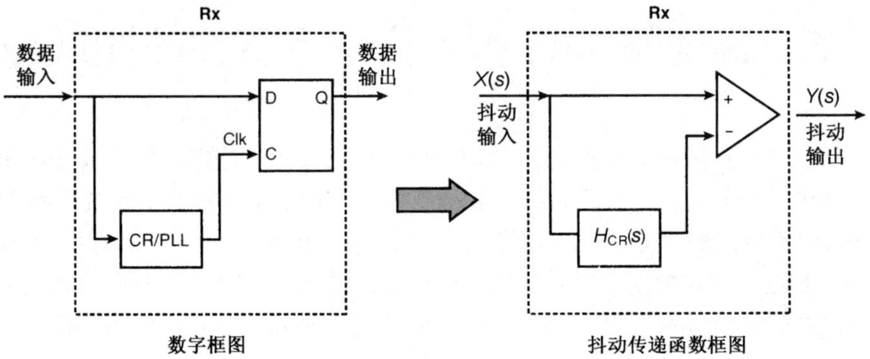

图 11.1 接收器数字框图及抖动传递函数框图

对于接收器观察到的抖动数据，通过数据输入和时钟输入之间的相位差为其定义一个“差函数”关系。与接收器 BER 相关的眼图闭合程度或者抖动与这个差函数有关。在复 s 域中，抖动输入 $X(s)$ 和输出 $Y(s)$ 可以表示如下：

$$Y(s) = X(s)\left[1 - H_{CR}(s)\right] \tag{11.1}$$

抖动传递函数定义如下：

$$H_{JTF} = \left[1 - H_{CR}(s)\right] \tag{11.2}$$

对于式(11.1)，有两点需要强调。首先，传递函数的概念适用于接收器所观察到的波形或眼图。这种情况下，$X(s)$ 表示输入信号波形，$Y(s)$ 表示输出信号波形。其次，在式(11.1)和式(11.2)中假设数据信道和时钟恢复信道之间的传输延迟可以忽略不计。一个好的设计目标允许数据信道和时钟恢复信道之间保留小的传输延迟。但是，如果传输延迟太大而不能忽略时，则必须在上述两个公式的 $H_{CR}(s)$ 项之前加一个延迟项 $\exp(-sT_d)$，其中 T_d 表示传输延迟。

大多数的时钟恢复电路都是一个低通传递函数，例如基于 PLL 的时钟恢复。换句话说，$H_{CR}(s)$ 是低通函数。因此，抖动传递函数 $H_{JTF}(s)$ 是高通函数。$H_{CR}(s)$ 和 $H_{JTF}(s)$ 之间的关系和特性描述如图 11.2 所示。

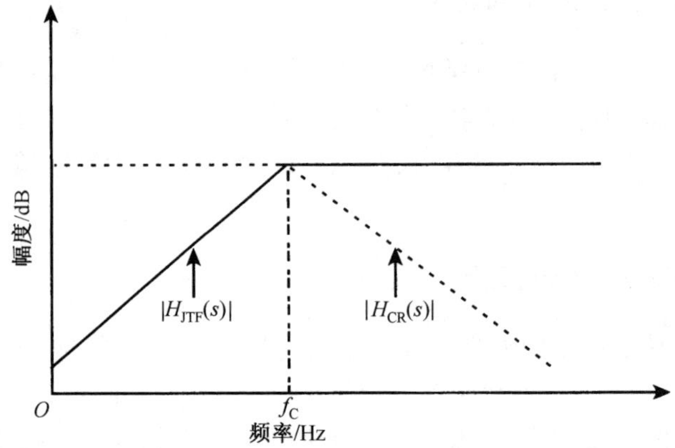

图 11.2 时钟恢复单元的传递函数 $H_{CR}(s)$ 和抖动传递函数 $H_{JTF}(s)$

11.1.1.2　抖动传递函数与链路测试

当测试发送器时，为了考察抖动或信号的输出，必须将接收器的 JTF 考虑在内。应当将抖动和信令与系统的 BER 关联起来，系统 BER 与接收器的时钟恢复性能有很大关系。JTF 的输入$X(s)$可能是位于接收器输入端口处的发送器输出或者信道输出。换句话说，当测试发送器输出时，我们假设参考接收器与理想的无损信道相连。由于接收器的 JTF 是一个高通滤波函数，那么发送器输出的低频抖动将被衰减。因此，如果时钟恢复的设计合理，则可以允许系统的发送器带有一定量的低频抖动，这样就可以采用一些低成本的元件，即使它们本身会引入噪声和抖动。反过来说，使用时钟恢复功能可以在保持高性能的同时降低高速链路的成本。图 11.3 中分别给出了在有时钟恢复功能和没有时钟恢复功能的条件下测试到的发送器信号眼图和抖动。

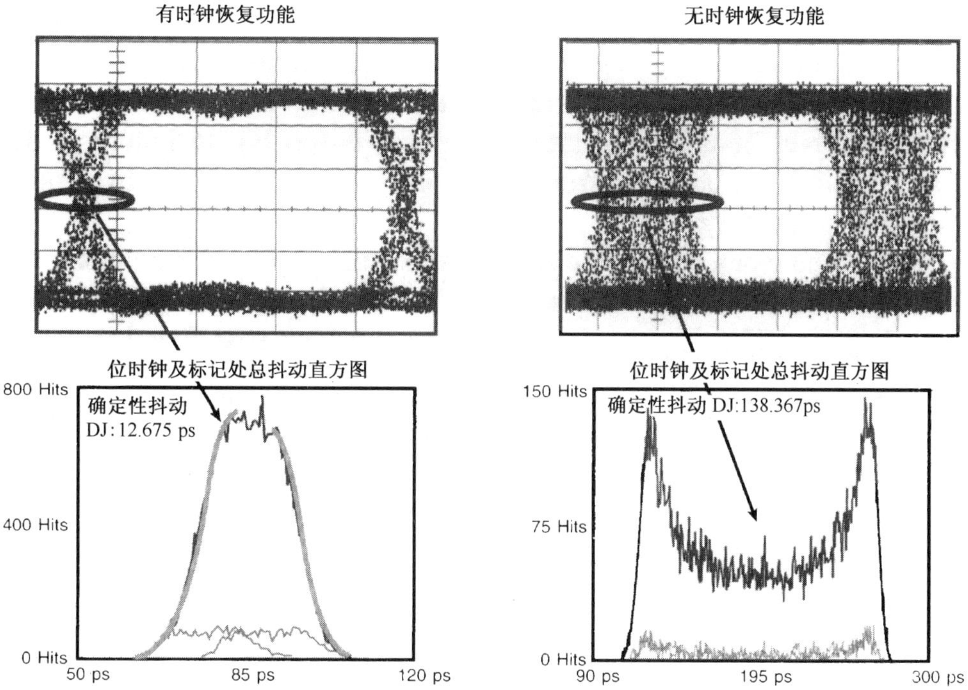

图 11.3　有时钟恢复功能和无时钟恢复功能条件下的眼图和抖动测量结果

除了信号输入的灵敏度以外，另一个测试的重点是接收器抖动冗余度，它与时钟恢复和抖动冗余度的函数直接相关。目的是要确保接收器的时钟恢复设计正确，并且能够跟踪低频抖动。由于时钟可以跟踪低频抖动或者减弱低频抖动，也就是说相对于高频抖动，接收器可以容忍更多的低频抖动。这里，用 $H_{TOR}(f)$ 表示接收器抖动冗余度模板，定义为 JTF 的倒数：

$$H_{TOR}(f)=\frac{1}{|H_{JTF}(s)|} \tag{11.3}$$

抖动冗余度函数如图 11.4 所示。

给定一组频率和幅度来扫描周期性抖动，典型的接收器冗余度模板定义在对应于 10^{-12} BER 水平上。因此，冗余度模板值是实际周期性抖动的下限，如果接收器能够容忍的周期性抖动量小于模板值，则接收器将无法通过冗余度测试；相反，如果接收器能够容忍的周期性抖动量大于模板值，则接收器就能够通过冗余度测试。

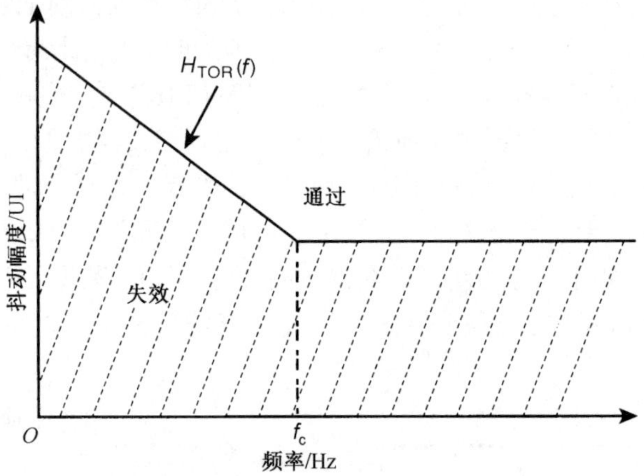

图 11.4 抖动冗余度模板函数和通过/失效的准则

除了通过接收器时钟恢复得出的 JTF 外，抖动和信号眼图测试也必须服从统计规则。因此，总时序抖动眼图闭合程度和幅度噪声眼图闭合程度要满足通常要求的 10^{-12} BER 水平。这样严格的要求意味着进行直接测试需要很长的测试时间。除了时钟恢复外，下一节中还将讨论使用各种不同的均衡方法对高级链路体系结构进行测试。

11.1.2 高级链路信令测试

正如第 10 章所述，随着数据传输速率的不断提高，已经开发了各种均衡电路来减小由于有损信道造成的符号间干扰(ISI)。均衡电路可以单独应用于发送器或接收器，也可以同时应用。图 11.5 给出了发送器和接收器都采用均衡电路时的高级串行链路信令，图中还给出了在均衡前和均衡后均衡功能对信号质量的影响。

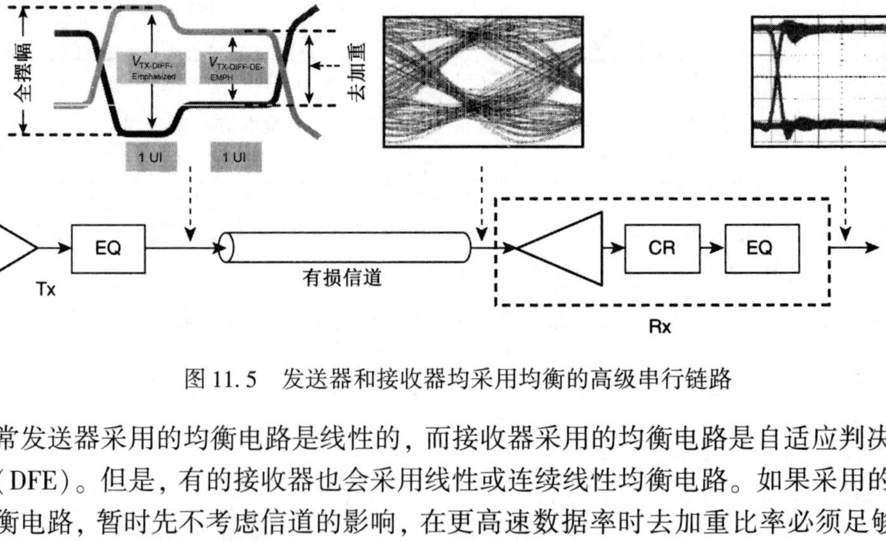

图 11.5 发送器和接收器均采用均衡的高级串行链路

通常发送器采用的均衡电路是线性的，而接收器采用的均衡电路是自适应判决反馈均衡类型的(DFE)。但是，有的接收器也会采用线性或连续线性均衡电路。如果采用的是线性发送器均衡电路，暂时先不考虑信道的影响，在更高速数据率时去加重比率必须足够大，以使得发送器输出的眼图或抖动不会影响接收器观察到的眼图或抖动。换句话说，当测试中加入信道损耗以及用规定值测试全摆幅位流和去加重位流的各种情况时，就必须消除由于发送器均衡对眼图闭合和抖动的影响。在更高的数据传输速率，当接收器的眼图闭合时，除非在测试过程中考虑接收器的均衡，否则就无法采用传统的眼图测试方法。这些例子清楚地表明，高级信令链路中的均衡化是必备的，在抖动和信令测量过程中必须考虑均衡方法和信道损耗特性。本节主要介绍均衡测试的含义，首先介绍发送器的均衡，然后转到接收器的均衡。需要注意的是，与均衡对应的测试新需求是要添加的内容，而不是去替代标称链路信令中讨论的时钟恢复 JTF。完整的测试需求应当包括时钟恢复和均衡电路两方面的影响。

11.1.2.1　发送器均衡与测试

均衡的实质是修正或补偿有损信道造成的波形失真。如果发送器加入均衡功能，假设补偿效果很好并且信道阻抗匹配，那么接收器输入端口的波形应当和发送器输出端口的波形一致。发送器均衡机理的示意图如图 11.6 所示。

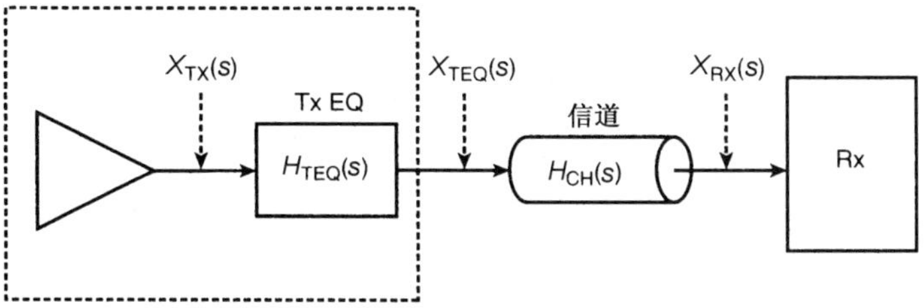

图 11.6　发送器均衡的线性系统框图

在复 s 域中用 $X_{Tx}(s)$ 表示理想的 Tx 输出波形，Tx 均衡的传递函数用 $H_{TEQ}(s)$ 表示，有损信道传递函数为 $H_{CH}(s)$，信道输出或 Rx 输入为 $X_{Rx}(s)$。如果补偿效果理想，则 $X_{RX}(s)=X_{TX}(s)$。从数学的角度来看，可以得出下列关系式：

$$X_{TEQ}(s)=H_{TEQ}(s)X_{TX}(s) \tag{11.4}$$

和

$$X_{RX}(s)=H_{CH}(s)X_{TEQ}(s)=H_{CH}(s)H_{TEQ}(s)X_{TX}(s) \tag{11.5}$$

在理想均衡条件下，为实现 $X_{TX}(s)=X_{RX}(s)$，所以发送器均衡和信道传递函数的乘积必须为 1，才能确保式(11.5)成立。可得下式：

$$H_{TEQ}(s)=\frac{1}{H_{CH}(s)} \tag{11.6}$$

式(11.6)表示在发送器理想均衡时，它的传递函数和信道传递函数互为倒数，这是设计发送器均衡器的通用准则。如果 $H_{CH}(s)$ 是低通函数(适用于大多数的有损信道情况)，那么必须增强 $H_{TEQ}(s)$ 的高频部分增益。关于 $H_{CH}(s)$ 和 $H_{TEQ}(s)$ 之间互为倒数关系的定性分析如图 11.7 所示。

对于发送器均衡，我们可以测量 $X_{TEQ}(s)$。然而，接收器所关心的或可以观察到的是 $X_{RX}(s)$。因此，我们需要将观测量 $X_{TEQ}(s)$ 转化为 $X_{RX}(s)$，也就是接收器所能看到的波形。如果补偿效果理想，则可以通过式(11.4)来实现：

$$X_{RX}(s)=X_{TX}(s)=\frac{X_{TEQ}(s)}{H_{TEQ}(s)} \tag{11.7}$$

对于发送器均衡测试来说，需要定义均衡传递函数，并在式(11.7)中用到它。这是对发送器输出测试提出的新需求，包括波形、抖动和 BER 等方面。测量仪器或测试设备应当具备构建发送器均衡传递函数的能力。

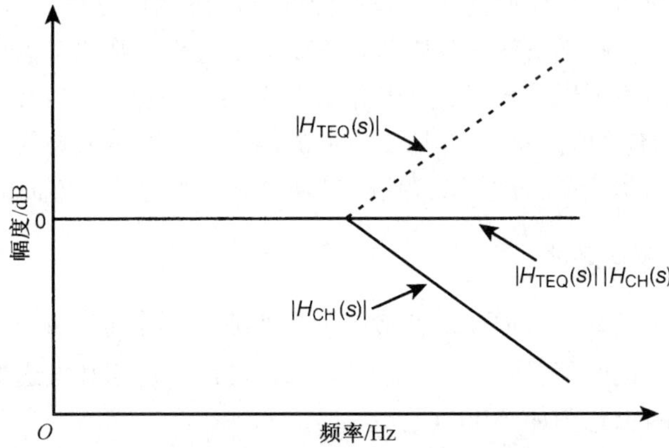

图 11.7　传递函数的相互关系

发送器的抖动或输出通过发送器均衡传递函数映射到接收器的优点是不用将全摆幅位流和去加重位流分开对待，简化了测试复杂度。另一种合理的方法是单独测试全摆幅位流和去加重位流，保证它们能够满足眼图模板的要求。但这种方法不像第一个方法那样简单直观。

在接收器测试抖动和信令时，我们强调了要将 $X_{TEQ}(s)$ 转换为 $X_{RX}(s)$。在验证均衡传递函数 $H_{TEQ}(s)$ 时，$X_{TEQ}(s)$ 也是很有用的。

11.1.2.2　接收器均衡与测试

如果在接收器上实现均衡，假设均衡或补偿是理想的，那么在均衡输出或触发器输入位置采样得到的波形应当与发送器输出的波形一致。这里，我们重点讨论信道损耗，并假设发送器到信道以及信道到接收器都是阻抗匹配的。图 11.8 给出了基于 LTI 理论的接收器均衡的机理。

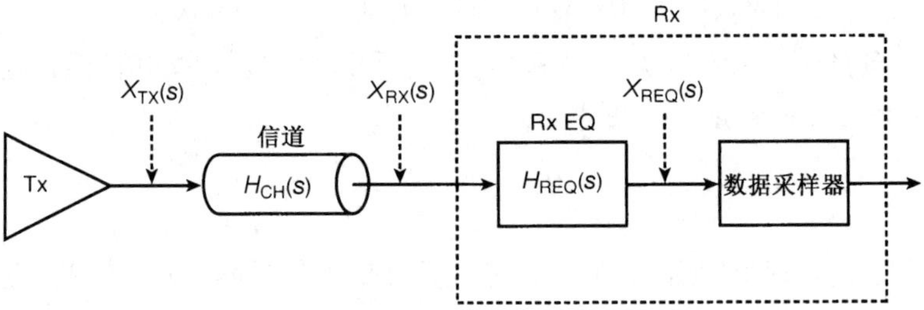

图 11.8　接收器均衡的线性系统框图

与发送器均衡类似，这里 $X_{TX}(s)$ 表示理想的发送器输出波形，$H_{CH}(s)$ 表示有损信道的传递函数，信道输出或 Rx 输入用 $X_{RX}(s)$ 表示，$H_{REQ}(s)$ 表示 Rx 的均衡传递函数，输出用 $X_{REQ}(s)$ 表示。如果补偿效果理想，则 $X_{REQ}(s)=X_{TX}(s)$。从数学的角度来看，可以得出下列关系式：

$$X_{RX}(s)=H_{CH}(s)X_{TX}(s) \tag{11.8}$$

和

$$X_{REQ}(s)=H_{REQ}(s)X_{RX}(s)=H_{REQ}(s)H_{CH}(s)X_{TX}(s) \tag{11.9}$$

如果是理想均衡，因为 $X_{REQ}(s)=X_{TX}(s)$，那么接收器均衡和信道传递函数的乘积必须等于1，以保证式(11.9)成立。可以得到下式：

$$H_{REQ}(s)=\frac{1}{H_{CH}(s)} \tag{11.10}$$

式(11.10)说明对于理想的接收器均衡，它的传递函数和信道传递函数互为倒数，这是设计接收器均衡器的通用准则。如果 $H_{CH}(s)$ 是低通函数(适用于大多数的有损信道情况)，那么必须增强 $H_{REQ}(s)$ 的高频部分增益。$H_{REQ}(s)$ 的特性描述和发送器均衡的 $H_{TEQ}(s)$ 相似。图 11.7 所示的 $H_{TEQ}(s)$ 的性质同样适用于 $H_{REQ}(s)$。

接收器输入端口的观察量是 $X_{RX}(s)$。在更高速的数据速率情况下，$X_{RX}(s)$ 会高度失真，其对应的眼图闭合，这就使得眼图不再是衡量接收器输入信号抖动和信号完整性的有效度量。此时，接收器或链路 BER 由均衡器输出或数据采样输入的波形 $X_{REQ}(s)$ 决定。为了将观测数据与接收器 BER 联系起来，需要将 $X_{RX}(s)$ 转换为接收器采样输入位置的 $X_{REQ}(s)$。这一点可以通过式(11.9)来实现：

$$X_{REQ}(s)=H_{REQ}(s)\,X_{RX}(s) \tag{11.11}$$

对于测试接收器均衡的信道输出或接收器输入，需要定义均衡传递函数，并用于式(11.11)中。这是对测试信道输出提出的新要求(明确发送器和信道的抖动和信令特性)，包括波形、抖动和 BER。测试信道输出或发送器输入端口的测量仪器或测试设备应当具备构建接收器均衡传递函数的能力。

与发送器输出 $X_{TEQ}(s)$ 经过均衡后的情况不同，无法从外部得到或测量出接收器波形 $X_{REQ}(s)$，除非进行特殊的设计从接收器的外部引脚输出该信号。通常利用接收器冗余度测试来验证接收器均衡传递函数 $H_{REQ}(s)$。但是，如果用数字滤波器来实现 $H_{REQ}(s)$，那么将很难验证 $H_{REQ}(s)$ 的确切形式或抽头系数，除非在接收器中采用 BIST 电路[5]。

这里有一个问题：对于发送器和接收器都采取均衡的链路，应该如何测试？实际上，它与两者中仅实现一个均衡的情况下发送器和接收器测试是相同的。理想均衡情况下，均衡和信道传递函数满足下述公式：

$$H_{TEQ}H_{REQ}(s)=\frac{1}{H_{CH}(s)} \tag{11.12}$$

但是在实际情况中，因为电路复杂度、电源功耗和总体成本等各方面的问题，很少找到这样一种方法进行测试。事实上，当信道损耗不是很严重的时候，通常使用发送器均衡，实现简单且测试方便。当信道损耗比较严重的时候，通常使用接收器均衡，因为这样可以很容易使接收器均衡具有自适应能力。

11.2 发送器输出测试

测试目标不同，测试需求和相应的测试方法自然也不同。对于串行链路子系统/部件的测试，一个重要的需求是总体功能和系统 BER。因此，如果在发送器或接收器上采用均衡，就应当测试发送器输出端口的抖动和信令，而不是测试接收器和信道。正如前面章节讨论的那样，对标称的和高级的链路信令测试所涉及的内容是不同的。因此，我们将分别讨论这两种类型截然不同的链路信令的测试需求和方法。

11.2.1 标称串行链路信令的发送器测试

统计学上对发送器抖动和信令测试最好的表示方法应当是眼图。对于给定的串行链路体系结构或标准技术规范，用来构建眼图的参考时钟应该是符合接收器特性描述的恢复时钟。通常用对应于 BER = 10^{-12}水平的菱形眼图模板来定义相应的区域边界。波形中任何电压和时间的采样如果落入这一区域内都会导致比特错误。测试装置、眼图和 10^{-12}眼图模板的示意图如图 11.9 所示。第 9 章已经讨论过，这种测试方法对于数据驱动和公共时钟串行链路的发送器都适用。在公共时钟链路体系结构中，用于测试发送器的参考时钟必须是规则或无抖动的。

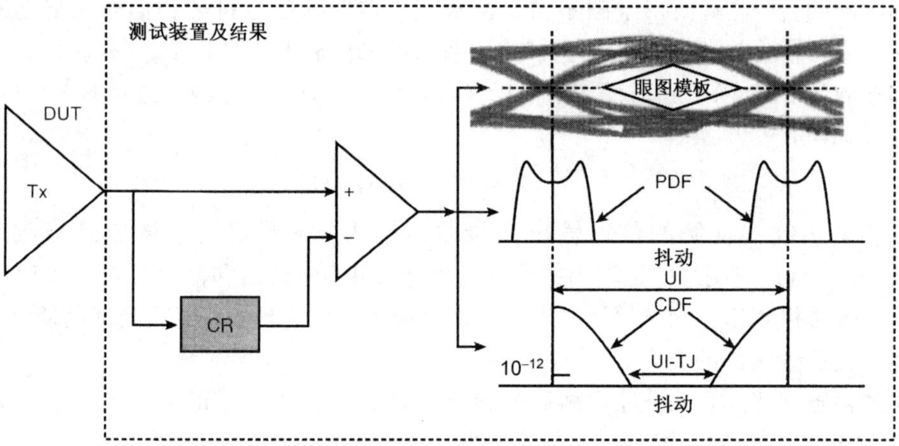

图 11.9 未采用均衡的发送器测试装置及结果

有了测量的眼图或者抖动的 PDF 和噪声的 PDF，就可以根据第 5 章和第 6 章中介绍的方法对抖动和噪声进行分析。眼图或波形反映了一个或多个单位间隔里的电压测量值和时间测量值。根据这些信息，可以获得峰-峰值、共模电压、上升/下降时间以及过冲/下冲。需要注意的是，BER = 10^{-12}水平时的 TJ 和 TN 值可以通过就地测量或 RJ 高斯建模内插来获得。就地测量的精度高，但会占用较多的测量时间。基于模型的方法占用的测量时间较少，但是如果低概率区域的分布或高概率的 PDF 偏离了高斯形式时，该方法的精确度就会受到影响。

很多的测试和测量平台包括采样示波器(SO)、实时示波器(RTO)、时间区间分析仪(TIA)和误码率测试仪(BERT)，都可以测量波形、眼图、抖动 PDF 和 CDF。测试平台可以由上述的一个或多个仪器组成，容量、功能和性能根据特定的模型会有所不同。关于更详细的内容，请参考专门的测试和测量仪器商的网站。在这里只重点介绍通用的测试需求和方法。

11.2.2 高级串行链路信令的发送器测试

前面章节中讨论了标称串行链路的发送器测试，它没有包括均衡功能。如果采用了均衡，发送器测试就需要去适应均衡条件下新的测试需求。而且，新的测试需求根据均衡是在发送器还是在接收器上实现，以及采用的均衡类型不同而要求各异。本节中讨论发送器均衡或接收器均衡条件下的发送器测试。这里要求接收器具有时钟恢复功能。

11.2.2.1　发送器均衡的链路信令

如 10.2 节所述，通常的发送器均衡是用线性滤波器去加重实现的。有效的测试方法要求在测试装置中建立时钟恢复和发送器均衡求逆的传递函数[式(11.7)所示的 $1/H_{TEQ}(s)$]。本节中只需要测试一个眼图及其抖动的 PDF 和 CDF。相应的测试装置如图 11.10 所示。

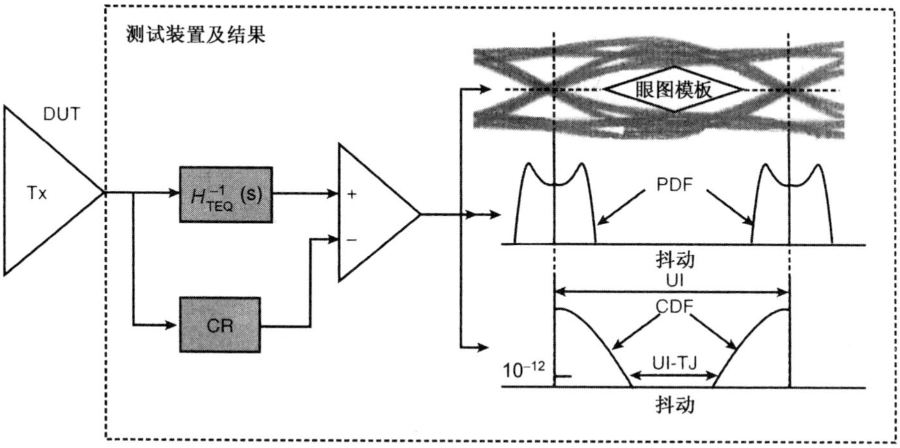

图 11.10　采用均衡功能的发送器测试装置

这种方法只需要处理一个眼图。通过波形或眼图可以确定电压值和上升/下降时间。从眼图中可以得到抖动的 PDF, BER CDF, DJ, RJ 和 TJ。

另一种测试方法要确保全摆幅和去加重电压满足它们各自不同的目标值。可以将全摆幅位流和去加重位流分别分组，构建成两个眼图。因此，该测试方法中两种类型的眼图都对应着各自的眼图模板。这两个眼图模板之间最大的不同是眼图的高度。图 11.11 给出了这种测试方法。

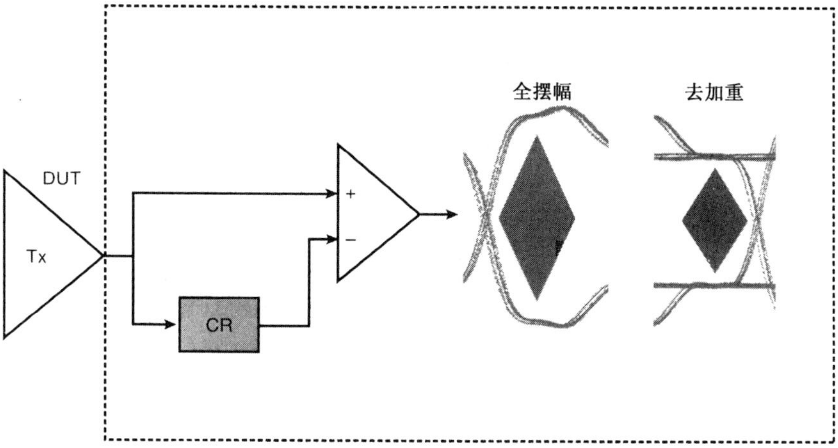

图 11.11　建立眼图模板的发送器均衡测试装置

在这种方法中，发送器均衡要为全摆幅眼图和去加重眼图建立两个眼图模板。相应地，每个眼图有两组电压、上升/下降时间、DJ、RJ 和 TJ 值。这种方法不像第一种方法那样简单直观。

11.2.2.2 接收器均衡的链路信令

如前所述，均衡也可以在接收器上实现，DFE 是一种常用的接收器均衡方法。如果想测试接收器带有 DFE 功能时的发送器，必须在测量仪器内建 DFE 功能。可以为 DFE 建立一个与光纤信道标准[4]的“金锁相环”相类似的概念，定义 DFE 抽头数量和抽头系数，实现“金 DFE”。因此，测量设备的参考接收器应当明确时钟恢复和均衡 DFE 的传递函数。DFE 的实现通过抽头系数确定它的传递函数。

正如在第 9 章和第 10 章中所述，DFE 的目的是校正或补偿有损信道造成的 ISI。但是发送器的测试或参考点通常在它的输出引脚上。因此，需要一个参考信道来仿真有损信道效应。10.3 节中讨论过，信道可以根据它的冲激响应、阶跃响应或 S_{21} 参数/s 域传递函数来表示。综合考虑所有的需求，对于具有 DFE 接收器的高级串行链路的发送器测试装置及结果如图 11.12 所示。

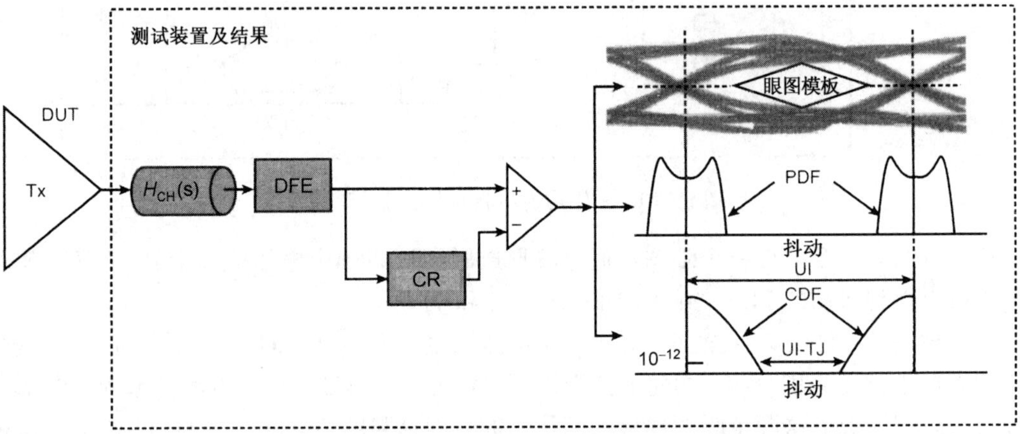

图 11.12 接收器采用 DFE 均衡的情况下发送器的测试装置及结果

在这种情况下，测量仪器必须包含三个功能模块：信道传递函数、DFE 和时钟恢复。它们可以通过实际的硬件电路或信号处理软件来实现。有损信道由于衰减和 ISI 效应会造成眼图闭合，DFE 补偿一部分 ISI 效应使眼图睁开，最后时钟恢复跟踪低频抖动使眼图进一步睁开。最终，接收器采样器可以观察到对应于较低 BER 水平睁开的眼图。测量得到抖动 PDF 或 BER CDF 后，可以对 DJ，RJ 和 TJ 进行估计。在波形或眼图的基础上，很容易对电压和上升/下降时间进行测量。

这些测试方法可以很好地应用到数据驱动和公共时钟串行链路的发送器测试中。对于公共时钟链路体系结构来说，用于测试发送器的参考时钟必须很规则或无抖动。

11.3 信道及信道输出测试

信道本身是无源的，它只是信号的载体，它本身既不会产生信号也不会接收信号。铜质信道的频率损耗会造成信号衰减和 ISI，同样，光纤的色散性质也会导致信号衰减和 ISI。

仅仅知道信道特性本身还不足以确定输出信号的特性，还必须知道信号发送的条件以确定信道输出的信号特性和抖动特性。输入信号的关键特性包括(但是并不局限于此)：数据模式、电压/功率电平、数据率、上升/下降时间、发送器阻抗以及它和信道阻抗的匹配。本节中讨论两种信道测试方法：一种是基于 S 参数的方法；另一种是带有参考发送器的信道测试。

11.3.1　基于 S 参数的信道测试

正如 10.3 节所述，可以通过时域的冲激响应或阶跃响应、频域的 S 参数或频域传递函数来确定信道的特性描述。这三种不同方法的测试结果是可以互换的。因为在频域中，输入信号和信道响应之间的关系是线性相乘的，这里我们将通过 S 参数来演示测试方法。采用其他对应的时域方法也可以实现相同的结果。

要详细地表征一个信道(双端口系统)，需要测量完整的 S 参数构成式(10.11)所示的 $2\times2S$ 参数矩阵。为了测量单端信号的 S 参数，在信道的两个端口上既需要加入激励又要进行测量。频域激励通常是一个可编程正弦波发生器，测量通常是一个可以测量响应的幅度和相位的调谐接收器。需要四组测量值以导出完整的 S 参数。图 11.13 给出了测量的框图。

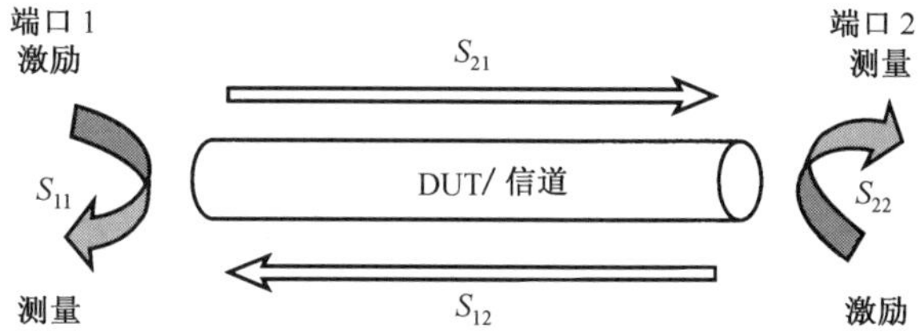

图 11.13　专门测试信道的 S 参数测量

通常在给定输入信号特性的条件下，需要采用这 4 个 S 参数来估计信号输出端的信号特性。对于高速信道，要尽可能地使发送器 S_{11}(有时称为发送器返回损耗)和信道的 S_{11} 相匹配或尽量接近，这样在发送器与信道的边界处就不会产生反射。这一点对于接收器 S_{22}(或接收器返回损耗)也同样适用。在这种情况下，当信号从端口 1 的输入端发送时，用来估计端口 2 输出的信令和抖动的主要参数是 S_{21}。如果已经定义了信道输入端的参考发送信号，则可以参照类似于式(11.8)的形式对输出端的信号进行估计：

$$X_{\mathrm{OCH}}(s)=S_{21}(s)X_{\mathrm{ICH}}(s) \tag{11.13}$$

$X_{\mathrm{ICH}}(s)$ 和 $X_{\mathrm{OCH}}(s)$ 分别表示信道的输入和输出。需要注意的是，在这里 S_{21} 实质上相当于前一节中介绍的信道传递函数 $H_{\mathrm{CH}}(s)$。$X_{\mathrm{ICH}}(s)$ 相当于发送器的输入信号。

如果已知接收器输入的波形 $X_{\mathrm{OCH}}(s)$ 和发送器输出的波形 $X_{\mathrm{ICH}}(s)$，则可以根据式(11.13)为 S_{21} 参数建立一个门限函数，如下所示：

$$S_{21}(s)=\frac{X_{\mathrm{OCH}}(s)}{X_{\mathrm{ICH}}(s)}=S_0(s) \tag{11.14}$$

因此，定义这样一个门限函数 S_0 以使得如果测量的 S_{21} 参数比 S_0 好，那么信道输出的信令和抖动将比技术要求所期望的性能更好。但是，很难确定 S_{21} 的下限，因为 S 参数是包含了幅度和相位信息的复函数。为了能够设置 S_{21} 的下限，假设相位是线性的或群时延是固定的，这样

就可以只考虑 S 参数的幅度部分。基于这种假设，可以用下式建立 S_{21} 幅度的下限：

$$|S_{21}(s)| \geq |S_0(s)| \tag{11.15}$$

图 11.14 用图形化方式给出了信道测试通过/失效的准则。

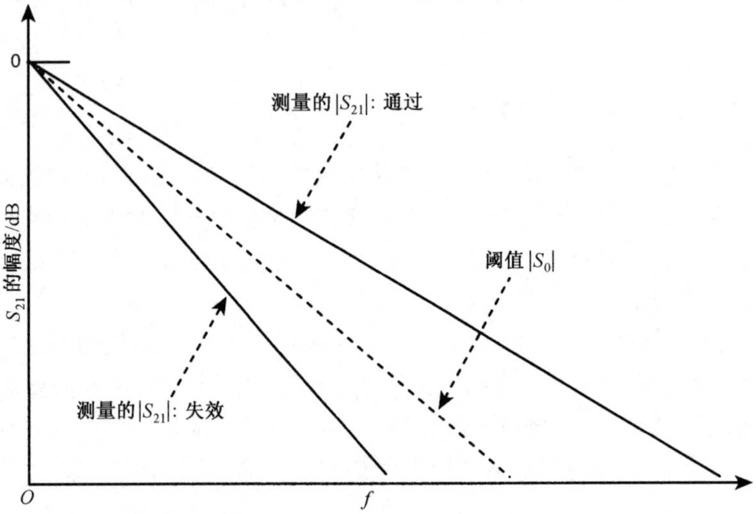

图 11.14　基于 S 参数的信道通过/失效测试

在只考虑幅度的情况下，给定发送信号和抖动条件，可以建立一个基于 S 参数单独对信道进行测试的通过/失效方法，这是测试信道的一种简单易行的方法。但是由于这种方法中假设相位是线性的或恒定的，如果被测信道的相位是非线性的，那么该方法的准确度就不高了。一些高速的 I/O 标准采用这种方法的概念来确定和测试信道，例如串行 ATA[6] 和千兆位以太网(GBE)[7]。详细情况请参考相关文献。

11.3.2　带有参考发送器的信道测试

通常链路系统的标称测试点定义在发送器输出端口、信道输出端或接收器输入端口位置。为了确定信道是否符合技术要求，另一种方法是采用实际硬件来实现的参考发送器。这种思想的依据如式(11.14)所示。通过产生和测量参考发送器的输出 $X_{ICH}(s)$，并测量信道的输出 $X_{OCH}(s)$，可以通过式(11.14)来确定 S_{21}。图 11.15 给出了这种方法的测量装置：

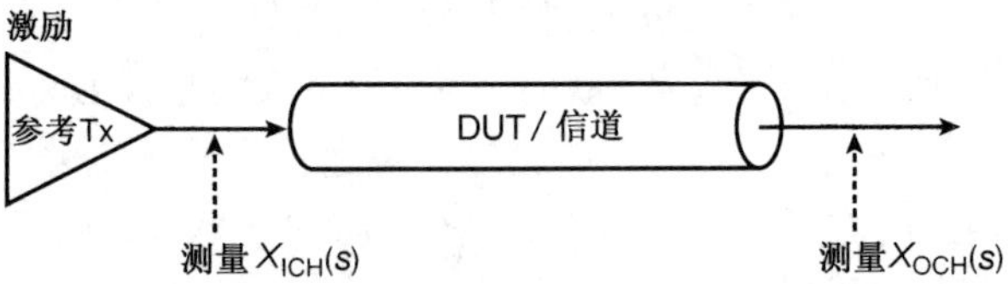

图 11.15　带有参考发送器的信道测试

通过这种方法得到 S_{21} 后，就可以判断它是否通过/未达到要求的信道门限 S_0，这与图 11.14所示的过程相类似。可以在时域中测量信号 $x_{ICH}(t)$ 和 $x_{OCH}(t)$，并利用相应的拉普拉斯变换来得到 $X_{ICH}(s)$ 和 $X_{OCH}(s)$。需要注意的是，应当实时地测量 $x_{ICH}(t)$ 和 $x_{OCH}(t)$ 以保留相位信息。

11.4　接收器测试

接收器冗余度测试的目的是在最坏的信令条件下保证被测接收器能够正常工作。其中面临的挑战是产生或模拟在最坏情况下附加了来自于其他链路子系统的抖动和噪声之后的接收器输入信号，问题的关键是考察最坏的信令和抖动输入条件下的接收器应变。当确定了最坏情况下的信令和抖动时，需要考虑三个重要的方面：幅度/电压应变、时序/抖动应变和频谱成分应变。幅度/电压应变相对比较直观，它只是简单地测试了输入幅度/电压的摆幅为最小值时的接收器情况。对于时序/抖动应变来说，需要考虑各种不同的抖动类型，包括来自发送器的 DJ(DCD 和 PJ)和 RJ，来自信道的 DDJ 和 BUJ。它们是由发送器和信道的信令和抖动特性决定的。频谱成分也是一个需要考虑的重点，不仅需要考虑抖动分量及其相应的幅度，还要考虑它们的频谱特性。系统允许的输入信号幅度或电压的最小取值取决于接收器的灵敏度。并且，最坏情况下的抖动分量包括抖动的幅度和频谱成分，也取决于接收器均衡和时钟恢复的性能。可以根据每个子系统分配的抖动及电压预算导出最坏情况下的信令和抖动条件。根据信号和抖动的特性来说，每个子系统都是有界的，并且从整个系统链路的互操作性和 BER 性能上考虑要对其进行优化。

本节首先讨论标称链路信令和高级链路信令的接收器测试。其次测试和确定接收器内部抖动，这是接收器测试的一个新课题。

11.4.1　标称链路信令的接收器测试

为了适应接收器测试的三个关键需求，即幅度/电压应变、时序/抖动应变和频谱成分应变，图 11.16 给出了一个通用测试装置的示意图。

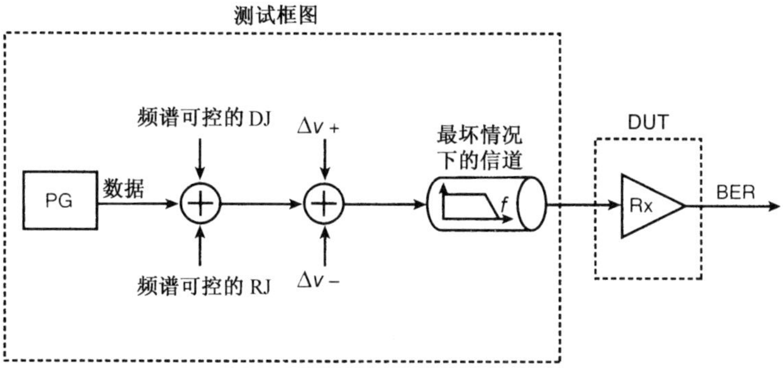

图 11.16　数据驱动体系结构下的接收器测试装置

通过可编程模式发生器(PG)，产生所需要的数据率、数据模式、脉冲宽度、上升/下降时间和电压电平。在标称链路信令中，发送器不需要进行均衡，因此，发生器不需要为数据模式输出全摆幅位流和去加重位流。将频谱成分可控的 DJ 和 RJ 调制到数据信号中，此时的 DJ 和 RJ 应当模拟最坏情况下发送器的抖动类型和特性。然后，可以在信号中加入共模噪声，因为它对差分信号来说是一个很重要的噪声源。需要在应变信号源的最后一级上提供一个最坏情况下的串扰有损信道。需要注意的是，图 11.16 是功能方框图，可以有多种方式来实现该功能。当最坏情况下的信号作为接收器的输入时，就可以测量系统 BER。BER 水平应当低于典型值或更低的目标值。

在接收器测试达不到要求的情况下，BER 测试并不能分辨出是哪个子系统存在问题，除非接收器是唯一的被测器件，而且其他子系统是没有问题的。因此，我们说 BER 测试是系统级测试。除了进行 BER 测试外，还需要对接收器特性描述进行其他的测试和相应调试。时钟恢复抖动跟踪测试就是这样的例子，时钟恢复可以跟踪或衰减输入信号中的低频抖动。通过 PJ(DJ 的子分量)可以对时钟恢复跟踪进行测试，测试过程包括扫频和幅度值的变化，以便于达到固定的 BER 水平。当绘出 PJ 幅度值的频率函数后，就可以确定接收器时钟恢复的抖动冗余度函数。图 11.17 给出的是一个典型的时钟恢复抖动冗余度函数。

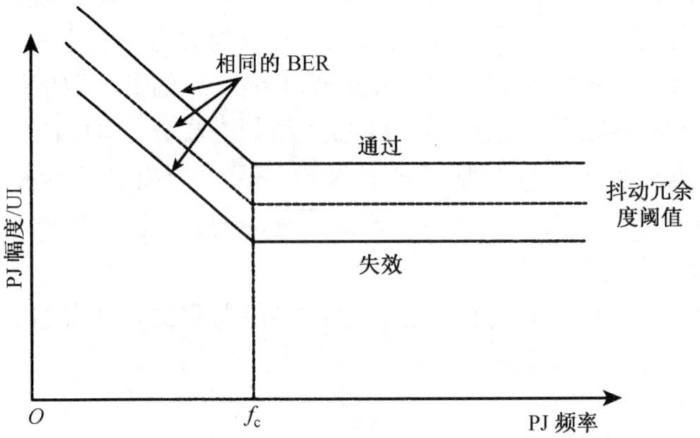

图 11.17　接收器时钟恢复抖动冗余度测试结果

人们常把典型的测试结果与一条时钟恢复抖动冗余度黄金曲线进行比较。对于基于二阶 PLL 的时钟恢复来说，典型的冗余度曲线在低于 PLL 转折频率 f_c 的区域内斜率为 −40 dB/十倍频程。斜率为负表示低于转折频率 f_c[参见式(11.3)]时高通的 PLL 相位误差传递函数具有 40 dB/十倍频程斜率。抖动冗余度和抖动传递函数是互补的。如果接收器衰减了更多的低频抖动，也就是说，接收器可以容忍更多的低频抖动。在测量的冗余度曲线高于门限曲线情况下，接收器通过了测试，此时接收器可以容忍的抖动量高于所要求的或所期望的抖动量。然而，在测量的冗余度曲线低于门限曲线条件下，接收器无法达到测试要求，此时接收器可以容忍的抖动量低于所要求的或所期望的抖动量。

11.4.2　高级链路信令的接收器测试

高级链路信令中可以采用均衡技术。接收器的测试装置和方法与图 11.16 相类似，考察的目标包括幅度/电压应变、时序/抖动应变和频谱成分应变。不过，还需要关注涉及接收器均衡的高级信令问题。

众所周知，对于采用发送器均衡的链路信令，需要在一定的电压电平上产生全摆幅位流和去加重位流。PG(模式发生器)的重要功能就是产生全摆幅位流和去加重位流。对于采用了接收器均衡的链路信令来说，建立最坏情况下的串扰有损信道对于应变分析接收器均衡和获得很好的测试故障覆盖率是至关重要的。

均衡与否对时钟恢复抖动冗余度测试没有太大的影响。前面介绍过的标称链路信令的时钟恢复抖动冗余度测试方法同样适用于高级链路信令。

11.4.3 接收器内部抖动测试

在确定链路抖动预算时，需要知道发送器、信道、接收器和参考时钟等子系统的抖动分配。发送器、信道和参考时钟都有直接的抖动输出，可以直接进行测量和验证。接收器仅有的观察量是 BER，专门对接收器进行应变测试也不会直接给出接收器内部的抖动信息。因此，直到目前为止接收器内部抖动验证和测试还是一个未解决的问题[8]。

文献[8]中提出的关于测试/确定接收器内部抖动的方法，充分利用了接收器外部抖动(除接收器抖动之外的其他抖动)和接收器内部抖动之间的独立性。通过采用双狄拉克函数作为 DJ PDF 的模型，以高斯函数作为 RJ PDF 的模型，进一步对数学公式进行简化和线性化。采用控制和校准技术将不同量的抖动作用到系统中，然后在接收器输出端口观察 BER，可以通过求解线性方程组来确定接收器的内部抖动。

这个机理可以利用式(5.25)中 Q 因子的定义来说明。在式(5.25)的基础上，若$t_s = 0.5$ UI，可以得到

$$2\mathrm{erfc}^{-1}\left(\frac{1}{\rho}\beta(0.5\,\mathrm{UI}, D, \sigma)\right) \approx \frac{\mathrm{UI} - D}{\sqrt{2}\sigma} \tag{11.16}$$

式中，ρ表示跳变密度；β 表示 BER。假设接收器内部的 DJ 和 RJ 分别为 D_i 和 σ_i，非接收器的或外部的 DJ 和 RJ 分别为 D_e 和 σ_e，那么可以得到

$$D = D_i + D_e \tag{11.17}$$

和

$$\sigma = \sqrt{\sigma_i^2 + \sigma_e^2} \tag{11.18}$$

式中，D 和 σ 分别表示接收器采样触发器输入端口总体的 DJ 峰–峰值和 RJ 的 σ 值。我们将用 RJ 应变来介绍这种方法。在 RJ 应变条件下，外部抖动 DJ(D_e)保持在一个较小的常数值上，RJ(D_e)已知并且是可编程的。式(11.16)是一个两变量的线性方程，因此需要建立两个不同的测试条件，这样可以通过求解两个联立的线性方程来确定这两个变量。

假设接收器是在两组不同的抖动测试条件下进行测试的。条件 1 包括 DJ D_e 和 RJ σ_{e1}，得到 BER 的测量值β_1；条件 2 包括 DJ D_e 和 RJ σ_{e2}，得到 BER 的测量值β_2。可以选择抖动值使β_1 和β_2 高于 10^{-12}，比如 10^{-6}，从而使测试时间更短。通过式(11.16)，可以得到对应于测试条件 1 和 2 的计算式：

$$\frac{\mathrm{UI} - (D_i + D_e)}{\sqrt{(\sigma_i^2 + \sigma_{e1}^2)}} \approx 2\sqrt{2}\mathrm{erfc}^{-1}\left(\frac{1}{\rho}\beta_1\right) = Q_1 \tag{11.19}$$

和

$$\frac{\mathrm{UI} - (D_i + D_e)}{\sqrt{(\sigma_i^2 + \sigma_{e2}^2)}} \approx 2\sqrt{2}\mathrm{erfc}^{-1}\left(\frac{4}{\rho}\beta_2\right) = Q_2 \tag{11.20}$$

式中，Q_1 和 Q_2 为这两个抖动条件的 Q 因子。

联立求解式(11.19)和式(11.20)，根据已知的 Q_1，Q_2，σ_{e1}和 σ_{e2}，可以唯一地确定接收器内部的 DJ(D_i)和 RJ(σ_i)：

$$D_i = \mathrm{UI} - D_e - Q_1 Q_2 \sqrt{\frac{(\sigma_{e1}^2 - \sigma_{e2}^2)}{Q_2^2 - Q_1^2}} \tag{11.21}$$

和

$$\sigma_i = \sqrt{\frac{Q_1^2\sigma_{e1}^2 - Q_2^2\sigma_{e2}^2}{Q_2^2 - Q_1^2}} \tag{11.22}$$

显然，为了避免式(11.21)和式(11.22)的奇异性，应当使 $Q_1 \neq Q_2$。只要确定了接收器内部的 DJ(D_i)和 RJ(σ_i)，就可以根据内部和外部的目标抖动(D_c 和 σ_c)，用式(5.12)来估计在外部目标或一致性抖动条件下的接收器 BER，如下所示：

$$\mathrm{BER}(t_{s0}, D_c, \sigma_c) \approx \rho\left(\mathrm{erfc}\left(\frac{t_{s0} - \frac{D_i + D_c}{2}}{\sqrt{2(\sigma_i^2 + \sigma_c^2)}}\right) + \mathrm{erfc}\left(\frac{\mathrm{UI} - t_{s0} - \frac{D_i + D_c}{2}}{\sqrt{2(\sigma_i^2 + \sigma_c^2)}}\right)\right) \tag{11.23}$$

式中，t_{s0}表示最优采样时间，其典型值设为 0.5 UI。

图 11.18 给出了通过外部 RJ 应变来确定接收器内部抖动的实验装置。

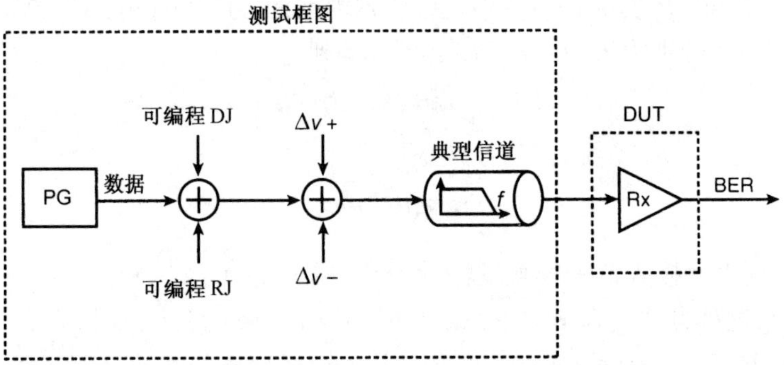

图 11.18 测试/确定接收器内部抖动的实验装置

我们已经验证了通过 RJ 应变来确定 Rx 内部 DJ 和 RJ 的方法。另一方面，如果 Rx 具备可控性，则通过 DJ 应变或者接收采样时间平移同样可以确定 Rx 内部的 DJ 和 RJ。关于这两种不同应变方法的细节请参考文献[8]。

11.5 参考时钟测试

通常的参考时钟测试是采用周期抖动和周期间抖动这样的度量来进行的(见第 7 章)。这些度量在同步系统环境下是有意义并且正确的，因为同步系统中采用全局时钟，并且将周期作为基本的时序参考。在串行数据通信环境下，使用的基本时序参考是瞬态时钟边沿时刻，它与接收器时钟和数据恢复的体系结构有关。可以想象，周期抖动和周期间抖动并不适合作为量化表征串行数据通信中参考时钟性能的度量依据。事实上，已经发现参考时钟器件能够满足周期抖动或周期间抖动的要求，但是却达不到实际的串行链路系统指标[9]。因此，需要研究新的度量或估计方法来量化表征公共时钟串行数据通信中参考时钟的抖动，其中参考时钟的性能需要单独加以设计指定。

出发点就是图 9.2 所示的公共时钟体系结构。问题的关键是参考时钟造成的接收器采样触发器的抖动或眼图闭合。假设参考时钟相位抖动是 $X(s)$，接收器采样触发器的相位抖动用 $Y(s)$表示，可以通过图 11.19 所示的 LTI 函数框图来估计 $X(s)$和 $Y(s)$的关系。

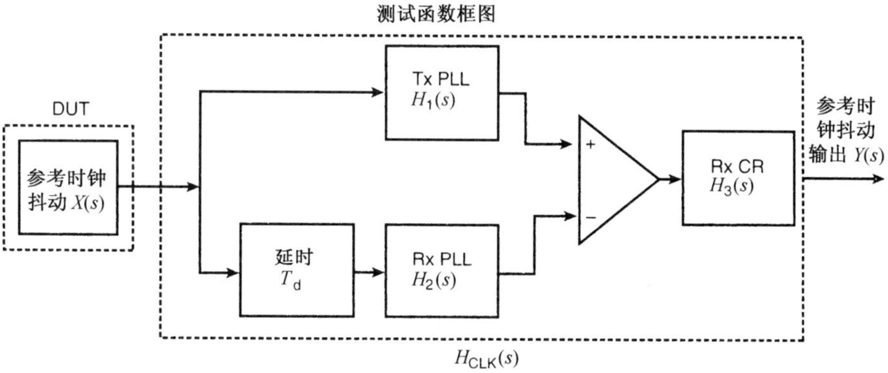

图 11.19　公共时钟体系结构中的参考抖动测试

首先，参考时钟被分成两路。一路传送到发送器，另一路传送到接收器。参考时钟到达发送器时，由于发送器的倍频 PLL[用 $H_1(s)$表示]，参考时钟相位抖动发生改变。与之类似，由于接收器的倍频 PLL[用 $H_2(s)$表示]，参考时钟相位抖动也会发生改变。到达发送器和接收器的路径可能不同，因此在发送器路径和接收器路径之间存在一个传输延迟(T_d)。被分开参考时钟的相位抖动在接收器合并成差分函数关系。最终，合并的相位抖动会通过接收器时钟恢复的抖动传递函数 $H_3(s)$。

从数学的角度分析，$X(s)$和 $Y(s)$之间的关系可以用下式表示：

$$Y(s)=[(H_1(s)-e^{-sT_d}H_2(s))H_3(s)]X(s)=H_{CLK}(s)X(s) \tag{11.24}$$

显然，估计参考时钟抖动的关键是抖动传递函数 $H_{CLK}(s)$，它由公共时钟体系结构和子系统的特性决定。抖动传递函数的特性描述取决于发送器 PLL $H_1(s)$、接收器 PLL $H_2(s)$、接收器时钟恢复抖动传递函数 $H_3(s)$和传输迟延 T_d。

图 11.20 给出了公共时钟链路系统中的传递函数 $H_1(s)$，$H_2(s)$，$H_3(s)$和 $H_{CLK}(s)$。$H_1(s)$,$H_2(s)$和 $H_3(s)$的 3 dB 频率分别为 7 MHz，22 MHz 和 1 MHz。需要注意的是，$H_{CLK}(s)$是带通函数，其峰值位于 7～22 MHz 之间。这意味着只有在 7～22 MHz 之间的抖动频谱成分对接收器的 BER 影响最大。

为了测试公共时钟链路系统中的参考时钟，我们需要测量参考时钟的相位抖动[$X(s)$]，然后根据式(11.24)应用抖动传递函数 $H_{CLK}(s)$。如果已知完整的参考时钟原始相位抖动的时间实录 $x(t)$或者频谱 $X(s)$，就可以通过软件信号处理方法或者硬件电路来实现 $H_{CLK}(s)$。显然，软件方法具有通用性、可扩展性和低成本的优点。

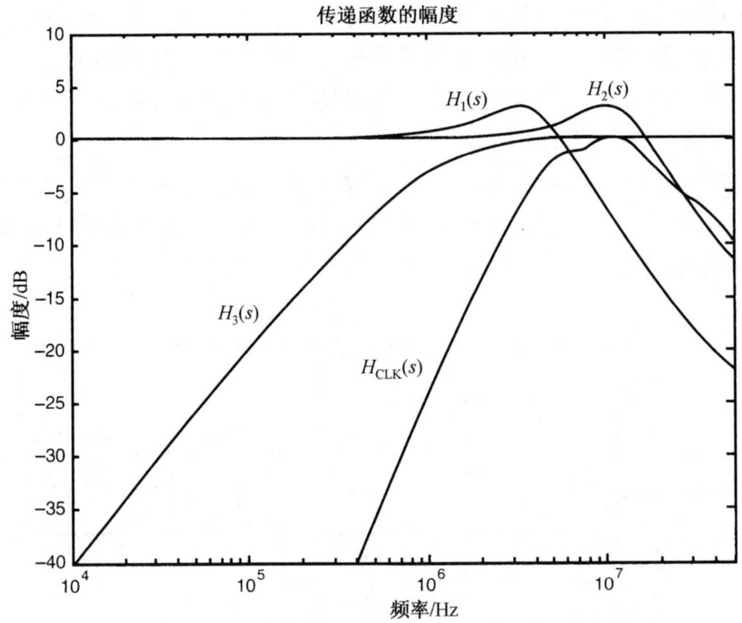

图 11.20　PLL、时钟恢复和参考时钟的抖动传递函数

最好能将式(11.24)和参考时钟的测试放在一起考虑。图 11.21 分别给出了没有经过传递函数 $H_{CLK}(s)$ 的相位抖动频谱 $X(s)$ 和经过传递函数 $H_{CLK}(s)$ 后的相位频谱 $Y(s)$。显然，$Y(s)$ 和 $H_{CLK}(s)$ 的曲线形状比较相似。

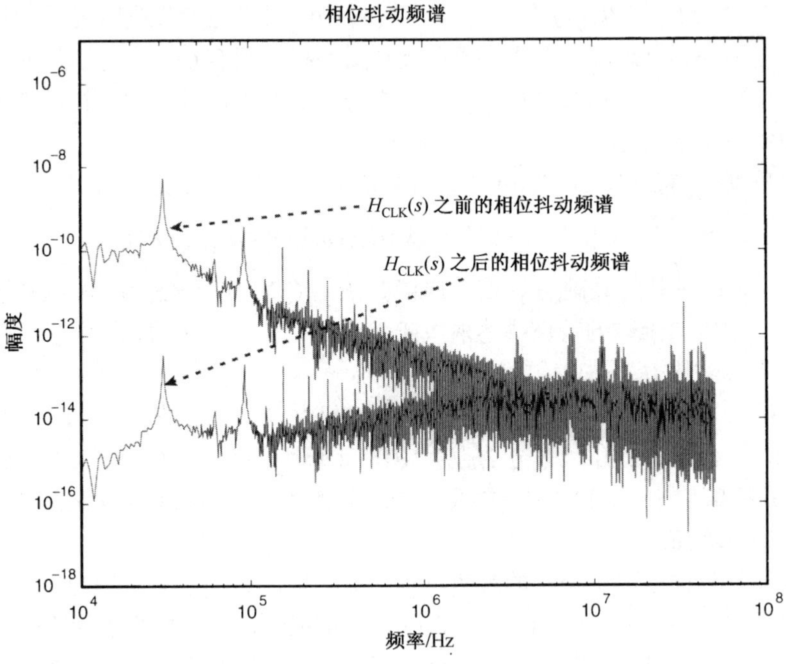

图 11.21　经过参考时钟抖动传递函数前后的相位抖动频谱

得到 $Y(s)$ 之后，可以通过拉普拉斯逆变换来计算时域中对应的 $y(t)$。图 11.22 给出了 $y(t)$ 的结果。

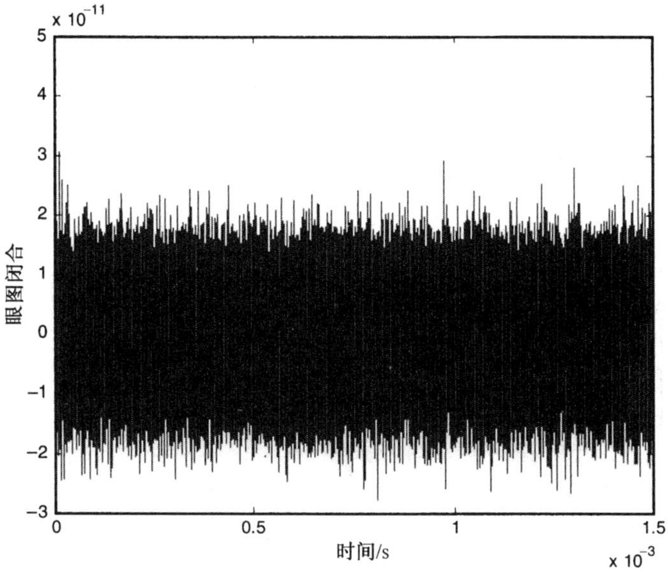

图 11.22　经过参考时钟抖动传递函数之后的时域相位抖动

可以通过相位抖动时间实录 $y(t)$ 来估计响应的抖动直方图或 PDF，如图 11.23 所示。

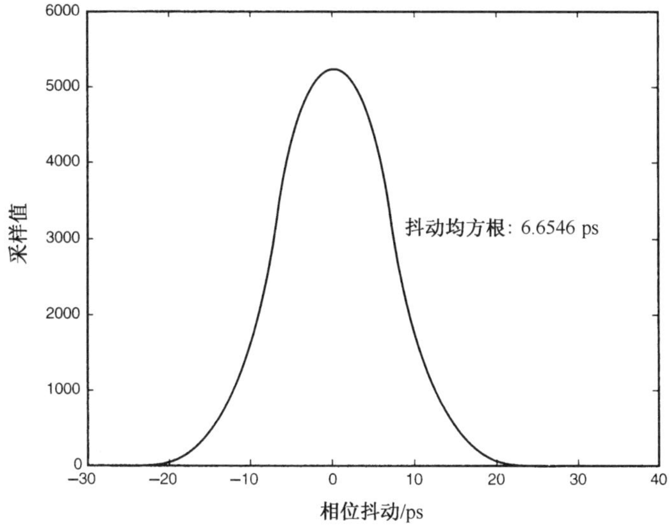

图 11.23　经过参考时钟抖动传递函数之后的相位抖动直方图

在抖动直方图/PDF 的基础上，可以估计出均方根、峰-峰值（某一概率处）和均值等统计参数。在这个例子中，均方根为 6.65 ps。更多关于公共时钟体系结构和参考时钟测试的内容可以参考文献[9, 10, 11]。

11.6　锁相环测试

近些年，公共时钟链路体系结构等高速链路中的 PLL 测试成为了关注的热点。为了链路系统整体具有协同工作的能力，其中的发送器倍频 PLL[$H_1(s)$]和接收器倍频 PLL[$H_2(s)$]的传递函数必须确保是正确的[见图 11.19 和式(11.24)[1,2,6]]。本节介绍两种 PLL 的测试方法：无激励的抖动方差函数方法，在第 8 章中已经详细介绍过；传统上基于激励的 PLL 测试方法。

11.6.1　无激励的测试方法

第 8 章讨论了基于 PLL 抖动方差函数测量和分析的 PLL 测试新方法。这种方法将 PLL 内部的抖动/噪声看成“自由”激励，以测量 PLL 的特性描述(见图 8.11 中该方法的测量装置)。前面已经验证过，该方法不需要激励调制信号产生器，它可以测量复 s 域传递函数 $H(s)$。通过测量得到传递函数后，就可以很容易地得出其他相关的 PLL 特性函数(例如伯德函数/图、极点/零点位置图)和特性参数(例如尖峰、3 dB 频率、锁定时间和捕捉时间)。

大多数时钟恢复和时钟倍频中采用的 PLL 是二阶 PLL，可以用 3 dB 频率和尖峰参数(或阻尼因子和本征频率参数)来描述。因此完全可以通过这样两个重要的参数来确定和测试 PLL，如图 11.24 所示[1,2,6]。

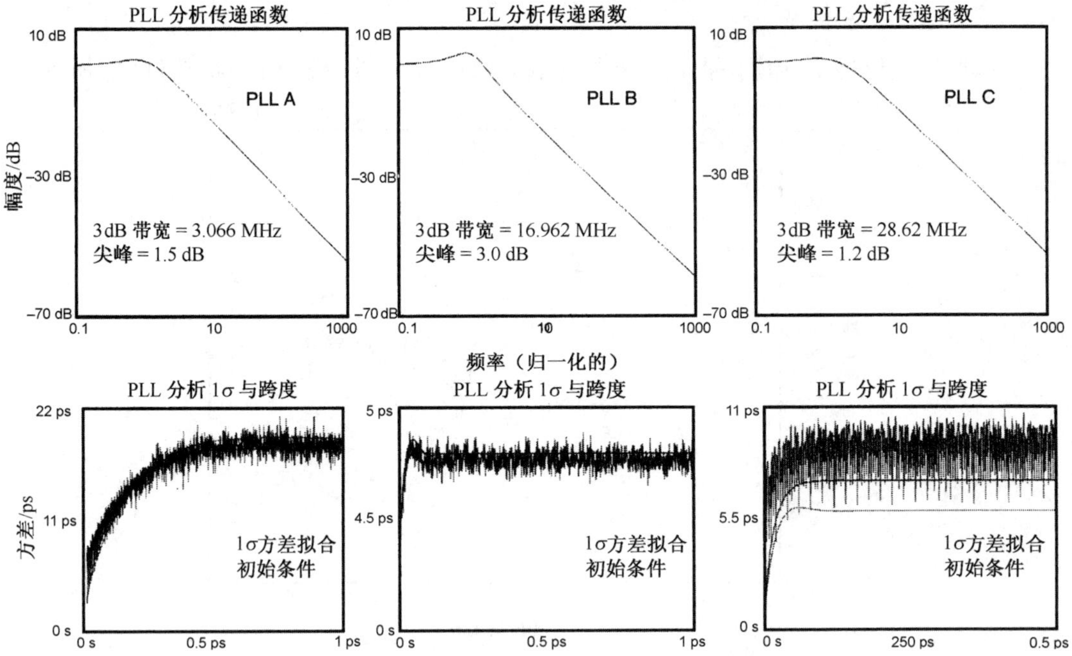

图 11.24　利用无激励的方差函数方法(见第 8 章)测试 3 个不同的 PLL 传递函数，图中分别给出了相应的3 dB频率和尖峰

11.6.2　基于激励的测试方法

采用调制信号发生器对 PLL 进行测试已有较长时间(参见文献[12])，它的工作机理很

简单。将一个相位调制的正弦波数据信号或时钟信号加载到 PLL 的输入，首先在 PLL 输入端测量正弦调制的幅度和频率；然后在 PLL 输出端再次测量正弦波的幅度和频率。利用不同频率的正弦波重复这一过程。在对感兴趣的频率范围进行扫频之后，就可以计算出 PLL 输出端和输入端的正弦波幅度之比。这个幅度比值和频率的关系函数就是 PLL 的幅度传递函数 $|H(s)|$。这种方法的典型测试装置如图 11.25 所示。

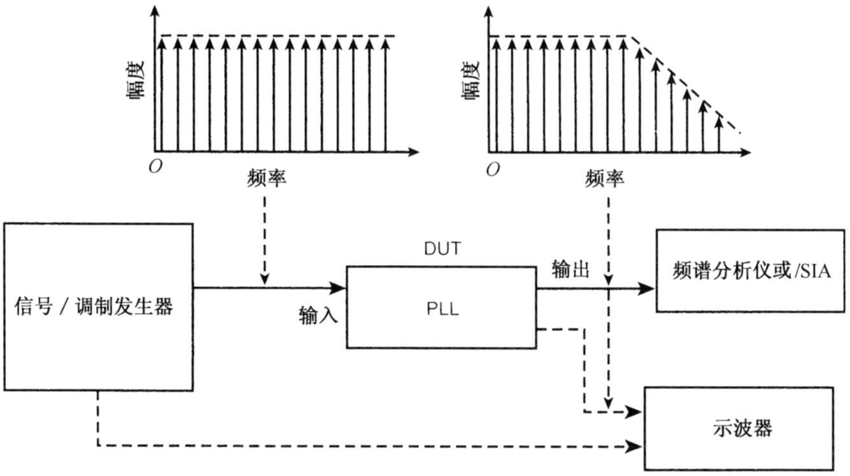

图 11.25　采用调制信号发生器激励的 PLL 传递函数测量装置

为了简化框图，我们只绘出了输出端的测试，输入端的测试与之相类似。可以通过频谱分析仪(SA)、时间区间分析仪(TIA)、采样示波器(SO)或者实时示波器(RTO)来测量正弦波。如果采用 SO 进行测量，则需要信号发生器产生一个触发信号。这种方法会受到调制信号发生器性能的影响，包括分辨率、调制深度和范围。当前的大多数调制发生器仅仅能达到 50 MHz，如果 PLL 的 3 dB 频率高于这个值，那么这种方法就不再适用。

11.7　环回测试

前面已经介绍了发送器、接收器、信道、参考时钟和 PLL 等链路子系统的测试方法。这些方法通常使用实验室仪器来实现。一个通信器件中往往既具有发送器引脚，又具有接收器引脚，例如串化器/解串器(SERDES)芯片。因此，一种检测发送器和接收器能否协同正常工作的直观方法是将发送器输出和接收器输入连接起来，并检测发送和接收的逻辑位流。这种将发送器和接收器连接起来进行测试的方法称为环回测试。环回测试可以追溯到最初的电话或电报通信系统年代。图 11.26 给出了测试的基本概念。注意，“Comp”在这里表示发送位流和接收位流的逻辑比较。

环回测试的主要优点是容易操作和低成本(不需要外部仪器)。近些年，复杂片上系统(SOC)的 I/O 引脚数目高达 200 个，数据传输速率达到 Gbps 级。由于实验室仪器的通道数有限(一般少于 4 个)，并且前置通道的成本相对较高，因此通过实验室仪器对高级 SOC 的 I/O 引脚进行并行测试几乎是不可能的。对于自动测试设备(ATE)而言，测试也是具有挑战性的，因为存在与测试接口（例如负载板和插座）相关的信号完整性和相对较高的前置通道成本问题。这里的成本是相对于比较简单直观的环回测试方法而言的。因此，环回测试方法在测试具有多个 Gbps 级 I/O 引脚的复杂 SOC 方面是非常有用的。环回路径可以内建到芯片中，也可以经由外部的导线或电缆。

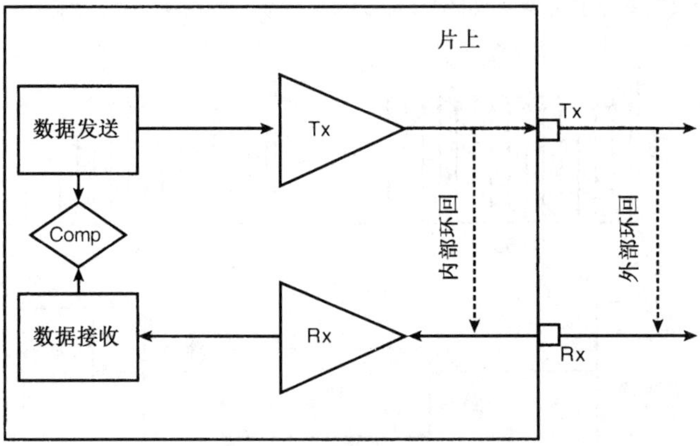

图 11.26　环回测试的基本概念框图

虽然环回测试方法具有简单和低成本的优点，但是它也有很多限制。首先，它只是一种功能性测试。在没有附加测量电路的情况下，它无法测试标称 SERDES 器件的抖动或信号完整性。其次，当环回测试检测到故障时，它无法判断故障是由发送器产生的，还是由接收器产生的，或者是由两者共同产生的。换句话说，环回测试方法的诊断测试功能非常有限。最后，直接环回测试方法的故障覆盖率很有限，除非 I/O 电路中内建了或在其外围附加了测试电路［例如可测性设计（DFT）或内建自测试（BIST）］，如图 11.26 所示。

需要额外的测试电路或资源来克服环回测试方法的局限性。举例一，如图 11.26 所示，采用抖动注入电路可以在环回路径上注入所需的抖动和频谱。这样就可以创造最坏情况下的测试条件，从而提高故障覆盖率。举例二，如果接收器采样时间具有内建的可控性和可编程性，就可以测量某一给定 BER 水平下的电压电平、TJ 和 TN。举例三，通过内建一个功能良好的参考发送器或接收器，环回测试可以推广到测试发送器或接收器的抖动和信号完整性。可以想象，如果将环回测试与可测性设计（DFT）或内建自测试（BIST）的电路集合在一起，与传统的片外和外部测试方法以及硬件方法相比，环回测试也可以提供全面的高故障覆盖率的测试解决方案。然而片上测试电路受到成本和复杂度的限制，它的精确度可能还不及实验室仪器测量的精确度。而且，当把所需的 DFT 或 BIST 电路内建到 I/O 电路中时，检验它们能否正常精确的工作也是一件非常具有挑战性的工作，并且在环回测试中附加 DFT 和 BIST 电路的成本可能也不低。因此，当需要选择合适的高速链路及其子系统的测试方案时，需要全面考虑成本约束和测试目的［例如设计验证、特性表征描述、诊断/调试和大规模量产（HVM）］，以便于选择最佳的解决方案。

11.7 节有关链路系统的抖动/信号完整性环回测试方案的内容比较简短，但其在实际工程应用中很具实用价值，仍还有进一步改进、完善和提升的空间。

11.8　小结

本章的重点是串行链路测试，包括发送器、信道、接收器、参考时钟和倍频 PLL 或时钟恢复 PLL 等链路子系统或部件的测试，也包括链路系统环回测试。

我们从链路信令技术——时钟恢复和均衡入手，它对于高速串行链路是很关键的技术。实质上最终的目的是随着数据传输速率的不断提高，在 UI 减小的同时使得整个链路的抖动量也随之降低。同时，这些信令决定了对测试的要求和如何根据信令进行高速链路测试的方法。我们讨论两种信令类型的测试需求或含义：一种是带有时钟恢复功能的链路，称为标称链路信令；另一种是带有时钟恢复和均衡功能的链路，称为高级链路信令。前一种反映的是数据传输速率大约在 1 Gbps 的铜质信道链路，后一种反映的是 2.5 Gbps 甚至更高数据传输速率下的铜质信道链路。对于带有时钟恢复的链路，关键是抖动传递函数(JTF)，它被用来为测试发送器和信道抖动建立参考接收器。在测试接收器时钟恢复时需要建立抖动模板，也要用到 JTF。对于带有时钟恢复和均衡的链路，参考接收器必须包含时钟恢复和均衡的功能。这样就提出了和时钟恢复的 JTF 相类似的均衡传递函数。在确定高级信令链路测试的含义时，需要用到时钟恢复和均衡的传递函数。本章还讨论了发送器均衡、接收器均衡以及发送器和接收器联合均衡的不同实现方法。

接下来的重点是链路子系统。我们从发送器测试入手，因为这是信号开始的地方。和前面讨论链路信令和测试需求一样，分别讨论标称链路信令和高级链路信令条件下的发送器测试方法。对于标称信令，测试仪器需要内建所需的时钟恢复和相应的 JTF 功能。时钟恢复功能可以用硬件或软件来实现。对于高级信令，测量仪器必须具备所需的均衡和时钟恢复功能，以及相关的 JTF。均衡和时钟恢复可以用硬件或软件的形式来实现。需要在一定的时钟恢复和均衡条件下来测量信号波形、眼图和 BER。我们还讨论了一种提供发送器均衡的替代方法，该方法通过分离全摆幅位流和去加重位流，建立它们各自相对应的眼图；采用由均衡传递函数导出的不同眼图模板。

发送器输出的信号接下来被发送到信道上，因此我们需要讨论信道测试。本章中介绍了两种信道测试方法：单独的信道测试方法和带有参考发送器的信道测试方法。单独的测试方法采用 S 参数来量化信道特性描述。文中还指出可以使用 LTI 理论和拉普拉斯逆变换将 S 参数转化为时域的冲激响应函数或阶跃响应函数。我们还介绍了基于 S 参数幅度函数的信道一致性测试方法，并且讨论了这种方法忽略相位信息的缺点。带有参考发送器的信道测试方法可以测量信道的输入和输出波形，并且通过 LTI 拉普拉斯变换可以推导出复 s 域或时域中的信道 S 参数。

信道输出信号的目的地是接收器，所以我们将讨论标称信令和高级信令条件下的接收器测试，提出通用接收器的试验装置和方法。文中重点介绍了接收器测试的三个关键方面：幅度/电压应变、时序/抖动应变和频谱成分应变。接收器中要测试的关键子系统包括时钟恢复、均衡（例如 DFE）和数据采样器。对于每种抖动或噪声应变，为了保证较好的故障覆盖率，需要考虑它的确定性、随机性、周期性、有界性和不相关性方面的分量。抖动或噪声的频谱成分是接收器测试中另一个关键的测试要求，这与发送器测试要求是一样的。不仅需要生成指定的抖动或噪声分量，还需要生成指定的频率范围。对于时钟恢复测试，介绍了一致性模板条件下的抖动冗余度的频率函数。我们知道由于幅度/电压应变、时序/抖动应变和频谱成分应变之间有多种可能的组合，因此在最坏的应变条件下接收器测试会面临很多因素。为了使接收器测试具有较好的故障覆盖率，可以要求试验次数尽可能很多。最后，我们讨论了一种新的方法，这种方法是测试和确定接收器内部的本征 DJ 和 RJ 时非常需要的。这一节的最后部分介绍了一组完整的测试链路系统中各抖动分量的方法。

对于数据驱动的链路体系结构，需要测试发送器、信道和接收器的所有子系统。对于公共时钟体系结构来说，需要包括或添加一个新的参考时钟子系统。这里我们指出，参考时钟的标称抖动度量，例如周期抖动或周期间抖动，已经不再是公共时钟链路体系结构中测量参考时钟的有效度量，例如在 PCI Express 链路中的应用。我们需要的是低于或是高于 3 dB 频率的某一频段内的相位抖动，发送器和接收器中的倍频 PLL 决定了 3 dB 频率。介绍的参考时钟测试方法的第二步是需要得到相位抖动，并且采用时域或频域中的带通滤波函数。第三步中，得出带通滤波函数之后的时域相位抖动，用它来构建最终的抖动 PDF，DJ，RJ 和均方根计算。该方法可以用软件信号处理或硬件滤波和延迟电路的方式来实现。

在公共时钟体系结构中，通过发送器和接收器的时钟倍频 PLL 的系统传递函数可以推导出用来测试参考时钟的带通滤波函数。这里需要测试和验证的是这两个 PLL 的 3 dB 频率和尖峰。因此，我们介绍了两种 PLL 的测试方法：第一种方法是无激励的新方法，这种方法测量 PLL 输出抖动的自相关或方差函数，推导出它的系统传递函数以及相应的 3 dB 频率和尖峰，或者阻尼因子和本征频率；第二种方法是标称的基于激励的测试方法，它在 PLL 输入端采用正弦波扫频，测量相应的 PLL 输出。通过计算一定频率范围内的输出正弦波和输入正弦波之比，来确定幅度传递函数。在此基础上，就可以确定 3 dB 频率和尖峰。本章还对每一种方法的优点和不足进行了比较。

讨论完各子系统的测量之后，本章还介绍了环回测试，这是通信链路中通常采用的系统测试方法。我们首先介绍了环回的基本概念。在此基础上指出，虽然环回方法具有简单、低成本以及不需要外部测量仪器的优点，但也有其局限性。它不能测试抖动和信号完整性问题；无法分辨出是接收器还是发送器出了故障；缺乏产生最坏测试条件的功能。同时，这种方法的故障覆盖率有限。这些都是简单环回测试方法没有附加额外测试电路和测试源的主要不足。对于环回测试方法而言，尽管可以通过附加电路减少这些因素的影响，但同时精确度和成本又成为了要考虑和解决的新问题。最终，在选择高速链路及其部件的测试方法时，需要综合考虑测试需求、测试条件、性能、成本和覆盖率等因素，以便找到比较合理的方案。

参考文献

1. PCI Express 1.1 Base Specification, 2005, http://www.pcisig.com/specifications/pciexpress/base.
2. PCI Express 2.0 Base Specification, 2006, http://www.pcisig.com/specifications/pciexpress/base.
3. FB DIMM Link Signaling Specification, Rev. 0.8, JEDEC, 2005, http://www.jedec.org/download/.
4. Fibre Channel (FC) Standards, http://www.ti1.org/index.htm.

5. M. Lin and K. T. Cheng, "Testable Design for Adaptive Linear Equalizer in High-Speed Serial Links," IEEE International Test Conference (ITC), 2006.
6. Serial ATA International Organization, Serial ATA Revision 2.5, 2005, http://www.sata-io.org.
7. Gigabit Ethernet (GBE) 802.3 Standard, http://grouper.ieee.org/groups/802/3/.
8. M. Li and J. Chen, "New Methods for Receiver Internal Jitter Measurements," IEEE International Test Conference (ITC), 2007.
9. M. Li, A. Martwick, G. Talbot, and J. Wilstrup, "Transfer Functions for the Reference Clock Jitter in a Serial Link: Theory and Applications," International Test Conference (ITC), 2004.
10. M. Li, "Jitter and Signaling Test for High-Speed Links," an invited paper, IEEE Customer Integrated Circuits Conference (CICC), 2006.
11. PCI Express Jitter and BER white paper (II), 2005, http://www.pcisig.com/specifications/pciexpress/technical_library.
12. R. E. Best, *Phase-Locked Loops: Design, Simulation, and Applications*, Fourth Edition, McGraw-Hill, 1999.

第 12 章　总结与展望

这一章简短地回顾一下前面学过的抖动、噪声和信号完整性等知识；讨论一下随着数据速率不断提高，我们将要面临的挑战。下面，首先对全书加以总结，然后再展望未来的挑战。

12.1　总结

至此，读者已经阅读了本书的所有章节，了解了全书的体系结构和逻辑思想。第 1 章是抖动、噪声和信号完整性的基础综述，介绍了抖动和噪声源。在第一层划分上，将抖动和噪声分离为确定性分量和随机分量，还介绍了第二层和第三层划分的抖动和噪声分量等基本概念。然后，从统计学和链路系统的角度对抖动、噪声和信号完整性进行讨论，并对这些问题的历史演变和发展进行了阐述。

因为抖动和噪声是统计信号，所以需要采用一些基本的统计学知识和信号理论来对它们进行定量并且严格的描述和估计。因此，第 2 章的重点放在两个重要的数学问题上：统计信令和线性系统理论。它们对研究抖动、噪声和信令完整性都是至关重要的。统计信令部分讨论了随机信令处理、采样、估计和频谱分析；线性系统部分内容覆盖了线性时不变（LTI）理论、线性时不变的统计估计和频谱分析。第一部分为进一步讨论抖动、噪声和信号完整性问题打下了基础，第二部分给出了定量处理链路系统中抖动、噪声和信号完整性的基础。

掌握了抖动和噪声的基本概念及定义，以及必需的统计信令和 LTI 理论后，第 3 章根据抖动分量的概率密度函数（PDF）和功率谱密度（PSD）对所有的抖动分量进行了定量分析。抖动和噪声中包括由占空失真（DCD）、符号间干扰（ISI）和串扰引起的确定性分量，以及由高斯和高阶噪声 $1/f^{\alpha}$ 引起的随机分量。在第 3 章的最后假设所有分量的 PDF 都是相互独立的，各分量的 PDF 和总体 PDF 之间的相互关系服从卷积运算。这个假设对于实际情况来说是合理的。

研究了所有的抖动和噪声分量的 PDF 和 PSD 后，第 4 章的内容是建立一种综合又容易理解的处理抖动、噪声和多维情况下 BER CDF 的方法。在联合 PDF、眼图和 BER CDF 等高线的基础上，讨论了抖动、噪声和 BER 之间的关系。在量化和估计抖动、噪声和 BER 时，二维处理方法具有较好的准确度，易于理解。

第 3 章和第 4 章的内容涉及到抖动、噪声和 BER 的“自下向上”或“前向”方法。从分量 PDF 入手，当已知所有的分量时，试图找到一种估计总体 PDF 的方法；或者从抖动和噪声的 PDF 入手，在考虑或包含这两种因素影响的情况下，试图找到一种估计 BER CDF 等高线或眼图等高线的方法。这与大多数文献中仅考虑或包括一种因素影响的情况相反。“自下向上”或“前向”方法是抖动、噪声和 BER 建模和仿真过程中常用的或者常会遇到的方法。这里，抖动和信号分量的物理特性通常是已知的或者是提前做出假设的。你可以根据数学方法或模型来计算或估计一维或多维的总体 PDF 或 BER CDF。与此相反，也可以利用“自上向下”或

“后向”方法来处理抖动、噪声和 BER 问题。我们从总体 PDF 入手，目的是确定各分量的 PDF；或者从一个 BER 等高线或眼图等高线入手，试图找到一种能够同时估计出抖动和噪声各分量 PDF 的方法。“自上向下”的方法更多地对应于抖动和噪声的测量或测试，需要测量和确定总体 PDF 和 CDF，以及各分量的 PDF。“自上向下”方法的初始状态是高“熵”状态，所有的信息都被混合集中在一起，我们要试图去分离这些信息。与“自下向上”的方法相比，这种方法难度更大，因为一些信息可能在高熵状态下丢失了。基于这些考虑，第 5 章和第 6 章具体分析了抖动和噪声分离的各种方法。

第 5 章的重点是基于总 PDF 或 BER CDF 的抖动分离方法。大多数的讨论都是针对抖动的，但是类似的内容和结论同样可以应用到噪声分量的分离上。书中详细地讨论了目前广泛认可的尾部拟合方法，并给出了仿真结果。尾部拟合的分布函数基于抖动 PDF 或 CDF。在统计域中能够进行抖动信号分离的关键前提是随机抖动 PDF 服从高斯分布，而确定性抖动是有界的。在 CDF 域中，这意味着随机抖动的 CDF 是一个高斯积分函数或者是定义好的误差函数。尽管简单的“尾部拟合”方法可以给出 RJ 的 PDF 以及对应的 σ 值，但是通过它仅能得到 DJ 的峰-峰值。因此，在第 5 章提出了一种反卷积方法，用以确定 DJ 的 PDF 和 DJ 的峰-峰值。这样，第 5 章就给出了完整的确定 DJ 和 RJ 的 PDF 方法。在书中，我们还指出了基于统计域的抖动分离方法的局限性。例如，它很难确定第二层或第三层的抖动分量，如通常通过总抖动 PDF 或 CDF 得出的数据相关性抖动(DDJ)、占空失真(DCD)、符号间干扰(ISI)以及周期性抖动(PJ)。

第 6 章讨论了时域和频域中分离抖动信号的方法，对每个抖动分量都介绍了多种抖动分离的方法。对于 DDJ，DCD 和 ISI，讨论了基于抖动实时记录或抖动频谱的分离方法；对于 PJ，RJ 以及串扰和有界非相关抖动(BUJ)的分离，给出了三种不同的基于抖动时间方差函数、抖动频谱和抖动 PSD 的方法。还介绍了新出现的脉宽拉缩抖动分量，讨论了它与 DCD 以及 ISI 之间的相互关系。书中对不同的抖动分离方法的优缺点进行了比较和总结。如果已知下一层的抖动分量，就可以很容易地估计出上一层的分量。因此，通过第 6 章介绍的方法，在已知下一层的抖动分量的情况下，可以估计出 DJ，RJ 和 TJ。

在前 6 章的内容中，介绍了抖动、噪声和信号完整性的基本理论，以及新的理论分析和算法，接下来就可以应用这些理论来解决实际的问题。在抖动、噪声和信号完整性问题上有两种类型的应用是很关键的：时钟信号和数据信号。时钟信号通常与时钟发生器有关，例如 PLL；典型的数据信号与数据发送器、信道和数据接收器组成的高速链路有关。因此，第 7 章的重点是时钟抖动，第 8 章着重分析了 PLL 的抖动及其传递函数。在高速链路中的发送器和接收器上广泛采用了 PLL 技术，因此 PLL 与时钟抖动和数据抖动有关。在分析了时钟抖动和 PLL 之后，我们进一步探讨链路的抖动、噪声和 BER 的复杂问题。第 9 章分析了高速链路的抖动、噪声和信号完整性机理。接下来的第 10 章讲述了抖动、噪声和信号完整性的建模方法。第 11 章讨论了抖动、噪声和信号完整性的测试方法。对涉及的内容从物理机理到建模和仿真、再到测试验证，都进行了详细完整的分析和讨论。全书从基本理论出发，给出最新的算法，再到标称应用以及高级应用，脉络清晰、一脉相承。

第 7 章从时钟抖动的定义入手，讨论了它在同步和异步系统中的角色和影响。我们在书中指出，对于异步系统来说，抖动的累积要长于同步系统中的抖动累积。这里讨论了 3 种不同类型的抖动：相位抖动、周期抖动和周期间抖动，内容包括它们的基本概念、数学表达、时域和频域中的相互联系以及所采用的模型。相位抖动积累时间长，适用于异步系统中，如串行链路系统。周期抖动适用于同步系统中，例如同步全局并行输入/输出(I/O)总线系统。最后，考虑到相位抖动和相位噪声是一对相互联系的度量，它们分别应用在数字域和射频(RF)域中，因此我们讨论了它们之间的相互关系以及从一种度量到另一种度量互相转换的映射函数。

讨论了时钟抖动之后，第8章的重点是介绍PLL以及它相应的抖动，这里关注的是PLL的特性以及PLL和抖动性能之间的关系。我们从时域和频域中基本的PLL建模和分析入手，PLL的功能分析包括对各种传递函数的分析以及跟踪和捕捉参数的分析。在了解PLL系统的基本知识和相关的建模分析理论及算法的基础上，我们转而介绍PLL的抖动建模和分析，这些内容需要PLL和抖动的基本知识。PSD或方差是与PLL和抖动性质相关的函数，书中描述了PLL输出端和输入端的抖动PSD之间的关系。通过对输出的抖动PSD进行分析和建模，提出了一种确定PLL特征函数和内部PSD的新方法。掌握了PLL和抖动建模及分析的理论和新方法，我们将其应用到通常的二阶和三阶PLL分析中。书中详细地给出了完整分析和测试每种PLL的功能、参数和抖动PSD的方法。

在时钟抖动、PLL及其抖动建模和分析的知识基础上，我们就可以讨论高速串行链路中的抖动、噪声和信号完整性问题，这是更为高级和复杂的专题。

第9章介绍了高速链路中的抖动、噪声和信号完整性的机理和根源。我们从两个主流的链路体系结构，即基于数据驱动和基于公共时钟体系结构的系统，以及这两种体系结构对应的工作机理出发，重点针对发送器、接收器、信道和参考时钟等子系统的体系结构、抖动、噪声和信号完整性等方面。对于发送器，讨论了参考时钟抖动和电压驱动噪声的主要抖动源；对于接收器，重点关注来自于时钟恢复电路和数据采样模块的抖动；对于信道，分析了铜质信道和光纤信道中的各种损耗；对于参考时钟，讨论了PLL或晶振，以及扩频时钟(SSC)引起的抖动。最后，我们讨论了采用RJ平方和根(RSS)算法来预算链路抖动的方法，以确保链路系统的协同工作性能和总体的BER。

了解了整个链路系统及其子系统的体系结构，以及抖动、噪声和信号完整性的物理机制之后，我们在第10章讨论了定量建模和分析的方法，书中给出了LTI系统理论框架下关于发送器、接收器和信道等子系统的抖动、噪声和信令的建模和分析方法。基于LTI定理的级联性质，如果已知发送器输出/信道输入以及信道和接收器的传递函数，就可以很容易地得到信道和接收机输出的信号、抖动和噪声。建模过程中还包括了均衡和时钟恢复(CR)这样的重要子系统。在发送器和接收器都考虑了均衡技术。由于第10章介绍的建模和分析的方法都是基于LTI理论的，因此它们能够对当前大多数的高级串行链路进行估计，并且对于未来的链路新进展也具有可扩展性。

在探讨了链路建模和分析的理论和方法之后，第11章介绍了高速链路的测试和验证。我们从链路的体系结构和拓扑运行机制的测试和需求方面入手，着重介绍了时钟恢复和均衡。这里将链路信令分为两类：只包含时钟恢复的标称系统，既包含时钟恢复又包含均衡的高级系统，我们给出了相应的测试要求和方法。书中介绍了标称链路信令和高级链路信令的发送器和接收器测试方法，以及专门针对信道、参考时钟和PLL的测试方法。最后，讨论了诸如环回测试的系统测试方法，介绍内容完整地覆盖了链路系统及其子系统的测试。

12.2　展望

本书已经介绍了抖动、噪声和信号完整性的基础理论和当前的最新理论。然而，我们所讨论的主题是不断进步和发展的。数据传输速率只会更快，关于抖动、噪声和信号完整性的挑战只会更具有挑战性[1]。

我们将在保持成本效率的前提下，讨论数据传输速率提高所带来的挑战。从基本理论、链路体系结构/拓扑结构、建模和分析方法、测试和验证方法等几个方面讨论数据传输速率提高所带来的挑战。

当面对更高数据率的链路系统时，本书中介绍的关于抖动、噪声和信号完整性的基础理论和分析方法依然是有用的，只不过仅仅依靠这些理论和方法可能会不够了。当前的抖动和噪声分离方法都是基于平稳统计量的，目前这些基于有界或无界的抖动分布将抖动分离为单独的 DJ 和 RJ 的方法，可能就不适合于分析将来的问题。例如，串扰或电磁干扰(EMI)引起的抖动很可能是不确定的、非平稳的并且是非重复性的。将抖动分离成这些新类型的方法将具有更高的精确度和深刻的见解力。而且，当前的抖动分离技术很大程度上是根据抖动信号的特性，而不是根据抖动的根源或物理特性。从诊断或调试的目的来看，根据抖动根源或物理特性来进行抖动和噪声分离的方法更好。这样，我们就可以量化出有多少抖动量是由于串扰、EMI、反射、热噪声、$1/f$ 噪声等因素造成的。

最新的进展较多地集中在集成电路方面，人们为了确保总体链路系统的低成本，通常不会去改变信道的材料，这就需要从链路体系结构方面进行改进和研发。但是，低成本意味着在链路的发送器、接收器和参考时钟中使用噪声和抖动都比较大的器件。同时还需要保证同样的甚至更好的 BER 性能。为了解决低成本和高性能需求之间的矛盾，希望能够提出新颖但可能比较复杂的体系结构。这些高数据速率下的新体系结构有一个共同的目标——减小接收器数据采样点的抖动，公共时钟体系结构就是这样一个例子。另一个例子是 JEDEC 为 FB DIMM II[2] 设计的前向时钟体系结构。尽管具体的实现或拓扑结构可能有所不同，但任何成功的体系结构都应当能够保持接收器的数据和时钟之间的相位相关性，使得数据和时钟之间的相位差最小。在子系统级，均衡依然能够在减小有损信道造成的接收器眼图闭合方面扮演重要的角色。我们期望能够在发送器、接收器或者两者上实现高级的均衡。但是，均衡滤波器的复杂度和阶数将受到功耗和可测性难度的限制。随着新体系结构、均衡、时钟方案的不断出现，将会提出一些新的建模和测试需求。

在抖动、噪声和信号完整性的建模与分析方面，需要提出新的方法来适应新的链路体系结构和子系统发展带来的新需求。但是为了提供更好的精确度并便于分析，需要全数字化和基于对每个边沿都建模的方法来量化非线性子系统，例如数字时钟恢复和数字 DFE 均衡。当前大多数的链路模型是系统级行为模型，抖动和噪声的特性是假设的，而不是直接通过电路仿真得到的。链路系统级行为模型和子系统电路物理模型之间需要更紧密的配合，以提供更高的精确度和一致性。并且为了能够覆盖最坏情况下的链路信令，需要采用蒙特卡罗方法。

随着链路系统和子系统的发展，测试和验证的方法将会不断改进。用来测试和验证的参考发送器和接收器也将比目前所采用的更加复杂，表现在发送器和接收器的电路复杂度也不断增加。如果采用前向时钟体系结构，则对接收器输入和冗余度的测试将是双端口的结构，而不是常规的单端口。在更高的数据传输率情况下，不能忽略测试接口的影响，例如测试夹具、插座或负载板等。应当设法从测试结果中去除或剥离掉测试接口的影响或者对结果进行补偿，以确保结果的精确度和测试可靠性。随着数据率不断提高，作为有效链路总抖动预算的 1 个单位间隔(UI)将会持续降低。因为随机过程发生的偏差直接影响抖动敏感参数：链路 PLL 的尖峰和 3 dB 频率点等，所以单靠设计实现对产品质量的保证正在受到严重的挑战。为了确保较好的制造成品率和收益，需要进行某种大规模量产(HVM)的测试以考察抖动、噪声和信号完整性问题。HVM 测试的需求和目的不同于设计验证和一致性测试，用于进行设计验证的方法，对于 HVM 测试而言可能太昂贵、太高级或太慢。需要通盘考虑对片上及片外的测试，以获得总成本、生产能力、测试覆盖率和生产利润的最优化。在 10 Gbps 速率情况下，如果抖动噪声落在亚 ps 范围内，那么测试设备的精度将会更好一些[3]。

这里要指出的是，我们讨论的仅仅是一部分具有挑战性的难点，并不代表全部。尽管我们的愿望是覆盖大多数挑战性的问题，但这也只是个人观点。在任何情况下，我们都相信抖动、噪声和信号完整性是一个不断发展的专题。随着数据率、链路体系结构和子系统电路的提高和改进，将会发展创造出很多新理论、新算法和新方法。

参考文献

1. International Technology Roadmap for Semiconductors (ITRS) reports, 2007 revision, http://www.itrs.net/.
2. FB DIMM II Link Signaling Specification, draft, JEDEC, 2006.
3. M. Li, "Multiple GHz and Gb/s ICs Testing Challenges and Solutions from Design to Production," Proceedings of the 4th International Conference on Semiconductor Technology, Semicon China, 2005.

索　引

M

N

O

P

Q

R

S

U

V

反侵权盗版声明

举报电话：（010）88254396；（010）88258888
传　　真：（010）88254397
E-mail:　　dbqq@phei.com.cn
通信地址：北京市海淀区万寿路 173 信箱
　　　　　电子工业出版社总编办公室
邮　　编：100036